工信精品**网络技术**
系列教材

U0734642

Network Technology

项目式微课版

网络系统集成

郭瑞俊 崔升广 常明迪 ◉主编
孙海鹏 康立富 ◉副主编

人民邮电出版社
北 京

图书在版编目（CIP）数据

网络系统集成：项目式微课版 / 郭瑞俊，崔升广，常明迪主编. -- 北京：人民邮电出版社，2025.
（工信精品网络技术系列教材）. -- ISBN 978-7-115-66341-2

Ⅰ. TP393.03

中国国家版本馆 CIP 数据核字第 20258TL062 号

内 容 提 要

根据高等院校的培养目标、培养特点和培养要求，本书由浅入深、全面系统地讲解网络系统集成的必备知识和实用技能。本书共 6 个项目，包括网络系统集成绪论、网络系统集成需求分析、网络系统集成规划设计与实施、网络系统集成安全与管理、综合布线系统以及网络系统集成工程测试与验收。为了让读者更好地巩固所学知识，每个项目都配备了项目实训和课后习题。

本书可作为高校计算机网络技术专业及通信类专业的教材，也可作为从事网络系统集成相关工作的专业技术人员的参考书。

- ◆ 主　　编　郭瑞俊　崔升广　常明迪
　　副 主 编　孙海鹏　康立富
　　责任编辑　郭　雯
　　责任印制　王　郁　焦志炜
- ◆ 人民邮电出版社出版发行　　北京市丰台区成寿寺路 11 号
　　邮编　100164　电子邮件　315@ptpress.com.cn
　　网址　https://www.ptpress.com.cn
　　北京市艺辉印刷有限公司印刷
- ◆ 开本：787×1092　1/16
　　印张：15.75　　　　　　　　　　2025 年 4 月第 1 版
　　字数：437 千字　　　　　　　　2025 年 4 月北京第 1 次印刷

定价：59.80 元

读者服务热线：(010)81055256　印装质量热线：(010)81055316
反盗版热线：(010)81055315

党的二十大报告提出：教育、科技、人才是全面建设社会主义现代化国家的基础性、战略性支撑。为了适应时代发展，编者在编写本书的过程中全面贯彻落实党的二十大精神，遵循网络工程师职业素养养成和专业技能提升的规律，突出职业能力、职业素养、工匠精神和质量意识培育。管理信息系统是企事业单位中计算机应用的"灵魂"，网络系统集成则是管理信息系统的重要支撑，也是进行计算机设施、网络设备、软件技术规划组合的关键技术，并将在网络管理信息系统、网站建设中发挥越来越重要的作用。通过网络系统集成，企事业单位能够构建满足自身发展需求的信息化平台，有效提升工作效率，降低运营成本，从而实现数字化转型和战略升级。目前，我国正处于经济快速发展的重要时期，读者掌握现代化网络系统集成的知识与技能，对于今后的发展具有特殊意义。

本书作为高等职业教育计算机网络专业的特色教材，注重应用能力培养，严格按照教育部关于加强职业教育、突出实践技能培养的要求，根据网络系统集成软硬件技术的发展，结合专业教学改革的实际需要，循序渐进地进行知识讲解，力求使读者在做中学、在学中做，真正能够利用所学知识解决实际问题。本书内容按照典型工作任务和工程项目流程以及编者多年从事工程项目的实际经验精心编排，突出项目设计和岗位技能训练，同时列举大量的工程实例和典型工作任务，并提供大量的设计图示，层次清晰、图文并茂、实操性强。

本书配有课程标准、教学大纲、微课视频、PPT、课后习题及参考答案等丰富的数字教学资源，读者可登录人邮教育社区（www.ryjiaoyu.com）下载并使用本书相关资源。作为教材使用时，本书的参考学时为 64 学时，参考学时见下表。

课程参考学时表

项目	学时
项目 1　网络系统集成绪论	8
项目 2　网络系统集成需求分析	4
项目 3　网络系统集成规划设计与实施	20
项目 4　网络系统集成安全与管理	8
项目 5　综合布线系统	20
项目 6　网络系统集成工程测试与验收	4
学时总计	64

本书由郭瑞俊、崔升广、常明迪任主编，由孙海鹏、康立富任副主编。

由于编者水平有限，书中难免存在不妥之处，殷切希望广大读者批评指正。同时，恳请读者在发现不妥之处后，于百忙之中及时与编者联系，以便尽快更正，编者将不胜感激。联系方式为人邮教师服务 QQ 群（群号：837556986）。

编　者

2024 年 9 月

目 录

项目 **1**

网络系统集成绪论

知识目标
- 掌握网络系统集成的概念、网络系统集成的发展。
- 掌握网络体系结构与协议。
- 掌握 OSI 参考模型与 TCP/IP 参考模型。

技能目标
- 能够编制网络系统集成从业人员岗位职责说明书。
- 能够制作网络系统集成项目工程文档。

素养目标
- 培养学生认识网络系统集成技术的重要性，树立投身科技创新意识。
- 提高信息安全意识，遵守相关法律法规，强调从业人员应具备的社会责任意识和职业道德。

1.1 项目陈述

　　网络系统集成作为一种新兴的服务，近年来发展势头强劲。系统集成不是产品和技术的简单堆积，而是一种在系统整合、系统再生产过程中，为满足用户需求而诞生的增值服务，是一种价值再创造活动。优秀的系统集成商不仅关注各个局部的技术服务，更注重整体系统的、全方位的无缝整合与规划。网络系统集成的核心目标是通过整合各种信息技术（Information Technology，IT）资源，创建既能满足当前业务需求，又能灵活应对未来变化的高效、安全、稳定的信息化环境。

1.2 必备知识

1.2.1 网络系统集成概述

网络系统集成是指在网络工程中根据应用的需要，运用系统集成方法，将网络基础设施、网络基础服务系统、应用软件等组织成一个整体，使之成为能组建完整、可靠、经济、安全、高效的计算机网络系统的支撑。

1. 网络系统集成的定义

网络系统集成是将计算机技术、网络技术、控制技术、通信技术、应用系统开发技术、建筑装修技术等综合运用到网络工程中的一项综合技术。

网络系统集成要以满足用户的需求为根本出发点。它涉及技术、管理和商务活动等方面，是一项具有综合性的系统工程，它体现得更多的是设计、调试与开发，其本质是一种技术行为。技术是网络系统集成工作的核心，管理和商务活动是网络系统集成项目成功实施的可靠保障。性价比的高低是评价网络系统集成项目设计是否合理和实施成功的重要参考因素。

2. 网络系统集成的分类

网络系统集成一般可分为3类：技术集成、软硬件产品集成、应用集成。

（1）技术集成：根据用户需求，结合网络技术及其他不同的技术提供全面的IT环境，合理选择要采用的各项技术，为用户提供解决方案和网络系统集成设计方案。

（2）软硬件产品集成：根据用户需求及其对费用的承受能力，将各种硬件设备（如服务器、存储设备、工作站、外部设备等）有效地组合在一起并配置，以构建稳定、高效的物理基础架构，对软硬件产品进行选型和配套，完成工程施工和软硬件产品集成。

（3）应用集成：面向不同行业，为用户的各种应用需求提供一体化解决方案，对企业的各个独立的应用程序进行统一管理和协调。

总之，网络系统集成是一个多维度的概念，根据项目的特性和需求，可以划分为多种类型。

3. 网络系统集成的优点

网络系统集成的优点包括但不限于以下几个方面。

（1）可进行信息资源共享与协同工作

网络系统集成能够消除"信息孤岛"，实现不同子系统之间的数据和信息共享，促进企业内部及其与其他业务伙伴间的高效协同工作。

（2）提高效率与实时性

集成后的系统能实现实时的数据交换和更新，管理者可以即时获取准确的业务信息，从而快速做出精准的决策。

（3）提高数据的一致性与准确性

网络系统集成通过统一的数据管理和流程整合，能降低数据冗余和不一致的风险，提高整个系统的数据一致性和数据准确性。

（4）简化管理与维护

整合多个独立系统为一个整体，能降低管理复杂度，使得资源分配、故障排查、系统升级和维护更方便。

（5）降低成本

经过优化的集成方案能够避免重复建设，降低硬件设备和软件许可的成本，并通过集中管理和自动化操作降低运营成本。

（6）提升服务质量与客户满意度

对于服务型企业，网络系统集成可提供无缝的客户服务体验，提升响应速度和服务质量，进而提升客户满意度。

（7）可使技术与应用匹配

根据用户具体需求和技术发展水平进行定制化技术选择与集成，确保所构建的网络系统既满足当前需求，又具有良好的可扩展性和前瞻性。

（8）具有责任单一性与高项目实施成功率

通过与专业网络系统集成商合作，企业可以获得一站式解决方案，其责任主体明确，有助于提高项目实施的成功率，获得后期运维支持。

（9）有利于竞争与市场定位

对于企业而言，拥有网络系统集成能力有助于在市场竞争中打造优势，提升自身的品牌形象和行业地位。同时，对信息系统项目主建单位来说，选择有资质的网络系统集成商可以有效降低风险和沟通成本。

网络系统集成对于企业或组织来说，是实现信息化高效运作、降低运营成本、提升核心竞争力的重要手段之一。

4．网络系统集成的必要性

网络系统集成的必要性体现在以下几个方面。

（1）资源整合与优化

在企业或组织中，往往存在多种硬件设备、软件系统和信息数据分散管理的情况，这会导致资源浪费、效率低下。通过网络系统集成，可以对各类 IT 资源进行有效整合，减少冗余，最大限度地实现资源的共享和利用。

（2）业务流程衔接与协同

网络系统集成能够连接不同的业务环节和部门，使得跨部门的业务环节得以顺畅衔接，提高流程效率和响应速度，支持企业的敏捷运营和快速决策。

（3）消除"信息孤岛"

"信息孤岛"是指各信息系统间无法实现互联互通的现象。网络系统集成能消除"信息孤岛"，确保信息在各个系统间流通与共享，避免因为"信息孤岛"导致出现数据不准确、决策滞后等问题。

（4）统一管理与运维

整合后的系统便于集中管理和维护，可简化运维工作、降低故障排查难度，同时有利于实施统一的安全策略，提高整个网络环境的安全性和稳定性。

（5）成本控制与经济效益提升

通过集成优化，可减少不必要的重复投资和技术冗余，有助于企业在有限的 IT 预算内获得更高的性价比，从而实现经济效益最大化。

（6）满足复杂业务需求

对于多元化、复杂化业务场景，单一系统难以全面支撑，而网络系统集成可以根据具体需求灵活定制解决方案，提供更加符合业务发展的功能和服务。

（7）技术进步与创新适应

随着云计算、大数据、物联网、人工智能等新技术的发展，网络系统集成能更好地适应新技术的应用要求，实现不同技术平台之间的兼容互通。

网络系统集成不仅是现代企业和组织应对信息化挑战、提升管理水平的重要手段，还是推动数字化转型、构建智能生态体系的核心基础之一。

5. 网络系统集成涵盖的范围

网络系统集成涵盖从规划、设计到实施、运维等一系列构建和管理复杂网络环境的过程，其范围包括但不限于以下几个方面。

（1）需求分析与规划

根据组织的业务需求和技术发展策略进行网络系统的整体规划，确定技术架构、网络拓扑结构、带宽需求、安全要求等。

（2）硬件集成

进行服务器、存储设备、网络设备（如路由器、交换机、防火墙、无线接入点等）的选型、采购、安装及配置，确保物理层稳定运行。

（3）软件集成

集成操作系统、数据库管理系统、中间件、应用软件等各种软件组件，并确保它们之间有良好的兼容性和互操作性。

（4）通信服务集成

设计并实现局域网（Local Area Network，LAN）、城域网（Metropolitan Area Network，MAN）、广域网（Wide Area Network，WAN）之间的互联互通，以及语音服务、数据服务、视频服务等多种通信服务的融合。

（5）网络安全与管理

设计和部署网络安全解决方案，包括防火墙、入侵检测系统、身份认证系统、加密技术、访问控制列表等，并建立有效的网络监控和管理系统。

（6）数据中心建设

进行虚拟化平台搭建、云服务集成、容灾备份系统建设、能源管理和绿色节能方案的设计与实施。

（7）业务流程整合

将不同部门或业务线的应用系统通过应用程序接口（Application Program Interface，API）、消息队列等方式进行整合，实现跨系统的信息共享和业务流程自动化。

（8）综合布线工程

为网络系统提供有线或无线的物理连接基础，包括建筑物内部的电缆敷设、端口分配、配线架安装等。

（9）项目管理与运维服务

进行整个集成项目的计划制订、执行跟踪、质量控制、预算管理，以及后期的系统维护、升级优化和技术支持。

（10）新技术应用集成

实现云计算、物联网、大数据分析等新兴技术在现有网络系统中的整合应用，以满足不断发展的业务和技术需求。

总之，网络系统集成是一个技术涵盖广泛且深度交叉的领域，旨在创建高效、安全、可扩展且能够适应未来变化的综合性网络环境。

1.2.2　网络系统集成的发展

计算机网络近年来飞速发展，已遍布全球各个领域，网络技术的应用也已经渗透到社会生活中的各个方面。

计算机网络的发展经历了从简单到复杂、从低级到高级的过程。在这一过程中，计算机技术与通信技术紧密结合、相互促进、共同发展。

纵观计算机网络的发展历史，可将其分为以下几个阶段。

1.　面向终端的计算机网络

第一阶段（网络雏形阶段，20 世纪 50 年代中期～20 世纪 60 年代中期）：以单台计算机为中心的远程联机系统，构成面向终端的计算机网络，称为第一代计算机网络。

1946 年，世界上第一台通用电子计算机 ENIAC 研制成功，它的问世是人类历史上划时代的里程碑。最初的计算机数量很少，且价格昂贵。用户要上机必须进入机房，在计算机的控制台上操作。这样不能充分利用计算机资源，用户使用起来也极不方便。为了实现计算机的远程操作，提高计算机资源的利用率，人们将分布在远程的多个终端通过通信线路与某地的中心计算机相连，以达到使用中心计算机主机资源的目的。这种具有通信功能的面向终端的计算机系统，被称为单机计算机联机系统，如图 1.1 所示。

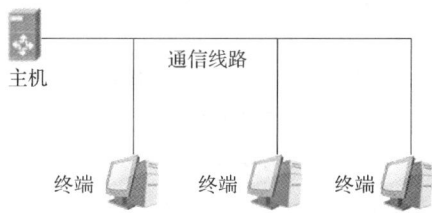

面向终端的计算机系统采用了多种通信技术、数据传输设备和数据交换设备等。从计算机技术上来看，面向终端的计算机由单用户独占一个系统发展到分时多用户系统，即多个终端用户分时占用主机上的资源。在面向终端的计算机网络中，远程主机既要承担数据处理工作，又要承担通信工作，因此主机的负载较高且效率低。另外，每一个分散的终端都要单独占用一条通信线路，线路利用率低。随着终端增多，系统的成本也在增加。因此，为了提高通信线路的利用率并减轻主机的负担，可使用多点通信线路、集中器及通信控制处理器等。

多点通信线路要在一条通信线路上连接多个终端，多个终端可以共享同一条通信线路与主机通信，如图 1.2 所示。由于主机与终端之间的通信具有突发性和高带宽的特点，因此各终端与主机之间的通信可以使用同一条通信线路。相对于每个终端与主机之间都设立专用通信线路的方式，多点通信线路能极大地提高线路的利用率。

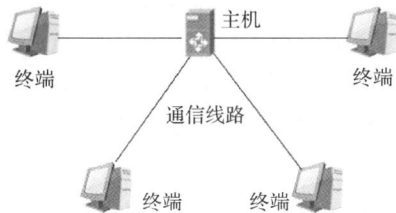

图 1.1　单机计算机联机系统　　　　　　　　图 1.2　多点通信线路

集中器负责集中从终端到主机的数据及分发主机到终端的数据，它可以放置于终端相对集中的位置，一端用多条低速线路与各终端相连，收集终端的数据，另一端用一条较高速的线路与主机相连，实现高速通信，以提高通信效率。

通信控制处理器（Communication Control Processor，CCP）也称前端处理器（Front-End Processor，FEP），其作用是负责数据的收发等通信控制和通信处理工作，让主机专门进行数据处理，以提高数据处理的效率，如图 1.3 所示。

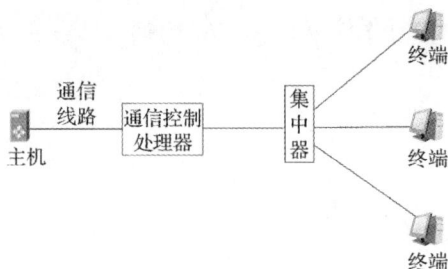

图 1.3　通信控制处理器

具有代表性的面向终端的计算机网络是美国在 20 世纪 50 年代建立的半自动地面防空系统。该系统共连接 1000 多个远程终端，主要用于远程控制导弹。该系统能够将远程雷达设备收集到的数据，由终端输入后经通信线路传送到主机，由主机进行计算处理，然后将处理结果通过通信线路回送给远程终端，并控制导弹。

2. 面向通信的计算机网络

第二阶段（网络初级阶段，20 世纪 60 年代后期～20 世纪 70 年代中期）：开始进行主机互联，多台独立的主机通过线路互联构成计算机网络，没有网络操作系统，只形成了通信网络。20 世纪 60 年代后期，阿帕网（Advanced Research Projects Agency Network，ARPA Net）出现，为第二代计算机网络。

计算机网络是在 20 世纪 60 年代中期发展起来的一种由多台计算机相互连接在一起的系统。随着计算机硬件价格的不断下降和计算机应用的飞速发展，大的部门或者大的公司已经能够拥有多个主机系统，这些主机系统可能分布在不同的地区，它们经常需要交换一些信息，如子公司的主机系统需要将其信息汇总后传送给总公司的主机系统，供有关工作人员查阅和审批。这种利用通信线路将多台计算机连接起来的系统，引入了计算机之间的通信，它是计算机网络的低级形式。这种系统中的计算机彼此独立又相互连接，它们之间没有主从关系，其网络结构有如下两种形式。

第一种形式是通过通信线路将主机直接连接起来，主机既承担数据处理工作，又承担通信工作。

第二种形式是把通信工作从主机中分离出来，设置通信控制处理器，主机间通信通过通信控制处理器间接完成。

通信控制处理器负责网络中各主机之间的通信控制和通信处理，由它们组成的具有通信功能的内层网络称为通信子网，是网络的重要组成部分。主机负责数据处理，是计算机网络资源的拥有者，网络中的所有主机构成网络的资源子网。通信子网为资源子网提供信息传输服务，资源子网上用户之间的通信建立在通信子网的基础之上，没有通信子网，网络就不能工作，没有资源子网，通信子网的传输也会失去意义，两者统一起来组成资源共享的网络。

美国国防高级研究计划局研制的 ARPA Net 是世界上早期最具有代表性的、以资源共享为目的的计算机通信网络，是第二代计算机网络的典型范例。最初，该网络仅由 4 台计算机组成，到 1975 年，连接有 100 多台不同型号的大型计算机。20 世纪 80 年代，ARPA Net 采用开放式网络互联协议即传输控制协议/互联网协议（Transmission Control Protocol/Internet Protocol，TCP/IP）以后，发展得更为迅速。到了 1983 年，ARPA Net 已拥有 200 台通信控制处理器和数百台主机，网络覆盖范围也延伸到了夏威夷和欧洲。事实上，ARPA Net 就是 Internet 的雏形，也是 Internet 初期的主干网络。

3. 开放式标准化计算机网络

第三阶段（20 世纪 70 年代后期～20 世纪 80 年代中期）：以太网诞生，国际标准化组织（the International Organization for Standardization，ISO）制定了网络互联标准，即开放系统互连

（Open System Interconnection，OSI），这是世界统一的网络互联标准。在这一阶段，遵循国际标准化协议的计算机网络开始迅猛发展。

计算机网络一开始大多是由研究部门、大学或计算机公司自行开发、研制的，因此没有统一的标准。各厂家生产的计算机产品和网络产品无论是在技术上还是在结构上都有很大的差异，从而造成不同厂家生产的计算机产品、网络产品很难实现互联，这种局面严重阻碍了计算机网络的发展，给用户带来了极大的不便。用户无法确定哪一种网络产品更能满足自己的需求，且如果选择了某厂家的网络产品，则可能无法使用其他厂家的计算机产品或网络产品。不同的系统之间无法互联不利于用户保护自己的权益，为此人们迫切希望建立一系列国际标准，得到"开放"的系统。建立开放式网络，实现网络标准化，成为历史的必然选择。

20 世纪 70 年代后期，人们开始提出研究新一代计算机网络的问题。许多国际组织，如国际标准化组织、电气电子工程师学会（Institute of Electrical and Electronics Engineers，IEEE）等成立了专门的研究机构，研究计算机系统的互联问题、计算机网络协议标准等，以使不同的计算机系统、不同的网络系统能够互联，实现"开放"的通信和数据交换、资源共享和分布处理等。1984年，国际标准化组织正式发布了 OSI 参考模型，开创了一个网络体系结构统一、遵循国际标准化协议的计算机网络新时代。

OSI 参考模型不仅确保了各厂家生产的计算机能互联、兼容，还促进了企业间的竞争。厂家只有执行这些标准，才有利于产品销售，用户也可以从不同厂家处获得兼容、开放的产品，从而大大加速了计算机网络的发展。

在 ARPA Net 的基础上发展起来的 Internet 使用的是 TCP/IP，尽管 TCP/IP 不是 OSI 标准，但至今仍被广泛使用，成为事实上的行业标准。

4. Internet 与综合智能化高速网络

第四阶段（20 世纪 80 年代后期至今）：计算机网络向综合化、高速化发展，现在已经发展到第四代了。第四代计算机网络是以吉比特（Gbit）传输速率为主的多媒体智能化网络。

随着计算机网络的发展，人们在全球建立了不计其数的局域网和广域网，为了扩大网络规模以实现更大范围的资源共享，人们又提出了将这些网络互联在一起的迫切需求，互联网（Internet）应运而生，Internet 逐渐走向成熟。自 20 世纪 90 年代以来，计算机网络向全面互联、高速和智能化方向发展，并且得到了广泛应用。同时，与网络有关的技术在更大的范围内有所进展。例如，计算机技术和通信技术共同发展，推动光纤数字传输技术和宽带综合业务数字网迅速发展；网络标准化工作进一步完善，网络体系趋于成熟，人们将更多的注意力转移到提高线路容量和利用率上，研究与发展接入网络和内部网络及其设施，更注重网络互联和互联标准。

目前，计算机网络面临诸多问题，如网络带宽限制、网络安全、IP 地址紧缺等。因此，新一代计算机网络应向高速、大容量、综合化和智能化的方向发展。不断出现的新网络技术，如移动互联技术、IPv6 技术、全光网络技术等，是构建新一代宽带综合业务数字网的基础。

1.2.3 网络体系结构与协议

如何把不同厂家的软硬件系统、不同的通信网络及各种外部辅助设备连接起来，构成网络系统，实现高速可靠的信息共享，是计算机网络发展面临的主要难题。为了解决这个难题，人们必须为网络系统定义一个让不同计算机、不同的通信系统和不同的应用能够互联及互操作的开放式网络体系结构。互联意味着不同的计算机能够通过通信子网互相连接起来进行数据通信；互操作意味着不同的用户能够在联网的计算机上，用相同的命令和相同的操作使用其他计算机中的资源与信息，如同使用本地计算机中的资源与信息。因此，计算机网络的体系结构应该为不同的计算机之间互联和互操作提供相应的规范和标准。

网络体系结构是指整个网络系统的逻辑组成和功能分配，定义和描述了一组用于计算机及其通信设施之间互联的标准和规范的集合。研究网络体系结构的目的在于定义计算机网络各个组成部分的功能，以便在统一原则的指导下进行网络的设计、使用和发展。

1. 层次结构的概念

对计算机网络进行层次划分就是将计算机网络这个庞大的、复杂的对象划分成若干个较小的、简单的对象。通常把一组具有相近功能的对象放在一起，以形成网络的一个结构层次。

计算机网络层次结构包括两个方面的含义，即结构的层次性和层次的结构性。层次的划分依据"层内功能内聚，层间耦合松散"的原则，也就是说，在网络中，功能相似或紧密相关的对象应放置在同一层；层与层之间应保持松散的耦合，使层与层之间的信息流动减到最少。

层次结构将计算机网络划分成有明确定义的层次，并规定了相同层的进程通信协议及相邻层之间的接口及服务。通常将网络的层次结构、相同层的进程通信协议和相邻层的接口及服务，统称为计算机网络体系结构。

2. 层次结构的主要内容

在划分层次结构时，首先需要考虑以下问题。

（1）网络应该具有哪些层，每一层的功能是什么？（分层与功能）。

（2）各层之间的关系是怎样的，它们如何进行交互？（服务与接口）。

（3）通信双方的数据传输需要遵守哪些规则？（协议）。

因此，划分层次结构主要包括 3 个方面的内容：分层与每层的功能、服务与层间接口，以及各层的协议。

3. 层次结构划分的原则

在划分层次结构时，需要遵循如下原则。

（1）以网络功能作为划分层次的基础，每层的功能必须明确，层与层之间相互独立。当某一层的具体实现方法更新时，只要保持上下层的接口不变，便不会对相邻层产生影响。

（2）层间接口必须清晰，跨越接口的信息量应尽可能少。

（3）层数应适中，若层数太少，则会造成每一层的协议太复杂；若层数太多，则会造成体系结构过于复杂，使描述和实现各层的功能变得困难。

（4）第 n 层的实体在实现自身定义的功能时，只能使用第（$n-1$）层提供的服务。第 n 层向第（$n+1$）层提供的服务不仅要包含第 n 层本身的功能，还要包含下层提供的服务的功能。

（5）仅在相邻层间有接口，每一层所提供服务的具体实现细节对上一层完全屏蔽。

4. 划分层次结构的优势

我们知道，计算机网络是复杂的综合性技术系统，因此，引入协议分层模型是必需的。划分层次结构有很多优势，主要体现在如下几个方面。

（1）把网络分成复杂程度较低的单元，网络结构清晰、灵活性好、易于实现和维护。如果把网络作为整体处理，那么对任何方面进行改进都必须要对整体进行修改，这与网络的迅速发展是极不协调的。若采用分层体系结构，由于整个网络已被分解成若干个易于处理的部分，因此对这样一个庞大又复杂的系统的实现与维护也就变得容易了。当任何一层发生变化时，只要层间接口保持不变，层内实现方法可任意改变，其他各层不会受到影响。另外，当某层提供的服务不再被其他层需要时，可以直接将该层取消。

（2）层与层之间定义了具有兼容性的标准接口，有助于设计人员专心设计和开发所关心的功能模块。

（3）每一层都具有很强的独立性。高层并不需要知道低层是采用何种技术实现功能的，而只需要知道低层通过接口能提供哪些服务，也不需要了解低层的具体内容，这类似于"暗箱操作"。每一层都有清晰、明确的任务，以实现相对独立的功能，因此可以将复杂的系统问题分解为一层一层的小问题。当属于每一层的小问题都被解决了的时候，整个系统的问题也就接近于完全解决了。

（4）一个区域的网络的变化不会影响另外一个区域的网络，因此每个区域的网络可单独升级或改造。

（5）有利于促进标准化。这主要是因为每一层的协议已经对该层的功能与所提供的服务做了明确的说明。

（6）降低关联性。某一层协议的增减或更新不影响其他层协议的执行，降低了关联性，实现了各层协议的独立性。

5. 网络体系的分层结构

网络体系都是按层来组织的，每一层都能实现一组特定的、有明确含义的功能，每一层的目的都是向上一层提供一定的服务，而上一层不需要知道下一层是如何实现功能的。

每一对相邻层之间都有接口（Interface），接口定义了下层向上层提供的服务，相邻层都是通过接口来交换数据的。当网络设计者在决定一个网络应包括多少层、每一层应当做什么的时候，最重要的内容之一就是要在相邻层之间定义清晰的接口。低层通过接口向高层提供服务。只要接口条件不变、低层功能不变，低层功能的具体实现方法与技术的变化就不会影响整个系统的工作。

层次结构一般以垂直分层模型来表示，如图 1.4 所示，其相应特点如下。

（1）除了在物理介质上进行的是实通信之外，在其余各对等实体间进行的都是虚通信。

（2）对等层的虚通信必须遵循该层的协议。

（3）第 n 层的虚通信是通过第 n 层与第（$n-1$）层间接口处第（$n-1$）层提供的服务及第（$n-1$）层的通信（通常也是虚通信）来实现的。

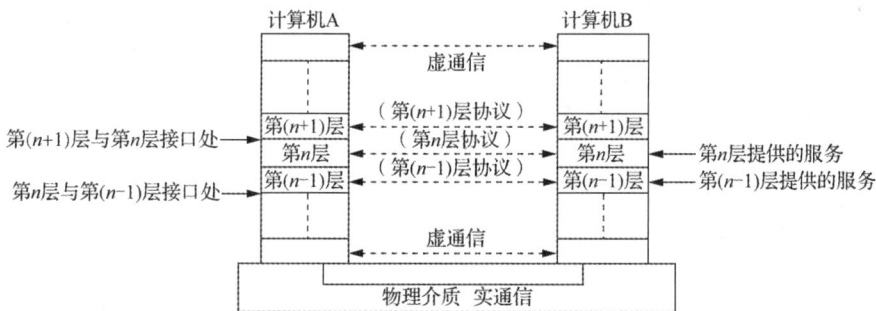

图 1.4 网络体系层次结构的垂直分层模型

第 n 层是第（$n-1$）层的用户，也是第（$n+1$）层的服务提供者。第（$n+1$）层虽然只直接使用了第 n 层提供的服务，但是实际上它通过第 n 层间接地使用了第（$n-1$）层及其以下所有各层提供的服务，如图 1.5 所示。

6. 网络协议的概念

在网络通信中，所谓协议，就是指诸如计算机、

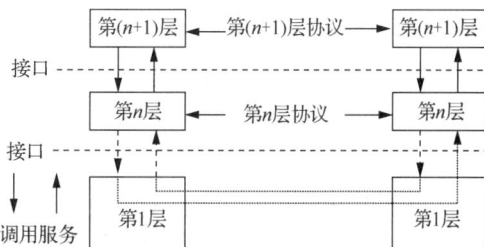

图 1.5 网络体系结构中的协议、层、服务与接口

交换机、路由器等网络设备为了实现通信或数据交换而必须遵循的、事先定义好的一系列规则、标准或约定。网络协议包含超文本传送协议（Hypertext Transfer Protocol，HTTP）、文件传送协议

（File Transfer Protocol，FTP）、TCP、IPv4、IEEE 802.3（以太网协议）等。网络协议对计算机网络是不可缺少的，功能完备的计算机网络必须具备一套复杂的协议集对通信双方的通信过程做出规定。

联网的计算机及网络设备之间要进行数据与控制信息的成功传递就必须共同遵守网络协议，网络协议包含3个方面的内容：语义、语法和时序。

（1）语义：规定通信双方准备"讲什么"，即需要发出何种控制信息、完成何种动作及做出何种应答。

（2）语法：规定通信双方"如何讲"，即确定用户数据与控制信息的结构、格式、数据编码等。

（3）时序：又可称为"同步"，规定通信双方"何时通信"，即对事件实现顺序做出详细说明。

下面以打电话为例来说明语法、语义和时序。假设甲要打电话给乙，首先甲拨通乙的电话号码，双方电话准备连接，乙拿起电话，然后甲、乙开始通话，通话完毕后，双方挂断电话。在此过程中，双方都遵守了打电话的协议。其中，甲拨通乙的电话后，乙的电话振铃，振铃是一个信号，表示有电话打进，乙接电话讲话，这一系列动作包括控制信号、响应动作、讲话内容等，这些就是语义，电话号码就是语法。时序的概念更好理解，甲拨打了电话，乙的电话才会振铃，乙听到铃声后才会考虑要不要接，这一系列事件的因果关系十分明确，不可能没人拨打乙的电话，乙的电话就振铃，也不可能在电话未振铃的情况下，乙拿起电话却从中听到甲的声音。

1.2.4 OSI 参考模型

为了使不同的计算机网络都能互联，1984 年，国际标准化组织提出了 OSI 参考模型。OSI 中的"O"是指只要遵循 OSI 标准，一个系统就可以和位于世界上任何地方的、也遵循同一标准的其他任何系统进行通信。

1. OSI 参考模型简述

OSI 参考模型将计算机网络协议分为相互独立的、有各自独立功能的 7 层，由低至高分别是物理层、数据链路层、网络层、传输层、会话层、表示层和应用层。每一层实现通信中的一部分功能，并遵守一定的通信协议，这些协议具有如下特点。

（1）网络中每个节点有相同的层次。

（2）不同节点的对等层具有相同的功能。

（3）同节点内相邻层之间通过接口通信。

（4）每一层可以使用其下层提供的服务，并向其上层提供服务。

（5）仅在最低层进行直接的数据传输。

OSI 参考模型的网络体系结构如图 1.6 所示。当发送端主机 A 的应用进程数据到达 OSI 参考模型的应用层时，网络中的数据将沿着垂直方向往下层传输，即由应用层向下经表示层、会话层等一直到达物理层。数据到达物理层后，再经传输介质传输到接收端主机 B，由主机 B 的物理层接收，向上经数据链路层等到达应用层，再由主机 B 获取。数据在由发送进程传输给应用层时，由应用层加上该层的有关控制和识别信息，再向下传输，这一过程一直重复到物理层。在主机 B 信息向上传递时，各层的有关控制和识别信息被逐层剥去，最后将数据传输到接收端。

OSI 参考模型只给出了一些原则性说明，它并不是一个具体的网络。OSI 参考模型将整个网络划分成 7 层，最高层为应用层，面向用户提供网络服务；最低层为物理层，与通信介质相结合，实现真正的数据通信。两台计算机通过网络进行通信时，除物理层之外，其余各对等层之间均不存在直接的通信关系，而是通过各对等层的协议进行通信，只有两个物理层之间通过通信介质进行的通信，才是真正的数据通信。

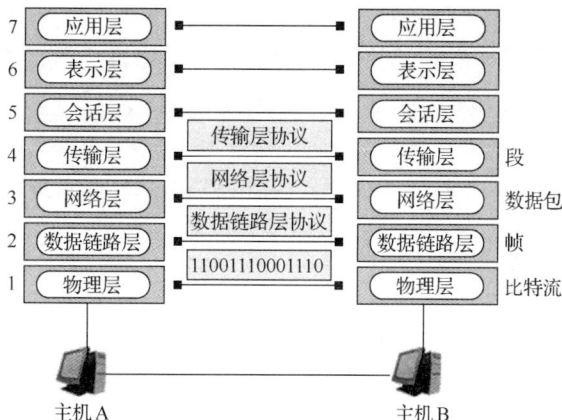

图 1.6　OSI 参考模型的网络体系结构

2. OSI 参考模型分层的原则

在 OSI 参考模型的制定过程中，采用的方法是将复杂的大问题划分成若干个容易处理的小问题，这就是分层体系结构方法。OSI 参考模型分层的原则如下。

（1）根据不同层次的抽象分层。

（2）每层应当实现明确的功能。

（3）每层功能应有助于制定网络协议的国际标准。

（4）各层边界应尽量减少跨过接口的通信量。

（5）层数应该足够多，以避免不同的功能混杂在同一层中，但也不能太多，否则体系结构会过于庞大。

层次化网络体系的优点在于每层可实现相对独立的功能，层与层之间通过接口提供服务，每层都对上层屏蔽实现协议的具体细节，使网络体系结构做到与具体物理实现无关。层次结构允许连接到网络的主机和终端型号、性能不同，只要遵守相同的协议就可以实现互操作。高层用户可以从具有相同功能的协议层开始进行互联，使网络成为开放式系统。遵守相同协议的任意两个系统可以进行通信。

3. OSI 参考模型各层的功能

OSI 参考模型并非现实的网络，它仅规定了每一层的功能，为网络的设计规划出一张蓝图。各个网络设备或软件生产厂商都可以按照这张蓝图来设计和生产自己的网络设备或软件，尽管设计和生产出的网络产品的样式、外观各不相同，但它们具有相同的功能。

OSI 参考模型的各个层次是相互独立的且每一层都有各自独立的功能，表 1.1 所示为 OSI 参考模型各层的功能。

表 1.1　OSI 参考模型各层的功能

OSI 参考模型的层次	主要功能
物理层	提供适用于传输介质承载的物理信号的转换，实现物理信号的发送、接收，以及在物理传输介质上的数据比特流传输
数据链路层	在连接物理链路的相邻节点间建立逻辑通路，实现数据帧的点到点、点到多点直接传输，能够进行编码和差错控制
网络层	将数据分为一定长度的组，根据数据报文中的地址信息，在通信子网中选择传输路径，将数据从一个节点发送到另一个节点

OSI 参考模型的层次	主要功能
传输层	建立、维护和终止端到端的数据传输过程，能提供控制传输速率、调整数据的传输顺序等
会话层	在通信双方的进程间建立、维持、协调和终止会话，确定双方是否通信
表示层	实现数据转换、加密、压缩等，确保一个系统生成的应用层数据能够被另一个系统的应用层所识别和理解
应用层	为用户应用程序提供丰富的接口

OSI 参考模型已经为各层制定了标准，各个标准作为独立的国际标准公布，下面以从低层到高层的顺序依次介绍 OSI 参考模型的各层。

（1）物理层

物理层（Physical Layer）为 OSI 参考模型的最低层。它的主要功能是利用物理传输介质为数据链路层提供物理连接，以便透明地传输比特流。物理层的传输单位是比特（bit），物理层并不关心比特流的实际意义和结构，只负责接收和传输比特流。

信号的传输离不开传输介质，而传输介质两端必须有接口用于发送和接收信号。因此，既然物理层主要关心如何传输信号，那么物理层的主要任务就是规定各种传输介质和接口与传输信号相关的一些特性，包括使用什么样的传输介质，以及与传输介质连接的接头等物理特性，典型规范有 EIA/TIA RS-232、EIA/TIA RS-449、V.35、RJ-45 等。

除了规定不同传输介质自身的物理特性之外，物理层还对通信设备和传输介质之间使用的接口做了详细规定，主要体现在以下 4 个方面。

① 机械特性：确定了连接电缆的材质、引线的数量、电缆接头的几何尺寸、锁紧装置等，规定了进行物理连接的插头和插座的几何尺寸、插针或插孔芯数及排列方式、锁定装置形式、接口形状、数量、序列等。

② 电气特性：规定了在物理连接上导线的电气连接及有关电路的特性，指明了接口电缆的各条线路的电压范围，一般包括接收器和发送器电气特性的说明、信号的识别、最大传输速率的说明、与互联电缆相关的规则、发送器的输出阻抗、接收器的输入阻抗等电气参数。

③ 功能特性：规定了接口信号的来源、作用及与其他信号之间的关系，即物理接口上各条信号线的功能分配规定和确切定义。信号线一般分为数据线、控制线、定时线和地线。

④ 规程特性：定义了在信号线上进行二进制比特流传输的一组操作过程，包括各信号线的工作顺序和时序，使比特流传输得以完成，数据终端设备（Data Terminal Equipment，DTE）和数据电路端接设备（Data Circuit-terminating Equipment，DCE）双方在各自电路上的工作规则和时序。

（2）数据链路层

数据链路层（Data Link Layer）是 OSI 参考模型中的第 2 层，介于物理层和网络层之间。数据链路层在物理层提供的服务的基础上向网络层提供服务，其最基本的服务是将源自物理层的数据可靠地传输到相邻节点的目标主机的网络层。

数据链路层通过在通信实体之间建立数据链路，传输以"帧"为单位的数据，使有差错的物理链路变成无差错的数据链路，保证点到点的可靠传输，如图 1.7 所示。

数据链路层定义了在单条链路上如何传输数据的协议。这些协议与被讨论的各种介质有关，如异步传输方式（Asynchronous Transfer Mode，ATM）、光纤分布式数据接口（Fiber Distributed Data Interface，FDDI）等。数据链路层必须具备一系列相应的功能，如将数据组合成数据块（在数据链路层中称数据块为帧，帧是数据链路层的传输单位），控制帧在物理链路上的传输，包括处理传输差错、调节发送速率以使之与接收端相匹配，以及在两个网络实体之间进行数据链路的建立、维持和释放的管理。

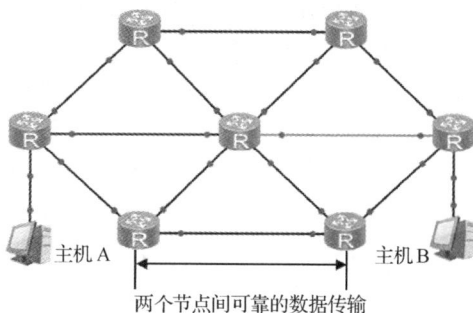

图 1.7　数据链路层的数据传输

数据链路层最基本的功能是向该层用户提供透明的、可靠的数据传输基本服务，同时提供差错控制和流量控制的方法。透明是指该层上传输的数据的内容、格式及编码没有限制，也没有必要解释数据结构。可靠的传输可使用户免去对丢失信息、干扰信息及顺序不正确等的担心。在物理层中，这些情况都有可能发生，在数据链路层中必须用纠错码来检错与纠错。数据链路层对物理层传输原始比特流的功能进行了加强，将物理层提供的可能出错的物理连接改造成逻辑上无差错的数据链路，使之对网络层表现为无差错的链路。

数据链路层主要有两个功能：帧编码和误差纠正控制。帧编码意味着定义包含信息频率、位同步、源地址、目的地址及其他控制信息的数据报。数据链路层协议又分为逻辑链路控制（Logical Link Control，LLC）协议和介质访问控制（Medium Access Control，MAC）协议。

（3）网络层

网络层（Network Layer）是 OSI 参考模型中的第 3 层，介于传输层和数据链路层之间，它在数据链路层提供的两个相邻端点之间的数据帧的传输功能的基础上，进一步管理网络中的数据通信，设法将数据从源端经过若干个中间节点传输到目的端，从而向传输层提供最基本的端到端的数据传输服务，如图 1.8 所示。在源端与目的端之间提供最佳路由传输数据，以实现两台主机之间的逻辑通信，网络层是处理端到端数据传输的最低层，体现了网

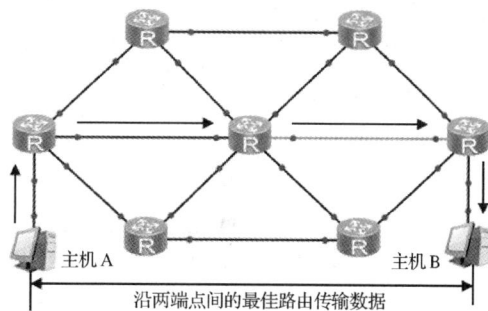

图 1.8　网络层的数据传输

络应用环境中通过资源子网访问通信子网的方式。网络层的主要内容有：虚电路分组交换和数据报分组交换、路由选择算法、阻塞控制方法、X.25 协议、综合业务数据网（Integrated Service Digital Network，ISDN）、ATM 及网际互联原理与实现。

网络层的作用是实现两个端系统之间的数据透明传输，具体功能包括寻址和路由选择，以及连接的建立、保持和终止等，它提供的服务使传输层不需要了解网络中的数据传输和交换技术。

网络层主要向传输层提供服务。为了向传输层提供服务，网络层必须使用数据链路层提供的服务，而数据链路层的主要作用是负责实现两个直接相邻节点之间的通信，并不负责实现数据经过通信子网中多个转接节点的通信。因此，为了实现两个端系统之间的数据透明传输，网络层让源端的数据能够以最佳路径透明地通过通信子网中的多个转接节点到达目的端，使得传输层不必关心网络

的拓扑结构，以及所使用的通信介质和交换技术。

（4）传输层

传输层（Transport Layer）是 OSI 参考模型中的第 4 层，是整个网络体系结构中的关键层之一，主要负责向两台主机中进程之间的通信提供服务。由于一台主机同时运行多个进程，因此传输层具有复用和分用功能。传输层在终端用户之间提供透明的数据传输，向上层提供可靠的数据传输服务。传输层在给定的链路上通过流量控制、分段/重组和差错控制来保证数据传输的可靠性。传输层的一些协议是面向链接的，这就意味着传输层能保持对分段的跟踪，且重传那些传输失败的分段。

该层协议为网络端点主机上的进程提供了可靠、有效的数据传输服务。其功能紧密地依赖于网络层的虚电路或数据报服务。传输层定义了主机应用程序之间端到端的连通性。传输层也称为运输层，传输层只存在于端开放系统中，是介于低 3 层和高 3 层之间的一层，也是很重要的一层，因为它是源端到目的端对数据传输进行控制、从低到高的最后一层。

传输层的服务一般要经过传输连接建立阶段、数据传输阶段、传输连接释放阶段共 3 个阶段，这样才算完成一个完整的服务过程。而在数据传输阶段，数据传输分为一般数据传输和加速数据传输两种形式。传输层中常见的两种协议分别是 TCP 和用户数据报协议（User Datagram Protocol，UDP）。传输层可提供逻辑连接的建立、传输层寻址、数据传输、传输连接释放、流量控制、拥塞控制、多路复用和解复用、崩溃恢复等服务。

传输层的任务是根据通信子网的特性，充分利用网络资源，为两个端系统的会话层提供建立、维护和取消传输连接的服务，负责端到端的可靠数据传输。在这一层，传输的协议数据单元称为段或报文。

网络层只是根据网络地址将源端发出的数据传输到目标节点，而传输层负责将数据可靠地传输到相应的端口。计算机网络中的资源子网是通信的发起者和接收者，其中的每台设备称为端点。通信子网提供网络中的通信服务，其中的设备称为节点。OSI 参考模型中用于通信控制的是下面 4 层，但它们的控制对象不一样。

传输层提供了两端点间可靠、透明的数据传输服务，实现了真正意义上的"端到端"的连接，即应用进程间的逻辑通信，如图 1.9 所示。

图 1.9　传输层通信

传输层提供了主机应用进程之间的端到端的服务，基本功能如下。

① 分割与重组数据。

② 按端口号寻址、连接管理。

③ 差错控制、流量控制和纠错。

传输层要向会话层提供可靠的通信服务，避免报文出错、丢失、延迟时间紊乱、重复、乱序等差错。

传输层既是 OSI 参考模型中负责数据通信的最高层，又是面向网络通信的低 3 层和面向信息处理的高 3 层之间的中间层。该层能弥补高层所要求的服务和网络层所提供的服务之间的差距，并向高层用户屏蔽通信子网的细节，使高层用户看到的只是在两个传输实体间的一条端到端的、可由用户控制和设定的、可靠的数据链路。

（5）会话层

会话层（Session Layer）是 OSI 参考模型中的第 5 层，它建立在传输层之上，利用传输层提供的服务建立应用和维持会话，并使会话获得同步。会话层使用校验点可使通信会话在通信失效时从校验点恢复通信。这种能力对于传输大的文件极为重要。

会话层、表示层、应用层构成 OSI 参考模型的高 3 层，面向应用进程提供分布处理、对话管理、信息表示、恢复最后的差错等。会话层同样要满足应用进程服务要求，而传输层不能完成的那部分工作需以会话层的功能来弥补。会话层主要的功能是对话管理、数据流同步和重新同步。要实现这些功能，需要大量的功能单元组合，已经制定的功能单元有几十种。如果要用尽量少的词来记住第 5 层的功能，那就是"对话和交谈"。

会话层的主要功能如下。

① 为会话实体建立连接。

为给两个对等会话服务用户建立一个会话连接，可将会话地址映射为传输地址、选择需要的传输服务质量（Quality of Service，QoS）参数、对会话参数进行协商、识别各个会话连接、传输有限的透明用户数据。

② 数据传输。

这个阶段在两个会话用户之间实现有组织的、同步的数据传输。会话用户之间的数据传输过程是将会话服务数据单元（Session Service Data Unit，SSDU）转变成会话协议数据单元（Session Protocol Data Unit，SPDU）。

③ 连接释放。

连接释放是通过有序释放、废弃、有限量透明用户数据传输等功能单元来释放会话连接的。会话层为了在会话连接建立阶段进行功能协商，也为了便于其他国际标准参考和引用，定义了 12 种功能单元。各个系统可根据自身情况和需要，以核心功能单元为基础，选配其他功能单元组成合理的会话服务子集。

会话层允许不同计算机上的用户建立会话关系。会话层循序进行类似传输层的普通数据的传输，在某些场合还提供一些有用的增强型服务，允许用户利用一次会话在远端的分时系统上登录或者在两台计算机之间传递文件。会话层提供的服务之一是管理对话控制。会话层允许信息同时双向传输或任意时刻只能单向传输。后者类似于物理信道上的半双工模式，会话层将记录此时该轮到哪一方传输。一种与对话控制有关的服务是令牌管理（Token Management）。有些协议会保证双方不能同时执行同样的操作，这一点很重要。为了管理活动，会话层提供了令牌，令牌可以在会话双方之间移动，只有持有令牌的一方可以执行某种关键操作。另一种会话层服务是同步。如果在平均每小时出现一次大故障的网络上，两台计算机将要进行一次两小时的文件传输，试想会出现什么样的情况？每一次传输中途失败后，都不得不重新传输文件。当网络再次出现大故障时，可能又会中止。为解决这个问题，会话层提供了一种方法，即在数据中插入同步点。每次网络出现故障后，仅传输最后一个同步点以后的数据。

（6）表示层

表示层（Presentation Layer）是 OSI 参考模型中的第 6 层，它向上为应用层服务，向下接收来自会话层的服务。表示层为在应用进程之间传输的信息提供表示方法的服务，保证一个系统的应用层发出的信息被另一个系统的应用层读出。表示层用一种通用的数据表示格式在多种数据格式之间进行转换，它具有数据格式转换、数据加密与解密、数据压缩与恢复等功能，它只关心信息的语法和语义，应用层需要负责处理语义，而表示层需要负责处理语法。

表示层提供的主要服务之一是为异种机通信提供一种公共语言，以便实现互操作。这种类型的服务之所以被需要，是因为不同的计算机体系结构使用的数据表示法不同。与第 4 层提供透明的数据传输服务不同，表示层处理所有与数据表示及运输有关的问题，包括转换问题、加密问题和压缩问题。每台计算机可能有它自己的表示数据的内部方法，因此需要表示层来保证不同的计算机可以彼此理解数据表示。

表示层的功能如下。

① 网络的安全和保密管理、文本的压缩与打包、虚拟终端协议（Virtual Terminal Protocol，VTP）。

② 语法转换。将抽象语法转换成传输语法或将传输语法转换成抽象语法，涉及的内容有代码转换、字符转换、数据格式的修改，以及对数据结构操作的适应、数据压缩和加密等。

③ 语法协商。根据应用层的要求协商选用合适的上下文，即确定传输语法并传输数据。

④ 连接管理。其包括利用会话层服务建立表示连接，管理在这个连接之上的数据传输和同步控制（利用会话层相应的服务），以及正常或异常地终止这个连接。

通过前面的介绍，可以看出，会话层以下 5 层完成了端到端的数据传输，且是可靠、无差错的传输。但是数据传输只是手段而不是目的，最终要实现对数据的使用。各种系统对数据的定义并不完全相同，最易明白的例子是键盘上的某些键的含义在许多系统中有差异，这自然为某系统利用其他系统的数据造成了阻碍，而表示层和应用层肩负着消除这种阻碍的任务。

（7）应用层

应用层（Application Layer）是 OSI 参考模型的第 7 层。它是最接近用户的一层，是用户应用程序与网络的接口、应用层和应用程序协同工作的层，直接向用户提供服务，完成用户希望在网络上完成的各种工作。应用层是 OSI 参考模型的最高层，直接为应用进程提供服务。其作用是在实现多个系统应用进程相互通信的同时，提供一系列业务处理所需的服务。其服务元素分为两类：公共应用服务元素和特定应用服务元素。

公共应用服务元素提供最基本的服务，主要为应用进程通信、分布系统的实现提供基本的控制机制；特定应用服务元素则要提供一些特定服务，如文件传输、访问管理、作业传输、银行事务、订单输入等。

从前文可以看出，只有低 3 层涉及与通信子网的数据传输，高 4 层是端到端的层次，因此通信子网只具有低 3 层的功能。OSI 参考模型规定的是两个开放系统进行互联要遵循的标准，对于高 4 层来说，这些标准是由两个端系统上的对等实体来共同遵循的；对于低 3 层来说，这些标准是由端系统和通信子网边界上的对等实体来遵循的，通信子网内部采用的标准是任意的。

4. OSI 参考模型的特点

OSI 参考模型的主要问题是定义复杂、实现困难，有些同样的功能在多层重复出现，效率低下。人们普遍希望网络标准化，但迟迟没有成熟的网络产品应用 OSI 参考模型。因此，OSI 参考模型没有像专家所预想的那样风靡世界。其特点如下。

（1）OSI 参考模型详细定义了服务、接口和协议这 3 个概念，并严格对它们加以区分，实践证明这种做法是非常有必要的。

（2）OSI 参考模型诞生在协议出现之前，这意味着该模型没有偏向于任何特定的协议，因此非常通用。

（3）OSI 参考模型的某些层（如会话层和表示层）对于大多数应用程序来说没有用，且某些功能在各层重复出现（如寻址、流量控制和差错控制），这会影响系统的工作效率。

（4）OSI 参考模型的结构和协议虽然大而全，但显得过于复杂和臃肿，因此效率较低，实现起来较为困难。

1.2.5 TCP/IP 参考模型

OSI 参考模型的提出在计算机网络发展史上具有里程碑的意义，以至于提到计算机网络，就不能不提 OSI 参考模型。但是，OSI 参考模型具有定义过于繁杂、实现困难等缺点。面对市场，OSI 参考模型失败了。与此同时，TCP/IP 的提出和广泛使用，特别是 Internet 用户数量的迅速增长，使 TCP/IP 网络的体系结构日益显示出其重要性。

TCP/IP 是目前流行的商业化网络协议，尽管它不是某一标准化组织提出的正式标准，但它已经被公认为目前的工业标准或"事实标准"。Internet 之所以能迅速发展，是因为 TCP/IP 能够适应和满足世界范围内数据通信的需求和发展。

1. TCP/IP 的特点

TCP/IP 能够迅速发展起来并成为事实上的标准，原因是它恰好满足了世界范围内数据通信的需求，它有以下特点。

（1）TCP/IP 不依赖于任何特定的计算机硬件或操作系统，提供开放的协议标准，即使不考虑 Internet，TCP/IP 也获得了广泛的支持，所以 TCP/IP 成了一种联合各种硬件和软件的实用协议。

（2）TCP/IP 并不依赖于特定的网络传输硬件，所以 TCP/IP 能够集成各种各样的网络。用户能够使用以太网（Ethernet）、令牌环网（Token Ring Network）、拨号线路（Dial-up Line）、X.25 网，以及所有的网络传输硬件。

（3）统一的网络地址分配方案使得整个 TCP/IP 设备在网络中具有唯一的地址。

（4）标准化的高层协议，可以提供多种可靠的用户服务。

2. TCP/IP 参考模型的层次

与 OSI 参考模型不同，TCP/IP 参考模型将网络划分为 4 层，它们分别是应用层、传输层、网际层（Internet Layer）和网络接口层（Network Interface Layer）。

实际上，TCP/IP 参考模型与 OSI 参考模型有一定的对应关系，如图 1.10 所示。

（1）TCP/IP 参考模型的应用层与 OSI 参考模型的应用层、表示层及会话层相对应。

（2）TCP/IP 参考模型的传输层与 OSI 参考模型的传输层相对应。

（3）TCP/IP 参考模型的网际层与 OSI 参考模型的网络层相对应。

（4）TCP/IP 参考模型的网络接口层与 OSI 参考模型的数据链路层和物理层相对应。

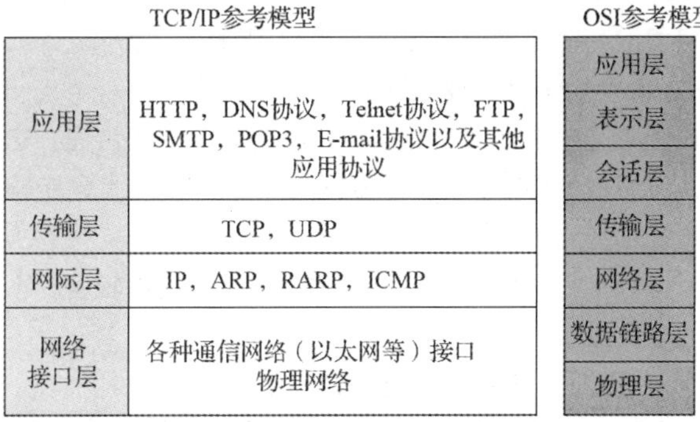

TCP/IP参考模型		OSI参考模型
应用层	HTTP，DNS协议，Telnet协议，FTP，SMTP，POP3，E-mail协议以及其他应用协议	应用层
		表示层
		会话层
传输层	TCP，UDP	传输层
网际层	IP，ARP，RARP，ICMP	网络层
网络接口层	各种通信网络（以太网等）接口 物理网络	数据链路层
		物理层

图 1.10 TCP/IP 参考模型与 OSI 参考模型的对应关系

3. TCP/IP 参考模型各层的功能

TCP/IP 参考模型各层的功能如下。

（1）网络接口层

TCP/IP 参考模型中没有详细定义网络接口层的功能，只是指出通信主机必须采用某种协议连接网络，且能够传输网络数据分组。该层没有定义任何实际协议，只定义了网络接口，任何已有的数据链路层协议和物理层协议都可以用来支持 TCP/IP 参考模型。

（2）网际层

网际层又称互联层，是 TCP/IP 参考模型的第 2 层，它实现的功能相当于 OSI 参考模型网络层的无连接网络服务的功能，主要负责解决主机到主机的通信问题。它所包含的协议涉及数据报在整个网络上进行逻辑传输。网际层注重重新赋予主机一个 IP 地址来完成对主机的寻址，它还负责数据报在多种网络中的路由。该层有 3 种主要协议：IP、互联网组管理协议（Internet Group Management Protocol，IGMP）和互联网控制报文协议（Internet Control Message Protocol，ICMP）。IP 是网际层十分重要的协议，它提供的是可靠、无连接的数据报传输服务。

（3）传输层

传输层位于网际层之上，它的主要功能是负责应用进程之间的端到端通信。在 TCP/IP 参考模型中，设计传输层的主要目的是在网际层中的源端与目的端的对等实体之间建立用于会话的端到端连接。该层定义了两种主要的协议：TCP 和 UDP。

TCP 提供的是一种可靠的、通过"3 次握手"来连接的数据传输服务；而 UDP 提供的是不保证可靠的、无连接的数据传输服务。

（4）应用层

应用层是 TCP/IP 参考模型的最高层。它与 OSI 参考模型中的高 3 层的任务相同，为用户提供所需要的各种服务，用于提供网络服务，如文件传输、远程登录、域名服务和简单网络管理等。

4. TCP/IP 参考模型的优缺点

TCP/IP 参考模型与协议在 Internet 中经受了几十年的风风雨雨，得到了 IBM、Microsoft、Novell 及 Oracle 等大型公司的支持，成了计算机网络中的主要标准体系。

TCP/IP 参考模型的优点如下。

（1）TCP/IP 参考模型诞生在协议出现以后，该参考模型实际上是对已有协议的描述。因此，协议和该参考模型匹配得相当好。

（2）TCP/IP 参考模型并不是作为国际标准开发的，它只是对一种已有标准的概念性描述。所以，它的设计目的单一、影响因素少，协议简单高效、可操作性强。

TCP/IP 参考模型的缺点如下。

（1）TCP/IP 参考模型没有明显地区分服务、接口和协议的概念。因此，对于使用新技术来设计新网络而言，TCP/IP 参考模型不是一种很好的模型。

（2）TCP/IP 参考模型不区分物理层和数据链路层，划分不太合理。这两层完全不同，物理层必须处理铜缆、光纤和无线通信的传输数据；而数据链路层的工作是确定帧的开始和结束，并按照所需的可靠程度把帧从一端发送到另一端。

（3）由于 TCP/IP 参考模型是对已有协议的描述，因此通用性较差，不适合描述除 TCP/IP 参考模型的协议之外的其他任何协议。

5. OSI 参考模型与 TCP/IP 参考模型的比较

TCP/IP 参考模型与 OSI 参考模型在设计上都采用了层次结构的思想，不过层次划分及使用的协议有很大的区别。无论是 OSI 参考模型还是 TCP/IP 参考模型，都不是完美的，都存在某些缺点。

两者的比较主要如下。

（1）法律上的国际标准 OSI 参考模型并没有得到市场的认可，非国际标准 TCP/IP 参考模型获得了广泛的应用，TCP/IP 常被称为事实上的国际标准。

（2）OSI 的专家在制定 OSI 参考模型的标准时没有商业驱动力。

（3）OSI 的协议实现起来过于复杂且运行效率很低。

（4）OSI 参考模型的标准的制定周期太长，从而使得按 OSI 参考模型的标准生产的设备无法及时进入市场。

（5）OSI 参考模型的层次划分不太合理，有些功能在多个层中重复出现。

（6）OSI 参考模型引入了服务、接口、协议、分层的概念，TCP/IP 参考模型借鉴了这些概念。

1.3 项目实训

实训 1 编制网络系统集成从业人员岗位职责说明书

1．实训目的

针对网络系统集成岗位，通过招聘网站进行信息资料收集，案例样本数量不少于 10 个。对收集的信息进行总结、提炼，编制网络系统集成从业人员岗位职责说明书。

2．实训内容

（1）需求分析与规划

根据公司发展战略和 IT 需求，进行网络系统集成的需求调研与分析。制定网络架构设计方案，包括但不限于网络拓扑设计、带宽规划、冗余备份方案等。

（2）系统设计与集成

设计并实施各种网络设备（如路由器、交换机、防火墙）的配置与部署。集成操作系统、数据库、中间件和其他应用软件，确保其在统一网络环境下的正常运行。

（3）项目管理与实施

制订详细的项目计划，包括时间表、预算和资源分配。负责协调内部团队和外部供应商，确保项目的顺利执行与按时完成。对集成过程中的风险进行识别、评估与控制。

3．实训过程

（1）教师演示制作 PPT 或微视频等。教师演示如何通过网站查找所需信息，内容紧扣主题，表述恰当、正确，逻辑清晰，整体风格统一，图文并茂。

（2）收集信息。小组通过网站收集信息资料，样本数量不少于 10 个。

（3）编制网络系统集成从业人员岗位职责说明书。小组成员对收集结果进行总结、提炼，编制网络系统集成从业人员岗位职责说明书。

4．实训总结

（1）根据从招聘网站上收集的信息，讨论网络系统集成从业人员岗位职责。

（2）网络系统集成从业人员的基本岗位职责可能会因组织规模、行业特点和项目需求有所不同，需要根据具体情况编制网络系统集成从业人员岗位职责说明书。

（3）以分组的方式讨论，现场表述逻辑清晰、语言流畅、情绪饱满，并指出其中的优点和不足。

实训 2 制作网络系统集成项目工程文档

1．实训目的

通过参观网络系统集成项目施工现场等，区分网络系统中的不同部分，了解网络系统集成项目为用户提供的服务，描述项目的启动原因、预期达到的目标，以及项目对组织业务的重要性和价值。

2．实训内容

（1）项目范围

明确项目涉及的网络区域、设备种类、软件应用等具体内容。列出参与项目的所有主要角色，包括项目经理、网络工程师、客户代表等，并描述其对应职责。

（2）需求分析

① 业务需求：分析并列出业务流程中对网络系统的需求，如带宽、数据传输速率、安全性、可靠性等。

② 技术需求：描述所需的硬件配置、软件功能、兼容性要求、性能指标等具体技术参数。

（3）系统设计

① 网络架构设计：提供详细的网络拓扑图，描述网络层次结构、设备分布情况、通信路径等。

② 设备选型与配置：列出所选用的各种网络设备型号及其配置方案。

③ 软件系统设计：阐述将要部署的应用系统、操作系统、数据库及中间件的设计细节。

（4）实施计划

将整个项目划分为多个阶段和任务，并制定明确的时间表。列出可能遇到的风险，并提供相应的预防措施和应急计划。规定项目执行过程中的质量控制措施及各阶段成果的验收标准。

3. 实训过程

（1）教师带领学生参观网络系统集成项目施工现场。教师演示如何观察和记录关键信息，包括网络区域、设备种类、关键干系人等。

（2）收集信息。小组在现场收集信息资料，至少涵盖 10 个不同的系统集成项目要素。

（3）小组成员对收集结果进行总结、提炼，制作网络系统集成项目工程文档。

4. 实训总结

（1）根据现场参观获得的信息和经验，讨论如何制作网络系统集成项目工程文档。

（2）网络系统集成项目工程文档中的具体项目工程可能会因项目规模、行业特点和项目需求有所不同，需要根据具体情况制作网络系统集成项目工程文档。

（3）以分组的方式讨论，现场表述逻辑清晰、语言流畅，并指出其中的优点和不足。

课后习题

1. 选择题

（1）【多选】网络系统集成的优点有（　　　）。

    A. 信息资源共享与协同工作　　　　　B. 提高效率与实时性

    C. 简化管理与维护　　　　　　　　　D. 降低成本与优化资源

（2）【多选】网络系统集成涵盖（　　　）。

    A. 需求分析与规划　　　　　　　　　B. 硬件集成

    C. 软件集成　　　　　　　　　　　　D. 网络安全与管理

（3）在 OSI 参考模型中，（　　　）的主要功能是利用物理传输介质为数据链路层提供物理连接，以便透明地传输比特流。

    A. 物理层　　　　B. 数据链路层　　　　C. 网络层　　　　D. 传输层

（4）在 OSI 参考模型中，（　　　）的作用是实现两个端系统之间的数据透明传输，具体功能包括寻址和路由选择，以及连接的建立、保持和终止等，它提供的服务使传输层不需要了解网络中的数据传输和交换技术。

    A. 物理层　　　　B. 数据链路层　　　　C. 网络层　　　　D. 传输层

（5）【多选】TCP/IP 参考模型包括（　　）。

  A．网络接口层 B．传输层   C．会话层   D．应用层

2. 简答题

（1）简述网络系统集成的分类。

（2）简述网络系统集成的必要性。

（3）简述网络系统集成的发展。

（4）简述网络层次结构划分的原则。

（5）简述 OSI 参考模型。

（6）简述 TCP/IP 参考模型。

项目 2

网络系统集成需求分析

知识目标
- 掌握网络系统集成需求分析的必要性。
- 掌握网络系统集成需求分析的主要内容。

技能目标
- 能够开展网络系统集成需求调查。
- 能够制作网络系统集成需求说明书。

素养目标
- 注重信息安全和用户隐私保护，强化学生的社会责任感和道德意识。
- 倡导精益求精的工匠精神，培养严谨、细致的工作态度。

2.1 项目陈述

随着网络技术与网络业务的飞速发展，以及用户对网络资源需求的飞速增长，网络变得越来越复杂。无论是新建网络，还是升级、改造网络，网络系统集成工程师都遵循一个相同的原则，这个原则的实质是客观地决定特定的数据通信系统是否满足企业及其用户的需求。网络系统集成一般要经过需求分析、选择解决方案、网络策略、网络实施、网络测试与验收 5 个步骤，其中，需求分析虽然处在开始阶段，但它在整个网络系统集成过程中居于非常重要的地位，直接决定后续工作的质量。它的基本任务是确定网络系统必须完成哪些工作，对目标系统提出完整、准确、清晰和具体的要求。随着网络集成系统规模的扩大和复杂性的提高，需求分析在网络系统集成中的重要性愈加突出，实施起来也愈加困难。

需求分析是在网络系统设计过程中用来获取和确定网络系统需求的方法，是网络系统设计的基础，是网络系统设计中的一个重要阶段。通过与用户共同进行需求分析，可以充分了解用户现有的资源情况、用户的需求和应用的要求等多方面的信息，达到设计与需求一致。完整的需求分析有助于为后续工作建立一个稳定的基础。如果在设计初期没有与需求方达成共识，加上在整个项目的实施过程中，需求方的具体需求可能会不停地变化，就可能影响项目的计划和预算。需求分析的质量对最终网络系统建成的影响是深远和全局性的。高质量的需求分析能对项目的完成起到事半功倍的作用。经验表明，在后续阶段改正需求分析阶段产生的错误，将付出高昂的代价。

2.2　必备知识

2.2.1　网络系统集成需求分析的必要性

网络系统集成需求分析是整个项目周期中至关重要的环节，对于项目的顺利推进、资源的有效利用，以及项目最终的成功交付具有决定性影响。

1. 网络系统集成需求分析要解决的核心问题

网络系统集成需求分析要解决的核心问题主要涉及以下几个方面。

（1）业务需求明确

明确用户的具体业务流程、目标和预期，包括数据传输、资源共享、业务协同等方面的需求，确保网络系统能够满足实际业务操作需求。

（2）功能需求确定

识别和详细描述网络系统所需具备的各项具体功能，如数据交换、通信协议支持、网络安全策略、远程访问控制、备份恢复机制等。

（3）性能指标设定

根据业务需求及未来发展预测，明确网络系统的性能参数，如带宽、延迟、吞吐量、并发用户数、响应时间、可用性等。

（4）安全防护规划

针对潜在的安全威胁进行风险评估，提出相应的安全解决方案，包括防火墙配置、入侵检测与防御、数据加密、身份认证、访问权限管理等。

（5）兼容性和可扩展性设计

保证新构建的网络系统能与现有 IT 环境良好地融合，并考虑未来的软硬件升级、技术更新及业务增长带来的扩展需求。

（6）运维便捷性考虑

从日常管理和维护的角度出发，考虑和分析如何实现高效的故障排查、资源监控、系统优化、维护升级等功能，以降低运维成本和提高工作效率。

（7）成本预算与效益评估

在以上各方面的基础上，对整个网络系统集成项目的成本进行预估，并结合预期收益进行投入产出比分析，确保项目投资的经济效益。

通过深入、细致的需求分析，网络系统集成商可以为用户提供既满足当前需求又具有前瞻性的高质量网络解决方案。

2. 网络系统集成需求分析必要性的主要体现

网络系统集成需求分析的必要性主要体现在以下几个方面。

（1）确保方案的针对性和有效性

每个用户都有其特定的业务需求和技术环境，通过深入的需求分析，可以精准地把握用户的真实诉求，从而设计出满足甚至超出用户期望的网络解决方案，提高系统的适用性，优化实施效果。

（2）避免资源浪费

如果缺乏详细的需求分析，则可能导致设计的网络系统功能过剩或不足，配置不合理，造成硬件、软件及人力资源的浪费。精确的需求分析有助于优化资源配置，实现经济效益的最大化。

（3）提升项目成功率

全面、准确的需求分析是项目成功实施的基础。它能帮助项目团队明确目标，制订合理的项目计划，降低项目实施过程中的风险，从而提高项目成功率。

（4）保证系统的稳定性和安全性

通过需求分析，能够预见并规避可能的技术瓶颈和安全隐患，如性能瓶颈、兼容性问题、安全漏洞等，保障系统在上线后高效稳定运行。

（5）有利于未来扩展与升级

企业前瞻性地进行需求分析，可以预见未来可能发生的业务变化和技术更新，使得网络系统具备良好的可扩展性和升级能力，以满足企业持续发展的需要。

3. 网络系统集成需求分析为项目设计提供基本依据

网络系统集成需求分析确实为项目设计提供了基本依据，具体表现在以下几个方面。

（1）目标导向

需求分析明确了项目的业务目标和技术目标，使项目设计团队能够准确把握用户期望和实际需求，从而确保系统设计方案与项目目标的一致性。

（2）功能框架构建

通过详尽的需求梳理，可以确定网络系统应具备的各项功能模块，形成初步的功能架构，为后续的详细设计提供指导依据。

（3）技术选型与配置

需求分析过程中会涉及对硬件设备、软件平台、通信协议等的选择与配置，这些都将直接影响项目的技术方案设计。

（4）性能优化

基于用户需求，明确网络系统的性能指标，如带宽、延迟、并发处理能力等，使得设计时能针对性地进行性能优化。

（5）安全性设计

识别出潜在的安全威胁和风险点，制定相应安全措施和策略，为网络安全设计指明方向。

（6）兼容扩展规划

考虑现有 IT 环境和未来可能的升级、扩展需求，保证系统具有良好的兼容性和可扩展性。

（7）成本控制

需求分析有助于合理预估项目成本，根据预算制定可最大化经济效益的设计方案。

网络系统集成需求分析是项目设计的重要前置步骤，它不仅为项目设计指明了清晰的方向，提供了可靠的依据，还能够确保最终实现的网络系统真正满足用户在功能、性能、安全、成本等方面的实际需求。

2.2.2　网络系统集成需求分析的主要内容

网络系统集成需求分析是指在规划和实施网络系统集成项目时，对用户的具体业务需求、技术需求及未来可能的发展需求等进行深入研究和全面了解的过程。通过网络系统集成，可以为用户设计出最适合其实际业务场景和长远发展规划的网络架构方案。

1. 业务需求分析

理解用户的业务流程、业务目标，明确网络系统需要支撑的业务内容和性能要求，如数据传输速率、系统响应时间、并发用户数等。

（1）用户的一般情况分析

用户业务需求分析是指在网络系统设计过程中，对用户的业务需求进行分析和确认。通常情况下，要对用户的一般情况、业务性能需求、业务功能需求等方面进行分析。业务需求分析是系统集成中的首要环节，是系统设计的根本依据。

① 组织架构与规模。了解用户单位的组织架构、部门设置、员工数量及地域分布等信息，以便设计出适合其管理模式和运营规模的网络架构。

② 业务特性与流程。深入研究用户的主营业务、业务流程及数据流转特点，明确网络系统需要支撑的核心业务场景和关键性能指标。

③ 现有 IT 环境。详细调查用户的现有 IT 基础设施相关信息，包括硬件设备（如服务器、交换机、路由器等）、软件平台（如操作系统、数据库、应用系统等）、网络配置（如拓扑结构、带宽分配、网络安全策略等）及数据中心或云资源使用情况。

④ 技术能力与人员素质。评估用户的 IT 团队技术水平、运维能力、管理能力和员工对新技术的接受程度，这有助于在网络系统设计中考虑易用性和后期维护的需求。

⑤ 预算与成本控制。了解用户对项目实施的资金投入计划和预期效益，以确保设计方案既满足功能需求又具有经济合理性。

⑥ 未来发展规划。考虑用户在未来一段时间内的战略目标和发展规划，如业务扩张、技术创新、数字化转型等，确保网络系统具有良好的可扩展性和前瞻性。

通过对用户的一般情况进行全面、深入的分析，可以更准确地把握用户的真实需求，从而为网络系统集成项目提供更贴合实际的设计方案。

（2）用户的业务目标分析

在进行网络系统集成需求分析时，对用户的业务目标进行分析至关重要。通过对用户的业务目标进行全面分析，网络系统集成方案可以更好地服务于企业的核心业务，满足其发展需求，助力企业在数字化转型过程中取得竞争优势。用户的业务目标分析主要涉及以下几个方面。

① 战略目标实现。理解用户公司的长期发展战略，包括业务拓展方向、市场定位、竞争优势等，以便网络系统能够支持和促进这些战略目标的实现。

② 业务流程优化。深入研究用户的各项业务流程，识别流程中的瓶颈和改进点，通过网络系统集成设计提高业务效率、简化操作流程、降低运营成本。

③ 数据流转与管理需求。明确日常运营中涉及的各类数据如何产生、传输、存储和使用，以及对数据安全性、实时性、完整性和可用性的要求，确保网络系统能提供高效、安全的数据交换与处理能力。

④ 协同工作需求。了解用户内部不同部门间及用户与外部合作伙伴之间的协作模式，为远程办公、跨地域合作、多系统集成等场景设计合适的网络通信解决方案。

⑤ 用户服务提升。关注用户对外提供服务的方式及质量要求，如响应速度、服务质量、用户体

25

验等，网络系统应能进行有效支撑。

⑥ 合规性与风险控制。考虑行业法规、政策要求及企业内部规章制度，确保网络系统在满足业务目标需求的同时遵守相关法律法规，并具备必要的安全防护措施以应对各种潜在风险。

2. 功能需求分析

确定网络系统应具备的各项功能，如网络设备互联、数据交换、网络安全防护、网络资源管理与分配、远程访问、备份与恢复等。通过深入、细致的功能需求分析，准确把握项目的技术细节和用户期望，为后续的设计、开发和实施阶段提供详尽而准确的需求蓝图。功能需求分析是网络系统集成需求分析中的关键环节，主要涉及以下几个方面。

（1）通信与数据传输

确定网络系统应具备的基本数据传输功能，如支持何种协议（TCP/IP、UDP 等）和是否需要实现高速数据传输、大文件传输或实时数据流传输等。

（2）网络互联与访问控制

明确不同区域、部门或业务系统的网络互联需求，以及相应的访问控制策略，包括内外部网络隔离、虚拟局域网（Virtual Local Area Network，VLAN）划分、子网规划、防火墙规则设置等。

（3）资源共享与协同工作

设计网络系统以支持文件共享、打印服务、数据库访问、应用程序部署等资源共享功能，并考虑协同跨地域、跨部门的办公需求。

（4）安全防护与监控审计

针对网络安全需求，分析并设定必要的安全防护功能，如入侵检测与防御、病毒防护、身份认证与授权管理、日志记录与审计跟踪等。

（5）备份与恢复机制

根据业务连续性要求，制定和实施数据备份策略，包括定期备份、增量备份、全量备份等多种备份方式，并确保在发生故障时能迅速恢复数据。

（6）远程访问与移动办公

根据用户对远程接入的需求，提供虚拟专用网络（Virtual Private Network，VPN）接入、云桌面、远程桌面连接等功能，满足员工在非现场环境下对内部资源的访问需求。

（7）系统管理与运维便利性

设计便于系统管理员进行设备配置、性能监控、故障排查、软件更新及升级等日常运维操作的功能模块。

（8）可扩展性和兼容性

考虑网络系统未来可能的扩展需求，保证设计方案具有良好的可扩展性和兼容性，可以方便地添加新的设备和服务，同时不影响现有系统的稳定运行。

3. 性能需求分析

根据用户业务特性及未来发展预期，设定网络系统的各项性能指标，包括带宽、延迟、丢包率、可靠性、可扩展性、稳定性等。通过详尽的性能需求分析，可以制定满足实际需求且具备前瞻性的网络设计方案，从而确保网络系统能够稳定、高效地支撑用户的各项业务运行。性能需求分析在网络系统集成需求分析中占据重要地位，主要涉及以下几个方面。

（1）带宽与吞吐量

根据用户业务数据传输的需求，确定网络系统的最小、正常和峰值带宽要求，以及相应的数据处理能力（吞吐量）。

（2）延迟与响应时间

针对实时性要求高的业务场景，如视频会议、在线交易等，需分析并明确网络系统在数据传输过程中的延迟指标及关键应用系统的响应时间。

（3）并发处理能力

对于同时在线用户数较多或数据交互频繁的业务环境，需要评估网络系统在并发连接、并发事务处理等方面的承载能力。

（4）可用性与可靠性

根据用户业务连续性和稳定性要求，设定网络服务的可用率目标，包括网络设备冗余备份、故障切换机制等，以提高整个网络系统的可靠性。

（5）可扩展性

考虑随着用户业务发展和数据增长，网络系统能否方便地进行性能扩展，如增加带宽、提升存储容量、增强计算能力等。

（6）QoS 保障

为保证关键业务的服务质量，可能需要实施不同的服务质量策略，如优先级控制、流量整形、拥塞管理等，确保高优先级的数据流能够在网络拥堵时获得足够的资源保障。

4. 安全需求分析

考虑网络系统可能面临的安全威胁，制定相应的安全策略和解决方案，如防火墙设置、入侵检测、身份认证、加密通信、网络共享和访问控制等。通过细致的安全需求分析，可以有效地识别潜在的安全风险，从而为网络系统集成项目提供一套全面且有针对性的安全设计方案，保障用户网络环境的安全、稳定。安全需求分析在网络系统集成中是至关重要的部分，主要涉及以下几个方面。

（1）访问控制与身份认证

确定网络系统的用户权限管理机制，如角色划分、权限分配、多因素认证等，确保只有合法授权的用户能够访问相应的资源。

（2）数据加密

针对敏感数据传输和存储的安全性要求，实施数据加密策略，包括数据链路层、网络层、应用层的数据加密技术，以及数据库、文件系统的存储加密措施。

（3）防火墙与边界防护

设计并配置防火墙规则以过滤非法流量，保护内部网络不受外部攻击。同时考虑采用入侵检测系统（Intrusion Detection System，IDS）、入侵防御系统（Intrusion Prevention System，IPS）等手段增强边界防护能力。

（4）病毒防护与恶意软件防御

部署防病毒软件和反恶意软件解决方案，实时监测并清除网络中的潜在威胁，防止病毒感染和传播。

（5）日志记录与审计追踪

实现对网络活动的全面记录和审计追踪，以便在发生安全事件时能进行有效的溯源分析。

（6）漏洞扫描与补丁管理

定期对网络设备和应用程序进行漏洞扫描，并及时进行安全更新和安装补丁，降低因已知漏洞导致的安全风险。

（7）物理安全与环境控制

考虑数据中心及网络设备的物理安全防护，如设置门禁系统、监控摄像头等，确保硬件设施免受物理破坏或环境因素影响。

（8）灾难恢复与业务连续性

制订灾难恢复计划，确保在遭遇重大安全事件后，关键业务能够在预定时间内恢复运行。

5. 运维需求分析

考虑网络系统后期的运维便捷性和成本，包括系统监控、故障排查、系统升级和扩展等方面的便利性需求。通过全面的运维需求分析，可以构建更加稳定、高效且易于管理的网络环境，提升 IT 运维效率，降低运营成本，并确保网络服务始终能满足用户不断变化的需求。运维需求分析在网络系统集成项目中同样具有重要意义，主要体现在以下几个方面。

（1）监控与告警

网络系统需要具备实时性能监控和故障告警功能，能够及时了解并报告网络设备状态、链路状况、流量负载、资源利用率等关键指标。

（2）自动化管理

考虑实现网络设备配置的自动化管理和变更控制，如使用网络配置管理系统进行批量配置和更新操作。

（3）故障排查与恢复

设计易于诊断和解决故障的运维流程，包括故障定位工具、故障排除手册及快速恢复机制，以缩短因故障导致的业务中断时间。

（4）备份与恢复策略

制定数据及配置信息的备份策略，并确保在发生问题时能迅速恢复，维持业务连续性。

（5）升级与扩展便利性

网络系统的架构设计应便于后续的软硬件升级和扩展，避免因为规模扩大或技术迭代而带来复杂的运维挑战。

（6）资产管理与生命周期管理

建立完善的网络资产管理体系，跟踪设备采购、上架、运行、退役全生命周期，为合理规划预算和调配资源提供依据。

（7）合规性与审计要求

满足相关的法规、标准和内部政策要求，对网络运维活动实施有效记录和审计，确保所有操作合规、透明。

6. 兼容性与可扩展性需求分析

确保新构建的网络系统能与现有 IT 环境无缝对接，同时为未来的软硬件升级、新技术引入预留足够的扩展空间。进行深入、细致的兼容性与可扩展性需求分析，有助于构建既能满足当前需求又能应对未来发展的高效、稳定、灵活的网络环境。兼容性与扩展性需求分析在网络系统集成项目中具有决定性作用，主要体现在以下几个方面。

（1）设备及协议兼容性

确保新构建的网络系统能够与现有设备、操作系统、应用程序及通信协议实现良好兼容，减少或避免因不兼容问题导致的功能缺失或性能瓶颈。

（2）硬件可扩展性

设计时要考虑未来可能的硬件升级和扩展需求，如预留足够的端口用于添加新的交换机、服务器等设备，支持模块化设计以方便增加带宽或存储资源。

（3）软件扩展性

选择具备可扩展性的软件平台和应用系统，其应能支持多用户并发访问、应对业务增长带来的数据处理压力，并能便捷地进行功能扩展和版本升级。

（4）架构灵活性

采用灵活且开放的网络架构，如模块化、层次化、虚拟化等，使得在不中断现有服务的前提下，可以方便地对网络结构、资源配置进行调整和优化。

（5）新技术接纳性

考虑未来可能出现的新技术和标准，保证网络系统具备接纳新技术和标准的能力，如 IPv6、软件定义网络（Software Defined Network，SDN）、网络功能虚拟化（Network Functions Virtualization，NFV）等。

（6）业务扩展适应性

根据用户的长期发展规划和潜在业务需求，网络系统应具有良好的业务扩展适应性，能快速适应业务模式的变化和技术革新所带来的挑战。

2.3 项目实训

实训 3 开展网络系统集成需求调查

1. 实训目的

（1）理解用户业务需求。通过深入、细致的需求调查，了解用户的业务流程、工作模式，以及未来的发展规划，确保所设计和实施的网络系统能够紧密贴合实际业务需求。

（2）明确技术指标与功能需求。确定网络系统的各项具体技术指标，如带宽、延迟、并发处理能力等，以及所需实现的功能，如数据传输、资源共享、安全防护、远程访问等。

（3）优化资源配置与成本控制。在充分掌握用户需求的基础上，合理配置硬件设备、软件平台及人力资源，避免过度建设或资源不足导致的成本浪费。

（4）提高系统性能与稳定性。通过准确把握用户对系统性能和稳定性的要求，能够在设计阶段就有针对性地采取措施，保障系统运行高效、稳定。

（5）满足合规性与安全性要求。识别并分析用户在法律法规、行业标准等方面的合规性需求，以及网络安全、数据保护等方面的安全需求，确保网络系统符合相关规范且具备必要的安全防护能力。

（6）支持未来发展与扩展升级。预测未来可能的技术发展和业务增长趋势，确保网络系统具有良好的可扩展性和前瞻性，便于未来的升级与改造。

（7）提升用户满意度与项目成功率。通过对用户需求的深入了解和精准响应，有助于提升最终交付网络系统的用户满意度，并大幅提高项目成功实施的概率。

2. 实训内容

（1）项目启动与准备阶段

① 明确项目目标和范围。明确网络系统集成的目的、预期达成的目标及项目涉及的具体范围。

② 组建调查团队。由项目经理或业务负责人组织包含技术专家、业务分析师等在内的需求调查团队。

（2）用户访谈与沟通

① 高层领导访谈。获取高层领导对整体 IT 战略规划、网络安全政策、预算控制等方面的指导性意见。

② 与各业务部门面对面交流。了解各部门当前的网络使用情况、存在的问题及改进点，以及未来业务发展对网络系统的期望。

（3）现状分析与评估

① 现有网络环境调研。详细调查现有的网络架构、设备配置、软件应用、安全防护措施等信息。

② 性能监控与数据分析。收集并分析现有网络系统的性能数据，如带宽利用率、延迟、丢包率等。

（4）业务流程梳理

① 识别关键业务流程及其对网络系统的需求。详细了解关键业务流程的网络通信需求、数据交换量需求、实时性需求等。

② 安全合规需求确认。结合行业法规和公司内部规定，确定在信息安全、数据保护等方面的具体需求。

（5）未来发展规划探讨

① 讨论企业长期发展战略。了解未来几年内可能的业务扩张、技术升级、人员增长等因素对网络系统的影响。

② 技术趋势研究。探讨云计算、大数据、物联网、人工智能等新技术的发展趋势，并考虑如何将其融入网络系统设计。

（6）需求整理与文档编写

① 整理归纳所有收集到的需求信息，形成初步的需求清单。

② 编写"网络系统集成需求报告"（简称"需求报告"），详细记录各项功能需求、性能指标、安全策略、兼容性和可扩展性需求等内容。

（7）需求评审与确认

① 组织内部技术团队和相关部门对"需求报告"进行评审，确保需求的完整性和准确性。

② 将"需求报告"提交给客户或决策层审核，得到正式批准后将其作为后续设计、开发的依据。

3. 实训过程

（1）实训准备阶段

① 确定实训目标与内容。明确本次实训的目标是掌握开展网络系统集成需求调查的方法和技巧，了解实际操作流程。

② 分配角色与任务。将学生分为若干小组，各小组成员分别扮演客户、需求分析师、项目经理等角色，并为其分配相应的任务。

（2）理论知识学习

① 学习需求分析理论知识。学习需求分析的基本方法论，包括结构化分析、访谈技巧、文档编写规范等。

② 学习网络系统集成基础知识。学习网络架构、设备功能、安全策略等方面的知识，以便理解并挖掘客户需求。

（3）案例分析研讨

① 选取或设计模拟案例。提供一个或多个具有代表性的网络系统集成项目案例，研读并讨论案例中的需求分析过程及要点。

② 深入剖析案例需求点。梳理案例中涉及的业务流程、技术需求、安全性要求等内容。

（4）需求调查实操演练

① 角色扮演。各小组根据分配的角色进行情景模拟，如"客户"描述其业务场景和需求，"需求分析师"进行提问和问题记录，"项目经理"协调沟通和整理需求信息。

② 制订需求调查计划。各小组制定详细的调查方案，包括访谈对象、时间安排、问题清单等。

③ 实地或虚拟访谈：按照计划进行实地或虚拟的需求访谈，收集客户对网络系统集成的具体

需求。

（5）需求汇总与分析

① 需求信息整理。对访谈获取的信息进行分类、筛选、归纳和整理，形成初步的需求列表。

② 需求优先级排序。根据业务重要性和紧迫性等因素，对需求进行优先级排序。

③ 编写"需求报告"。基于整理好的需求信息，撰写"需求报告"草案。

（6）需求确认与反馈

① 需求评审会议。组织内部评审会议，邀请导师或其他小组参与"需求报告"的评审，请他们提出修改建议。

② 客户反馈调整。模拟向"客户"汇报"需求报告"，并根据"客户"的反馈意见进行合理调整和完善。

（7）经验总结与分享

① 小组内复盘总结。每个小组回顾整个需求调查实训过程，总结经验和教训，找出不足之处并提出改进措施。

② 全体交流讨论。各小组在全体学生范围内分享经验和遇到的问题，共同探讨优化需求调查方法的可能性。

通过上述实训过程，学生可以在模拟环境中体验网络系统集成需求调查的全过程，从而更好地理解和掌握实际工作中的需求分析技能。

4．实训总结

在网络系统集成需求调查实训过程中，学生围绕真实业务场景模拟、角色扮演及实际操作演练等环节进行深入学习和实践。通过实训，学生不仅对网络系统集成的需求分析有了理论层面的理解，还在实践中获得了宝贵的经验。

（1）在理论知识学习阶段，学生系统地学习了需求分析的基础方法论，掌握了如何识别与理解用户业务流程、技术要求及未来发展规划的关键点。同时，通过对网络系统架构、设备功能、安全策略等基础知识的学习，增强了在具体项目中发现并挖掘需求的能力。

（2）在需求调查实操演练阶段，各小组通过模拟实际工作情景，亲身参与到需求访谈、信息收集、文档整理等一系列工作中，切实体验了从需求获取到"需求报告"编制的全过程。在这个过程中，学生能够学会如何有效地沟通，准确记录和理解客户需求，并在此基础上进行合理的归纳、总结。

（3）在需求汇总与分析阶段，学生对所收集的信息进行整理并对需求进行了优先级排序，撰写了"需求报告"草案。通过内部评审和反馈调整，进一步提高了"需求报告"的质量和准确性，确保需求能够切实反映用户的业务诉求和技术期望。

（4）实训结束后的复盘讨论为全体学生提供了分享心得、反思不足、提升能力的机会。实训不仅加深了学生对网络系统集成需求调查的认识，还锻炼了团队协作、问题解决及沟通表达等方面的能力。

网络系统集成需求调查实训为学生今后从事相关工作打下了坚实的基础，学生应继续将所学应用到实际项目中，不断优化和完善自己的需求调查方法与技巧。

实训 4　制作网络系统集成需求说明书

1．实训目的

（1）明确项目目标与范围。通过详细的需求说明书，可以清晰地定义网络系统集成项目的具体目标、实施范围及预期达到的效果，确保所有参与项目的人员对项目的核心诉求有统一的理解。

（2）指导设计与开发。需求说明书为网络系统的设计者和开发者提供了详细的指引，能帮助他们了解用户的具体业务需求和技术要求，从而制定出满足实际应用场景需求的网络架构设计方案，并进行相应的软件开发和硬件配置。

（3）规范项目管理。需求说明书是项目执行的重要依据，项目经理可以根据其内容合理安排资源、分配任务、控制进度，确保项目按照预定计划顺利推进。

2．实训内容

（1）理论讲解与案例分析

学习并理解需求说明书的组成部分、编写原则和规范格式。

分析实际项目中优秀的需求说明书样本，讨论其优点及可借鉴之处。

（2）需求收集整理与需求文档构建

模拟真实场景进行用户访谈或问卷调查，了解并记录用户业务流程、技术需求及预期目标。

整理收集到的信息，提炼出关键需求，并根据优先级进行排序。按照标准模板构建需求说明书的大纲，通常包括项目背景、范围定义、功能需求、非功能需求（性能、安全性、兼容性等）、用户界面需求、实施和部署需求、运维和维护需求等内容。

（3）撰写需求说明文本

根据所整理的需求信息，分章节详细撰写每个部分的内容，确保表述清晰、准确且无歧义。

在功能需求部分使用场景描述法、数据流图等方法展现具体需求细节。

（4）绘制图表辅助说明

制作网络拓扑图、流程图、状态图等相关图表，直观展示网络系统架构、业务流程，以及各类交互关系。

3．实训过程

（1）预备阶段

学习网络系统集成的基础知识，包括网络架构、设备选型、通信协议等。学习需求分析和文档编写的基本原则、方法论及标准模板。将学生分为若干小组，模拟实际项目团队结构，每组包含项目经理、需求分析师、技术专家等角色。

（2）需求收集与分析

模拟客户访谈或会议，获取业务背景、目标和预期功能。分析业务流程，识别关键参与者和信息流。列出初步的需求清单，并对每个需求进行详细描述和分类（如功能需求、性能需求、安全性需求等）。使用工具（如 Visio、Office 等）绘制相关图表辅助需求梳理。

（3）文档编制

根据需求分析结果构建需求说明书的大纲，包括但不限于项目概述、范围定义、具体需求章节、验收标准等部分。在各章节中细化每一个需求项，确保需求明确、可度量、可验证且无遗漏。使用实例化需求表述方法，清晰阐述功能操作流程和期望结果。

各小组之间互审需求文档，从不同角度提出意见和建议。针对意见和建议进行修改和完善，保证需求的完整性和一致性。模拟向"客户"（可能由教师或其他小组成员扮演）提交需求说明书，并就内容进行答辩，接受提问并进行解答。根据"客户"的反馈再次调整需求文档，直至达成共识。

4．实训总结

（1）实训过程回顾。回顾需求收集与分析、文档编制、评审与修订、沟通与协调各阶段过程。

（2）实训成果展示。各小组最终提交的需求说明书能够充分反映业务场景和用户需求，满足系统集成项目的初步设计要求。

（3）实训收获与反思。学生通过实训提升自身专业素养，加深对系统集成需求分析重要性的认识。实训过程中发现的问题，如需求不明确、变更管理欠缺等，将为今后的学习和实践指明宝贵的改进方向。实训小组在需求确认中遇到的困难，突显出强化业务理解与客户需求挖掘的重要性。

（4）后续提升建议。强化理论结合实践的教学模式，增加更多实战演练机会。鼓励学生持续关注行业动态和技术发展，以便在未来确定需求时能够跟上技术潮流和市场趋势。加强需求变更管理方面的培训，使学生能更好地应对项目实施过程中的需求变更挑战。

课后习题

1. 选择题

（1）【多选】网络系统集成需求分析要解决的核心问题主要涉及（　　）。

    A. 明确业务需求　　　　　　　　　　B. 功能需求确定

    C. 安全防护规划　　　　　　　　　　D. 兼容性和可扩展性设计

（2）【多选】网络系统集成功能需求分析主要涉及（　　）。

    A. 通信与数据传输　　　　　　　　　B. 网络互联与访问控制

    C. 备份与恢复机制　　　　　　　　　D. 系统管理与运维便利性

（3）【多选】网络系统集成安全需求分析主要涉及（　　）。

    A. 访问控制与身份认证　　　　　　　B. 数据加密

    C. 病毒防护与恶意软件防御　　　　　D. 日志记录与审计追踪

2. 简答题

（1）简述网络系统集成需求分析的必要性。

（2）简述网络系统集成需求分析为项目设计提供基本依据的具体体现。

（3）简述网络系统集成性能需求分析主要涉及哪些方面。

（4）简述网络系统集成运维需求分析主要涉及哪些方面。

（5）简述网络系统集成兼容性与可扩展性需求分析主要涉及哪些方面。

项目 3

网络系统集成规划设计与实施

知识目标

- 掌握网络系统集成规划设计的目标与原则、网络系统集成规划设计的步骤。
- 掌握网络拓扑结构设计、VLAN 设计。
- 掌握局域网冗余技术、网络互连路由设计。

技能目标

- 能够配置交换机干道端口实现 VLAN 内通信、配置交换机实现 VLAN 间通信。
- 能够配置 STP、RSTP、MSTP。
- 能够配置静态路由、RIP 动态路由、OSPF 动态路由。

素养目标

- 提升工程实践能力和问题解决能力，培养在复杂环境中独立完成项目的能力。
- 强化沟通能力和团队协作精神，理解团队配合在项目成功中的重要性。

3.1 项目陈述

网络系统集成规划设计与实施是一个复杂且系统的过程，主要涵盖需求分析、规划设计、设备选型、实施安装、系统测试与优化、用户培训与验收、后期运维等阶段。需要深入了解和分析用户的业务需求、现有网络状况、未来发展规划等因素，明确网络系统建设的目标与功能需求。基于需求分析结果，进行网络架构设计，包括逻辑结构（如星形、环形、网状、混合型等）设计和物理结构设计；制定网络拓扑图，确定 IP 地址规划、子网划分、路由协议、网络安全策略等。根据设计方案选择合适的网络设备，如路由器、交换机、服务器、防火墙、无线接入点等，并考虑其性能、稳定性、可扩展性，以及与其他系统的兼容性等因素。在完成设备采购后，进行网络环境搭建，包括设备上架、布线、硬件连接、软件配置等环节，确保网络系统稳定运行。实施安装完成后进行全面的系统测试，包括连通性测试、性能测试、安全性和稳定性测试等，对发现的问题及时进行调整、优化。对用户进行必要的操作培训，确保用户能够熟练使用网络系统。同时，按照预定的标准和规范进行项目验收，确保网络系统各项功能满足需求。项目上线后提供持续的运维服务，包括日常维护、故障处理、系统升级、性能监控、安全防护等工作，以保证网络系统长期、稳定、高效运行。以上各环节都需要专业团队紧密配合，严格遵循相关技术标准和工程规范，这样才能确保网络系统集成项目成功实施。

3.2　必备知识

3.2.1　网络系统集成规划设计的目标与原则

不同单位及其网络系统集成规划设计的目标是不同的，要尽量匹配网络系统集成需求说明书中的内容。网络系统集成规划设计的目标是创建既能满足当前业务需求又能迎合未来发展趋势的高效、稳定、安全、易用、经济的网络环境。

1．网络系统集成规划设计的目标

网络系统集成规划设计的目标主要包括但不限于以下几个方面。

（1）业务需求

确保设计的网络系统能够满足用户或组织在数据通信、信息共享、服务提供等方面的需求，包括高速与可靠的数据传输、高效的资源访问与分配等。

（2）可扩展性与灵活性

规划时要考虑未来的网络发展和变化，设计易于升级和扩展的网络架构，以便随着技术发展和业务规模扩大灵活调整。

（3）安全性保障

构建安全的网络环境，采用防火墙、加密、身份验证、访问控制等技术，保护网络资源不被非法入侵、攻击和破坏。

（4）高可用性与高可靠性

设计高冗余和故障恢复机制，保证在网络设备故障或链路中断的情况下，网络服务能够持续提供且性能损失最小。

（5）性能优化

通过合理的流量控制、负载均衡、QoS 策略等手段，提升网络性能，确保关键应用和服务的质量。

（6）经济效益最大化

在满足业务需求的同时，合理预估并控制网络建设、运维的成本，实现经济效益最大化。

（7）管理便捷性

设计易于管理和维护的网络结构，支持集中化、自动化网络管理，简化日常运维工作，提高运维效率。

（8）合规性要求

遵守国家法律法规、政策及行业标准要求，特别是在网络安全、个人隐私保护等方面。

（9）互联互通性

考虑网络与其他外部网络的互联方式和兼容性问题，确保能与不同网络顺畅地进行数据交换和资源共享。

2．网络系统集成规划设计的原则

网络系统集成规划设计基本原则的确定对网络系统的规划设计与实施具有指导意义。这些原则共同指导网络工程师在进行网络系统集成规划设计时做出科学、合理的决策，以构建高效、稳定、安全、经济且可持续发展的网络系统。网络系统集成规划设计的原则主要包括但不限于以下几点。

（1）实用性原则

网络系统集成规划设计首先应以满足用户实际业务需求为导向，确保系统的功能实用、有效，避免盲目追求技术先进性而忽视实际应用效果。

（2）开放性原则

采用开放的通信协议和标准，保证不同厂商设备间的兼容性和互操作性，为将来升级、扩展和集成提供便利。

（3）先进性原则

在满足实用性的前提下，考虑选用先进的技术和设备，使网络系统具有一定的前瞻性和较长的生命周期。

（4）可靠性原则

设计时要注重网络架构的冗余备份机制，确保网络服务在故障发生时仍能稳定提供，减少出现单点故障的风险。

（5）安全性原则

从物理安全、网络安全、数据安全等多个层面综合考虑，构建多层次的安全防护体系，保障网络资源不被非法访问、篡改或破坏。

（6）可扩展性原则

规划设计时要考虑未来业务发展对网络容量和性能的需求，设计易于扩展和升级的网络结构，以适应不断发展的技术环境，满足不断变化的业务需求。

（7）易管理性原则

简化网络管理流程，采用集中化、自动化管理工具，降低维护难度和成本，提高运维效率。

（8）经济效益原则

在保证网络性能和质量的前提下，合理控制建设与运营成本，寻求最佳的投资回报率。

（9）充分利用现有资源原则

尽可能整合利用现有的网络设施和技术资源，避免重复投资和浪费。

（10）灵活性原则

设计灵活多变的网络架构，能够根据业务发展快速调整网络配置，支持多种应用场景和服务模式。

3.2.2 网络系统集成规划设计的步骤

做任何事都应遵循一定的先后次序，也就是"步骤"。网络系统集成规划设计这种庞大的系统工程，遵循设计的"步骤"就显得更加重要了。如果整个网络系统集成规划设计没有严格的进程安排，各分项目之间彼此孤立，失去了系统性和严密性，设计出来的系统就不可能是好的系统。每个步骤都需要严格遵循相关的设计规范和行业标准，并充分考虑项目实际情况和未来发展需求。网络系统集成规划设计通常包括以下几个步骤。

（1）需求分析

收集用户的基本信息，明确业务流程和数据通信需求。

确定网络覆盖范围、信息点数量、机房位置、弱电间分布，以及现有管线、桥架资源等基础设施情况。

分析网络性能需求、带宽需求、安全性需求、管理便捷性需求等。

（2）初步设计与规划

根据需求分析结果，确定网络层次结构（如核心层、汇聚层、接入层）或选择扁平化结构。

设计网络拓扑结构，选定中心机房、汇聚节点及接入点的位置。

制定 IP 地址规划方案和子网划分策略。

（3）技术选型

选择合适的网络设备（如交换机、路由器、防火墙、无线接入点等）和技术标准（包括以太网、光纤、无线局域网、SDN 等）。

确定网络传输速率等，以及必要的网络安全技术和工具。

（4）综合布线系统设计

需要进行详细的综合布线设计，绘制施工图，标注信息点、桥架、配线架位置及线路走向、长度等细节。

考虑到可扩展性和维护便利性，确保布线规范且易于管理。

（5）详细设计方案编制

编制详细的网络设计方案，包括设备清单、配置参数、安装指南等。

制定适合实际应用环境的实施方案，包括备份和冗余策略、QoS 策略、VLAN 划分等。

（6）预算与采购

根据设计方案编制项目经费预算，包括设备费用、施工费用、培训及运维费用等。

进行设备采购招标或者直接采购，并做好设备验收工作。

（7）实施与施工监管

按照设计方案组织施工，确保按照图纸准确无误地完成布线、设备安装等工作。

对工程施工过程进行监督和管理，保证工程质量符合设计要求。

（8）测试与调试

完成施工后进行全面的系统测试，包括连通性测试、功能测试、性能测试和安全测试。

根据测试结果对网络进行调试、优化，直至达到设计指标。

（9）验收与交付

组织内部预验收，解决发现的问题并完善相关文档。

提交客户方进行正式验收，通过验收后正式交付使用。

（10）培训与运维

对用户进行操作和维护培训，确保用户能够正确使用和维护网络系统。

制订网络系统的运行维护计划和应急响应机制，保障网络长期、稳定运行。

3.2.3 网络拓扑结构设计

网络拓扑结构设计是构建和规划计算机网络的关键步骤，它涉及物理布局与逻辑连接方式的确定。网络拓扑结构设计是一个综合性过程，设计时需要充分理解业务流程和技术发展趋势，结合现有设施条件和预算约束，创建出满足当前和未来需求的高效、可靠、安全的网络环境。

网络拓扑结构是指由网络节点设备和通信介质构成的网络结构。网络拓扑定义了各种计算机、打印机、网络设备和其他设备的连接方式。换句话说，网络拓扑描述了线缆和网络设备的布局及数据传输时采用的路径，会在很大程度上影响网络的工作方式。

图 3.1 所示为某公司的网络拓扑结构，该公司在逻辑上将网络分为不同的区域，包括接入层、汇聚层、核心层、数据中心、管理区。将网络分为三层有诸多优点：每一层都有各自独立且特定的功能；使用模块化设计，便于定位错误，以及拓展和维护网络；可以隔离一个区域的拓扑变化，避免影响其他区域。三层结构可以满足不同用户对网络可扩展性、可靠性、安全性、可管理性的需求。

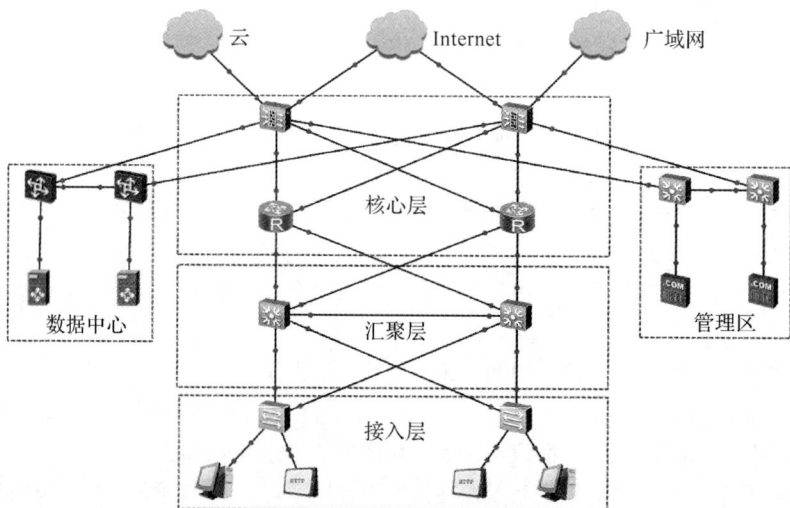

图 3.1　某公司的网络拓扑结构

网络拓扑包括物理拓扑和逻辑拓扑。物理拓扑是指物理结构上各种设备和传输介质的布局，物理拓扑通常有总线型、环形、星形、网状、树形等结构。逻辑拓扑描述的是设备之间是如何通过物理拓扑进行通信的。

（1）总线型拓扑结构

总线型拓扑结构是被普遍采用的一种结构，它将所有的入网计算机接入一条通信线路，即总线，为防止信号反射，一般在总线两端连接终结器以匹配线路阻抗。

总线型拓扑结构的优点是信道利用率较高、结构简单、价格相对便宜；缺点是同一时刻只能有两个网络节点相互通信、网络延伸距离有限、网络容纳节点数有限。在总线上只要有一个节点出现连接问题，就会影响整个网络的正常运行。目前局域网多采用此种结构，总线型拓扑结构如图 3.2所示。

（2）环形拓扑结构

环形拓扑结构将各台联网的计算机用通信线路连接成一个闭合的环。

环形拓扑结构是一种点到点的结构，每台设备都直接连接到环上或通过一个端口设备和分支电缆连接到环上。在初始安装时，环形拓扑网络安装起来比较简单；但随着网络中节点的增加，重新配置的难度也会增加，环的最大长度和环上设备总数有限制。使用此结构可以很容易地找到电缆的故障点，此结构的故障影响范围大，在单环系统上出现的任何故障都会影响网络中的所有设备。环形拓扑结构如图 3.3 所示。

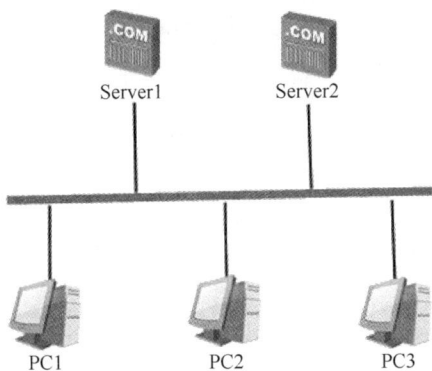

图 3.2 总线型拓扑结构

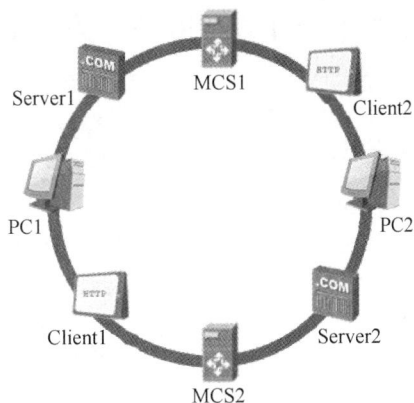

图 3.3 环形拓扑结构

（3）星形拓扑结构

星形拓扑结构是以一个节点为中心的处理系统，各种类型的入网设备均与中心节点以物理链路直接相连。

星形拓扑结构的优点是结构简单、建网容易、控制相对简单，其缺点是属于集中控制结构、主节点负载过重、可靠性低、通信线路利用率低。星形拓扑结构如图 3.4 所示。

（4）网状拓扑结构

网状拓扑结构分为完全连接网状拓扑结构和不完全连接网状拓扑结构两种类型。完全连接网状拓扑结构中，每一个节点和网络中其他节点均有链路连接。不完全连接网状拓扑结构中，两个节点之间不一定有直接链路连接，它们之间的通信依靠其他节点转接。这种网络结构的优点是节点间路径多，可大大减少碰撞和阻塞，局部的故障不会影响整个网络正常工作，可靠性高，网络扩充和主机入网比较灵活、简单。但这种网络结构关系复杂，不易实现，网络控制机制复杂。广域网一般用不完全连接网状拓扑结构。网状拓扑结构如图 3.5 所示。

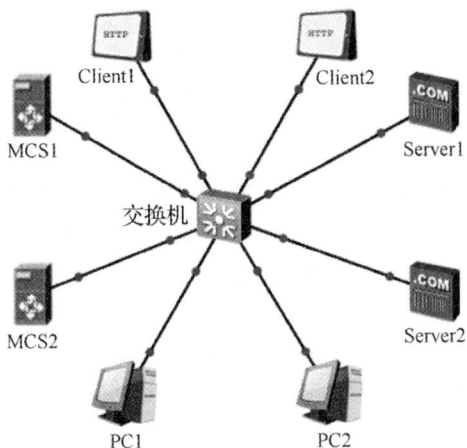

图 3.4 星形拓扑结构

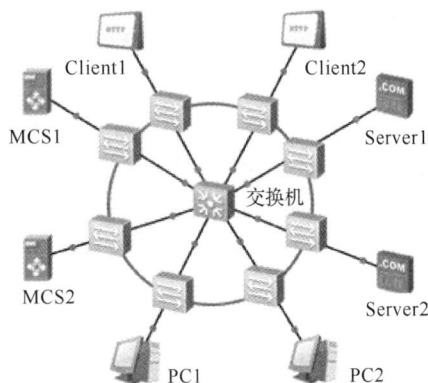

图 3.5 网状拓扑结构

（5）树形拓扑结构

树形拓扑结构由总线型拓扑结构演变而来。其形状像一棵倒置的树，顶端是树根，下面是分支，每个分支还可再带子分支。树根接收各节点发送的数据，然后广播到全网。此结构可扩展性好，容易诊断出错误，但对根节点要求较高。树形拓扑结构如图 3.6 所示。

3.2.4　VLAN 设计

传统的共享介质的以太网和交换式以太网中，所有的用户都在同一个广播域中。随着网络技术的发展，越来越多的用户需要接入网络，交换机提供的大量接入端口已经不能很好地满足这种需求。网络技术的发展不仅面临冲突域和广播域太大两大难题，还无法保障传输信息的安全，会造成网络性能下降，浪费带宽，同时对"广播风暴"的控制和网络安全只能在第三层的路由器上实现。因此，人们设想在物理局域网上构建多个逻辑局域网。

VLAN 是指在物理网络上划分的逻辑

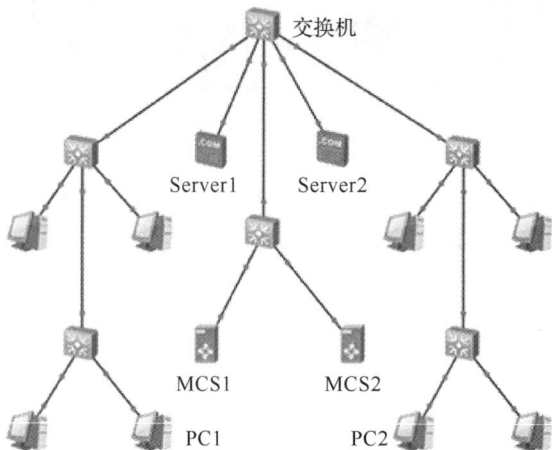

图 3.6　树形拓扑结构

网络。运用在逻辑上将一个广播域划分成多个广播域的技术，按照功能、部门及应用等因素划分逻辑网络，形成不同的虚拟网络，如图 3.7 所示。

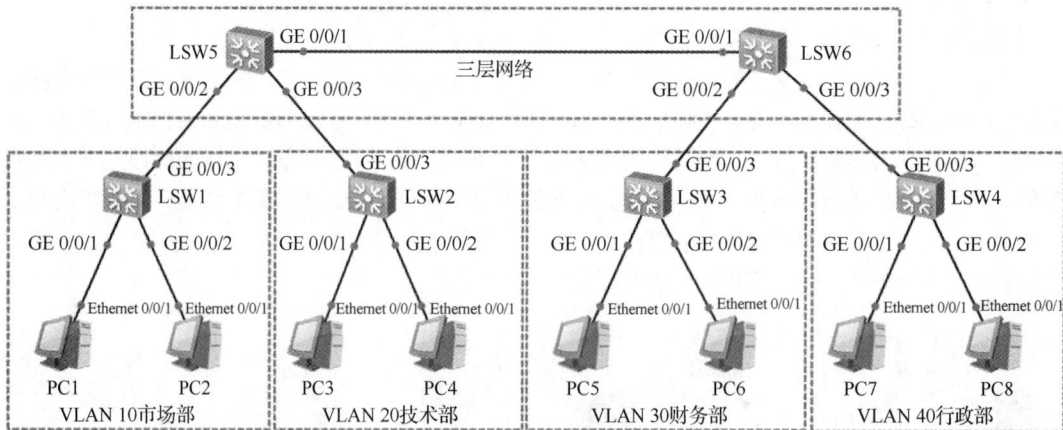

图 3.7　VLAN 逻辑网络划分

使用 VLAN 技术的目的是将一个物理网络划分成几个逻辑网络，每个逻辑网络内的用户形成一个组，组内的成员可以通信，组间的成员不允许通信。一个 VLAN 是一个广播域，二层的单播、广播和多播帧在同一 VLAN 内转发、扩散，而不会直接进入其他 VLAN，广播报文被限制在各个相应的 VLAN 内，这提高了网络安全性和交换机运行效率。VLAN 的划分方式有很多，如基于端口、基于 MAC 地址、基于 IP 子网、基于协议、基于策略等，目前应用得较多的是基于端口划分方式，因为基于端口划分方式简单、实用。

VLAN 建立在局域网交换机的基础上，既保持了局域网的低延迟、高吞吐量特点，又解决了单个广播域内广播包过多，使网络性能降低的问题。VLAN 技术是局域网组网时经常使用的主要技术之一。

1. VLAN 的优点

（1）限制广播域。对于由一台交换机组成的网络，在默认状态下，所有交换机端口都在一个广播域内。采用 VLAN 技术可以限制广播、减少干扰，将数据帧限制在同一个 VLAN 内，不会影响其他 VLAN，这在一定程度上节省了带宽。

（2）网络管理简单，可以灵活划分逻辑网络。从逻辑上将交换机划分为若干个 VLAN，可以动态组建网络环境，用户无论在哪里都可以不做任何修改就接入网络。依据不同的 VLAN 划分方式，可以在一台交换机上提供多种网络服务，从而提高设备的利用率。

（3）提高网络安全性。不同 VLAN 内的用户在未经许可的情况下是不能相互通信的，一个 VLAN 内的广播帧不会发送到另一个 VLAN 内，这样可以保护用户不被其他用户窃听，从而保证网络的安全。

2. VLAN 的划分方式

（1）基于端口划分。根据交换机的端口号来划分 VLAN，通过为交换机的每个端口配置不同的 PVID 来将不同端口划分到 VLAN 中。在初始情况下，华为 X7 系列交换机的端口处于 VLAN 1 中。此方式配置简单，但是当主机移动位置时，需要重新配置 VLAN。

（2）基于 MAC 地址划分。根据主机网卡的 MAC 地址划分 VLAN。此划分方式需要网络管理员提前配置好网络中的主机 MAC 地址和 VLAN ID 之间的映射关系。如果交换机收到不带标签的数据帧，则会查找之前配置的 MAC 地址和 VLAN 映射表，再根据数据帧中携带的 MAC 地址来添加相应的 VLAN ID。在使用此方式划分 VLAN 时，即使主机移动位置，也不需要重新配置 VLAN。

（3）基于 IP 子网划分。交换机在收到不带标签的数据帧时，会根据报文携带的 IP 地址给数据帧添加 VLAN ID。

（4）基于协议划分。根据数据帧的协议类型（或协议簇类型）、封装格式来分配 VLAN ID。网络管理员需要先配置好协议类型和 VLAN ID 之间的映射关系。

（5）基于策略划分。使用几个组合的条件来分配 VLAN 标签，这些条件包括 IP 子网、端口和 IP 地址等。只有当所有条件都匹配时，交换机才会为数据帧添加 VLAN 标签。此外，每一条策略都是需要手动配置的。

3. VLAN 数据帧格式

要使交换机能够分辨不同 VLAN 的数据帧，需要在报文中添加标识 VLAN 的字段。IEEE 802.1Q 协议规定，应在以太网数据帧的目的 MAC 地址和源 MAC 地址字段之后、协议类型字段之前加入 4 字节的 VLAN 标签（VLAN Tag，简称 Tag），用于标识数据帧所属的 VLAN，传统的以太网数据帧格式与 VLAN 数据帧格式如图 3.8 所示。

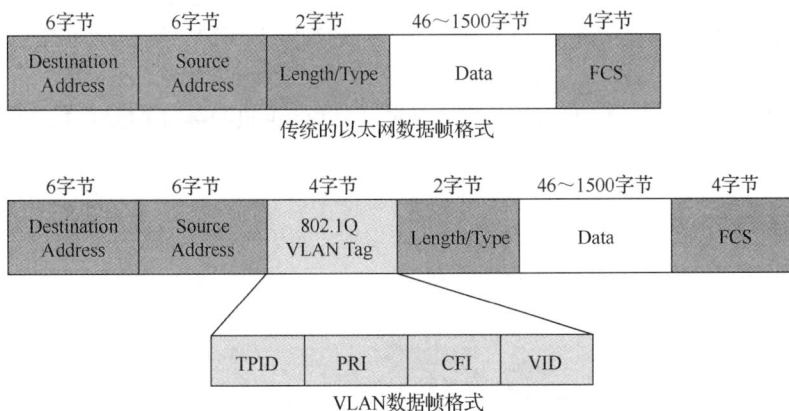

图 3.8　传统的以太网数据帧格式与 VLAN 数据帧格式

在 VLAN 交换网络中，以太网数据帧主要有以下两种形式。

（1）有标签（Tagged）帧：加入了 4 字节 VLAN 标签的帧。

（2）无标签（Untagged）帧：原始的、未加入 4 字节 VLAN 标签的帧。

以太网链路包括接入链路（Access Link）和干道链路（Trunk Link）。接入链路用于连接交换机和用户终端（如用户主机、服务器、交换机等），只可以承载 1 个 VLAN 的数据帧。干道链路用于交换机间的互连或用于连接交换机与路由器，可以承载多个不同 VLAN 的数据帧。在接入链路上传输的数据帧都是无标签帧，在干道链路上传输的数据帧都是有标签帧。

交换机内部处理的数据帧都是有标签帧。从用户终端接收无标签帧后，交换机会为无标签帧添加 VLAN 标签，重新计算帧检验序列（Frame Check Sequence，FCS），然后通过干道链路发送帧；向用户终端发送帧前，交换机会去除 VLAN 标签，并通过接入链路向终端发送无标签帧。

VLAN 标签包含 4 个字段，各字段的含义如表 3.1 所示。

表 3.1　VLAN 标签各字段的含义

字段	长度	含义	取值
TPID	2 字节	Tag Protocol Identifier，即标签协议标识符，表示数据帧类型	取值为 0x8100 时，表示 IEEE 802.1Q 的 VLAN 数据帧。不支持 IEEE 802.1Q 的设备收到这样的帧后会将其丢弃。各设备厂商可以自定义该字段的值。当邻居设备将 TPID 值配置为非 0x8100 时，为了能够识别数据帧，实现互通，必须在本设备上修改 TPID 值，确保和邻居设备的 TPID 值一致
PRI	3 位	Priority，表示数据帧的 IEEE 802.1p 优先级	取值为 0~7，值越大，表示优先级越高。当网络阻塞时，交换机优先发送优先级高的数据帧
CFI	1 位	Canonical Format Indicator，即标准格式指示位，表示 MAC 地址在不同的传输介质中是否以标准格式进行封装，用于兼容以太网和令牌环网	取值为 0 时，表示 MAC 地址以标准格式进行封装；取值为 1 时，表示 MAC 地址以非标准格式封装。在以太网中，CFI 的值为 0
VID	12 位	表示数据帧所属 VLAN 的 ID	取值为 0~4095。因为 0 和 4095 为协议保留取值，所以 VLAN ID 的有效取值为 1~4094

4. 端口类型

PVID 即 Port VLAN ID，代表端口的默认 VLAN。在默认情况下，交换机每个端口的 PVID 都是 1。交换机从对端设备收到的帧有可能是无标签帧，但所有以太网数据帧在交换机中都是以有标签帧的形式被处理和转发的，因此交换机必须给端口收到的无标签帧添加标签。为了实现此目的，必须为交换机配置端口的默认 VLAN。当端口收到无标签帧时，交换机将给它加上该默认 VLAN 的标签。

基于链路对 VLAN 标签的不同处理方式，可对以太网交换机的端口进行区分，将端口类型大致分为以下 3 类。

（1）接入端口

接入端口（Access Port）是交换机上用来连接用户主机的端口，它只能连接接入链路，且只允许唯一的 VLAN ID 通过本端口，如图 3.9 所示。

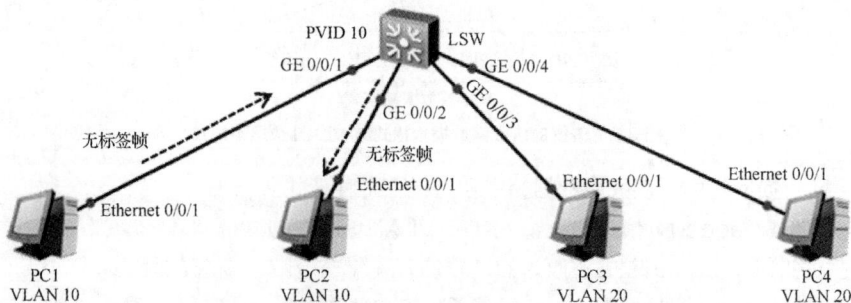

图 3.9　接入端口

接入端口收发数据帧的规则如下。

① 如果该端口收到对端设备发送的帧是无标签帧，则交换机将为其强制加上该端口的 PVID。如果该端口收到对端设备发送的帧是有标签帧，则交换机会检查数据帧标签内的 VLAN ID。当 VLAN ID 与该端口的 PVID 相同时，接收该报文；当 VLAN ID 与该端口的 PVID 不同时，丢弃该报文。

② 接入端口发送数据帧时，总是先剥离帧的标签，再发送数据帧。接入端口发往对端设备的以太网数据帧永远是无标签帧。

在图 3.9 中，交换机 LSW1 的 GE 0/0/1、GE 0/0/2、GE 0/0/3 和 GE 0/0/4 端口分别连接 4 台主机，即 PC1、PC2、PC3 和 PC4，端口类型均为接入端口。主机 PC1 把无标签帧发送到交换机 LSW1 的 GE 0/0/1 端口，再由交换机发往其他目的地。收到数据帧之后，交换机 LSW1 根据端口的 PVID 给数据帧添加 VLAN 标签 10，然后从 GE 0/0/2 端口转发数据帧。GE 0/0/2 端口的 PVID 也是 10，与 VLAN 标签中的 VLAN ID 相同，所以交换机移除该标签，把数据帧发送到主机 PC2。连接主机 PC3 和主机 PC4 的端口的 PVID 是 20，与 VLAN 10 不属于同一个 VLAN，因此，此端口不会接收到 VLAN 10 的数据帧。

（2）干道端口

干道端口（Trunk Port）是交换机上用来和其他交换机连接的端口，它只能连接干道链路。干道端口允许多个 VLAN 的有标签帧通过，如图 3.10 所示。

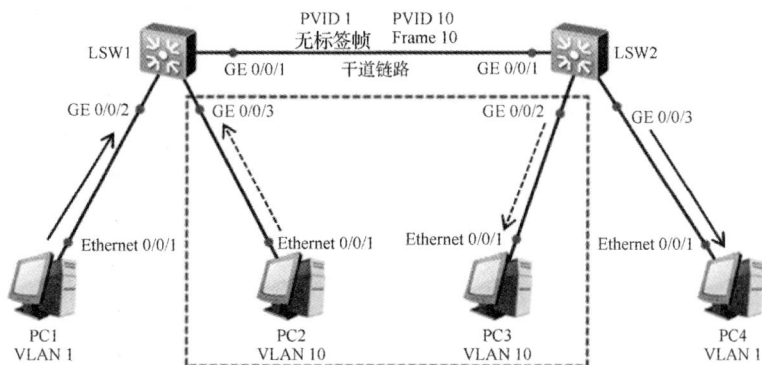

图 3.10　干道端口

干道端口收发数据帧的规则如下。

① 当接收到对端设备发送的无标签帧时，会添加端口的 PVID，如果 PVID 在端口允许通过的 VLAN ID 列表中，则接收该报文，否则丢弃该报文。当接收到对端设备发送的有标签帧时，检查 VLAN ID 是否在允许通过的 VLAN ID 列表中。如果在，则接收该报文，否则丢弃该报文。

② 当端口发送数据帧时，当 VLAN ID 与端口的 PVID 相同且是端口允许通过的 VLAN ID 时，去掉标签，发送该报文。当 VLAN ID 与端口的 PVID 不同且是端口允许通过的 VLAN ID 时，保留原有标签，发送该报文。

在图 3.10 中，交换机 LSW1 和交换机 LSW2 连接主机的端口均为接入端口，交换机 LSW1 的 GE 0/0/1 端口和交换机 LSW2 的 GE 0/0/1 端口互连的链路均为干道链路，本地 PVID 均为 1，干道链路允许所有 VLAN 的流量通过。当交换机 LSW1 转发 VLAN 1 的数据帧时会去除 VLAN 标签，然后发送到干道链路上。而在其转发 VLAN 10 的数据帧时，不会去除 VLAN 标签，直接转发到干道链路上。

接入端口发往其他设备的帧都是无标签帧，而干道端口仅在一种特定情况下才能发出无标签帧，在其他情况下发出的都是有标签帧。

（3）混合端口

混合端口（Hybrid Port）是交换机上既可以连接用户主机，又可以连接其他交换机的端口。它既可以连接接入链路，又可以连接干道链路。混合端口允许多个 VLAN 的帧通过，并可以在出端口方向将某些 VLAN 帧的标签去掉，华为设备默认端口是混合端口，如图 3.11 所示。

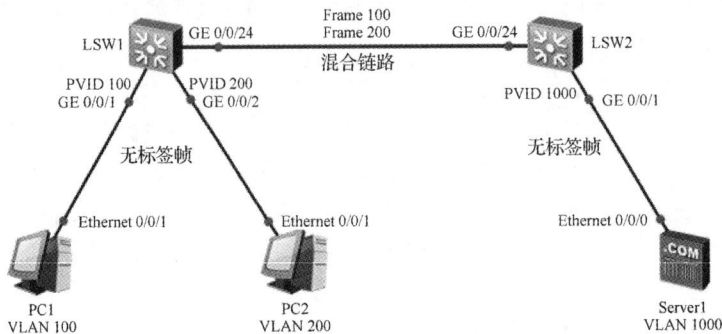

图 3.11　混合端口类型

在图 3.11 中，要求主机 PC1 和主机 PC2 都能访问服务器，但是它们之间不能互相访问。此时交换机连接主机和服务器的端口，以及交换机互连的端口都为混合端口。交换机连接主机 PC1 的端口的 PVID 是 100，连接主机 PC2 的端口的 PVID 是 200，连接服务器的端口的 PVID 是 1000。

不同类型端口接收报文时的处理方式如表 3.2 所示。

表 3.2　不同类型端口接收报文时的处理方式

端口	携带 VLAN 标签	不携带 VLAN 标签
接入端口	丢弃报文	为报文添加 VLAN 标签（为本端口的 PVID）
干道端口	判断本端口是否允许携带 VLAN 标签的报文通过。如果允许，则报文携带原有 VLAN 标签进行转发，否则丢弃报文	同上
混合端口	同上	同上

不同类型端口发送报文时的处理方式如表 3.3 所示。

表 3.3　不同类型端口发送报文时的处理方式

端口	端口发送报文时的报文类型
接入端口	去掉报文携带的 VLAN 标签，并转发该报文
干道端口	首先判断是否在允许列表中，其次判断报文携带的 VLAN 标签是否和端口的 PVID 相同。如果相同，则去掉报文携带的 VLAN 标签，并转发该报文；否则报文将携带原有的 VLAN 标签进行转发
混合端口	首先判断是否在允许列表中，其次判断报文携带的 VLAN 标签在本端口需要做怎样的处理。如果是以无标签帧形式转发的，则处理方式同接入端口；如果是以有标签帧形式转发的，则处理方式同干道端口

5. VLAN 设计的基本原则

设计 VLAN 时要综合考虑网络性能、安全、管理便捷性，以及业务发展需要等多个因素，确保 VLAN 既能满足当前需求又能适应未来扩展。VLAN 设计的基本原则主要涉及以下几个方面。

（1）逻辑划分与隔离

VLAN 的主要作用是将物理连接在同一交换机上的设备根据业务需求或安全策略划分为不同的

逻辑网络，以减少广播域、优化网络性能和提高安全性。

设计时应基于功能、部门、地理位置等因素合理地划分 VLAN，确保不同 VLAN 之间的通信仅在需要的时候通过路由进行。

（2）安全性

VLAN 不能作为唯一的安全边界，但它可以作为安全策略的一部分，通过对不同用户群组进行逻辑隔离来降低内部攻击风险。

应避免敏感信息跨不必要 VLAN 传播，可通过 VLAN 划分控制不同安全级别的资源访问。

（3）可管理性与可扩展性

VLAN 应当便于管理和维护，如使用 VLAN ID 进行标识，以便跟踪和记录。

考虑到未来网络的发展和变化，VLAN 应具备良好的可扩展性，使得新增加的设备能够方便地加入。

（4）效率与性能

为了提升网络效率和带宽利用率，避免不必要的广播风暴，应在可能的情况下将产生大量广播流量的设备分配到独立的 VLAN 中。

根据流量模型和应用需求，利用 VLAN 技术实现负载均衡和 QoS 策略。

（5）互操作性和标准遵循

确保所使用的 VLAN 配置符合 IEEE 802.1Q 等国际标准，保证不同厂商的设备之间能正确识别和处理 VLAN 标签。

遵循相关协议，如 GARP VLAN 注册协议（GARP VLAN Registration Protocol）等用于简化 VLAN 配置和传播的协议。

（6）资源共享与通信需求

根据实际的业务流程和数据传输需求，确保不同 VLAN 间必要的通信可以通过路由器或者三层交换机实现。

在设计 VLAN 的同时，考虑跨越多个 VLAN 提供服务的服务器或设备如何接入网络，并配置相应的端口（接入端口、干道端口等）。

（7）设备兼容性与限制

注意网络设备（如交换机、路由器等）对 VLAN 数量和支持类型的实际限制，避免超出设备能力范围导致无法实施设计方案。

3.2.5 局域网冗余技术

局域网冗余技术的作用是解决网络故障导致的业务中断问题，通过构建多条路径或部署多个组件来增强网络的稳定性和可用性。在冗余链路上实施负载均衡技术，可以有效分配流量，提高网络性能，并在主链路压力过大或故障时分散流量至其他链路。综合运用冗余技术，企业可以构建出高度可靠、稳定且具备高可用性的局域网环境，从而满足企业对连续运营和无间断网络访问的需求。

1. 生成树协议

在传统的网络中，网络设备之间通过单条链路进行通信，随着网络技术的发展，越来越多的交换机被用来实现主机之间的互联。如果交换机之间仅使用一条链路互联，则可能会出现单点故障，导致业务中断，为了解决此类问题，交换机在互联时一般会使用冗余链路来实现备份。冗余链路虽然增强了网络的可靠性，但是也会产生环路，而环路会带来一系列问题，并可能会导致广播及 MAC 地址表不稳定等。因此，冗余链路可能会给交换网络带来环路的风险，进而影响用户的使用，甚至可能会产生通信质量下降和通信业务中断等问题。二层冗余交换网络如图 3.12 所示。

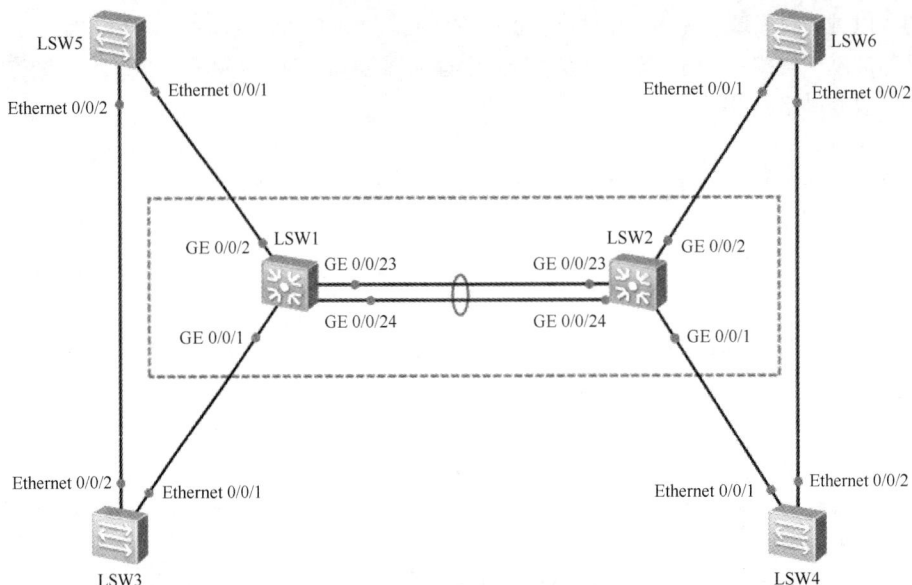

图 3.12　二层冗余交换网络

生成树协议（Spanning Tree Protocol，STP）基于拉迪亚·珀尔曼（Radia Perlman）在DEC 公司工作时发明的一种算法，被纳入了 IEEE 802.1d。2001 年，IEEE 推出了快速生成树协议（Rapid Spanning Tree Protocol，RSTP），在网络结构发生变化时，它能比 STP 更快地收敛网络，还引进了端口角色来完善收敛机制。RSTP 被纳入了 IEEE 802.1w，它是工作在 OSI 参考模型中第 2 层（数据链路层）的通信协议，其基本应用是防止交换机冗余链路产生环路，确保以太网中无环路的逻辑拓扑结构，从而避免广播风暴大量占用交换机的资源。它通过有选择地阻塞网络冗余链路来达到消除网络二层环路的目的，同时具备链路的备份功能。

STP 的主要功能有两个：一是利用生成树算法在以太网中创建一个以某台交换机的某个端口为根的生成树，避免产生环路；二是在以太网拓扑结构发生变化时，通过 STP 达到收敛保护的目的。

STP 的工作原理：任意一台交换机如果到达根桥有两条或者两条以上的链路，则 STP 会根据算法把多余链路切断，仅保留一条链路，从而保证任意两台交换机之间只有一条活动链路。因为它生成的拓扑结构很像以根桥为树干的树形结构，故将它称为 STP。

（1）STP 的特点

STP 的主要特点如下。

① STP 可以提供一种控制环路的方法，采用这种方法，在连接出现故障的时候，用户控制的以太网能够绕过出现故障的连接。

② 生成树中的根桥是一个逻辑的中心，用于监视整个网络的通信。最好不要让设备自动选择将哪一个网桥作为根桥。

③ STP 的重新计算是烦琐的。正确地配置主机端口连接，可以避免重新计算，推荐使用 RSTP。

④ STP 可以有效地抑制广播风暴，可使网络的稳定性、可靠性、安全性大大增强。

（2）二层环路问题的产生

二层环路问题在以太网环境中产生主要是由于网络物理拓扑结构中存在闭环，这会导致数据帧在网络中不断循环转发。

① 广播风暴。

根据交换机的转发原则，在默认情况下，交换机对网络中生成的广播帧不进行过滤。如果交换机从一个端口上接收到的是一个广播帧或者是一个目的 MAC 地址未知的单播帧，则会将这个帧向除源端口之外的所有其他端口转发。如果交换网络中有环路，则这个帧会被无限转发，此时便会形成广播风暴，网络中也会充斥着重复的数据帧。

主机 PC1 向外发送了一个单播帧，假设此单播帧的目的 MAC 地址在网络中所有交换机的 MAC 地址表中都暂时不存在。交换机 LSW1 接收到此帧后，将其转发到交换机 LSW2 和 LSW3，交换机 LSW2 和 LSW3 也将此帧转发到除了接收此帧的其他所有端口，结果此帧被再次转发给交换机 LSW1，这种循环会一直持续，于是产生了广播风暴，交换机性能会因此急速下降，并会导致业务中断，如图 3.13 所示。

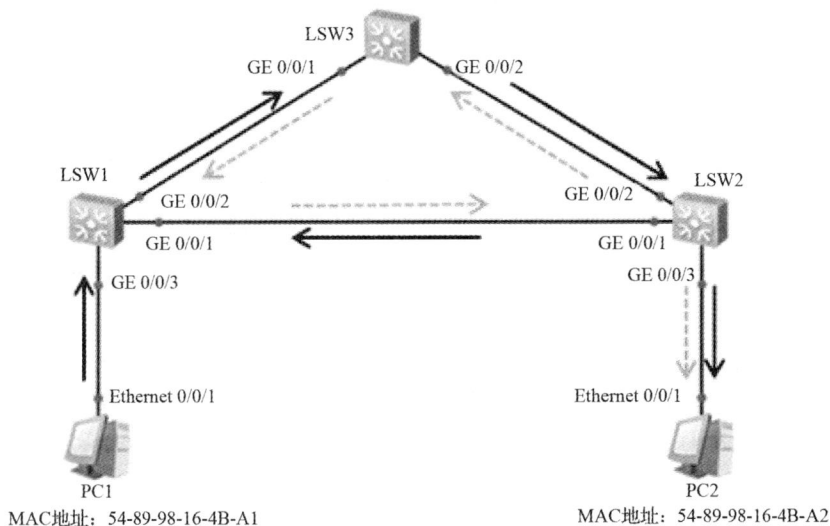

图 3.13 广播风暴

② MAC 地址表不稳定。

MAC 地址表不稳定是指一个相同帧的副本被一台交换机的两个不同端口接收，这会造成设备反复刷新 MAC 地址表，如果交换机将资源都消耗在复制不稳定的 MAC 地址表上，其数据转发功能就会被削弱。

交换机是根据接收到的数据帧的源地址和接收端口生成 MAC 地址表项的。若主机 PC1 向外发送一个单播帧，假设此单播帧的目的 MAC 地址在网络中所有交换机的 MAC 地址表中都暂时不存在，交换机 LSW1 收到此数据帧之后，在 MAC 地址表中生成一个 MAC 地址表项（54-89-98-16-4B-A1），对应端口为 GE 0/0/3，并将其从 GE 0/0/1 和 GE 0/0/2 端口转发。本例仅以交换机 LSW1 从 GE 0/0/2 端口转发此帧进行说明，如图 3.14 所示。当交换机 LSW3 接收到此帧后，由于 MAC 地址表中没有对应此帧目的 MAC 地址的表项，因此交换机 LSW3 会将此帧从 GE 0/0/2 端口转发出去。交换机 LSW2 接收到此帧后，由于 MAC 地址表中也没有对应此帧目的 MAC 地址的表项，因此交换机 LSW2 也会将此帧从 GE 0/0/1 端口发送回交换机 LSW1，还会发给主机 PC2。交换机 LSW1 从 GE 0/0/1 端口接收到此数据帧之后，会在 MAC 地址表中删除原有的相关表项，生成一个新的 MAC 表项（54-89-98-16-4B-A1），对应端口为 GE 0/0/1。此过程会不断重复，从而导致 MAC 地址表震荡。

（3）STP 的基本概念

在以太网中，二层网络的环路会带来广播风暴、MAC 地址表不稳定、数据帧重复等问题。交换网络中的环路问题可由 STP 来解决。

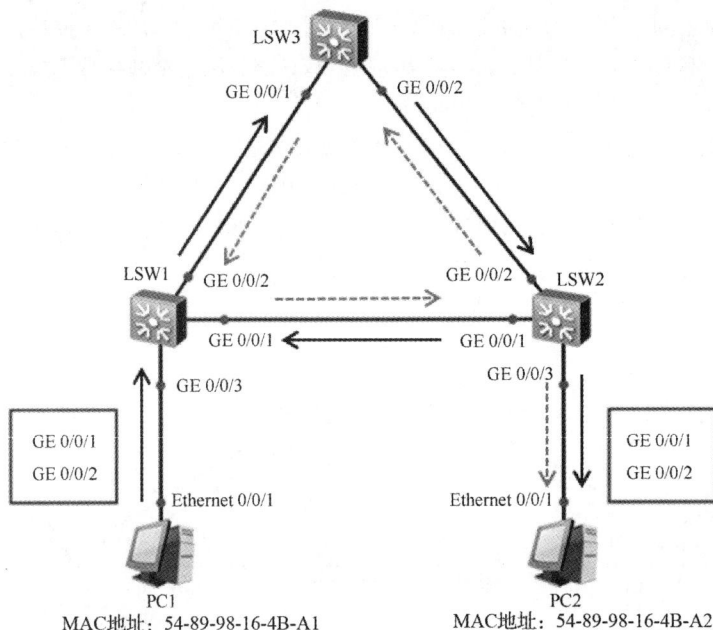

图 3.14　MAC 地址表不稳定

　　STP 用于在局域网中消除数据链路层的物理环路。采用该协议的设备通过彼此的交互信息发现网络中的环路，并有选择地对某些端口进行阻塞，最终将环路网络结构修剪成无环路的树形网络结构，从而防止报文在环路网络中不断增生和无限循环，避免设备重复接收相同的报文而使报文处理能力下降。

　　STP 采用的协议报文是桥协议数据单元（Bridge Protocol Data Unit，BPDU），也称为配置消息，是一种 STP 问候数据包，它可以被间隔地发出，用来在网络的网桥间进行信息交互。BPDU 是运行 STP 的交换机之间交换的消息帧。BPDU 内包含 STP 所需的路径和优先级信息，STP 利用这些信息来确定根桥及至根桥的路径。BPDU 中包含足够的信息来保证设备完成生成树的计算过程。STP 通过在设备之间传递 BPDU 来确定网络的拓扑结构。

　　STP 的主要作用：消除环路，通过阻断冗余链路来消除网络中可能存在的环路；链路备份，当活动路径发生故障时，激活备份链路，以便及时恢复网络。

　　相比某些路由协议，虽然 STP 不那么广为人知，但是这丝毫不影响它在网络工程和设计中的重要性。STP 掌管着端口的转发"大权"。特别是和其他协议一起运行的时候，STP 有可能阻断其他协议的报文通路，造成种种奇怪的现象。STP 和其他协议一样，是随着网络的发展而不断更新换代的。在 STP 的发展过程中，其缺陷不断被消除，新的特性不断被开发出来。

　　STP 的工作过程如下：首先进行根桥（Root Bridge）的选择，一个网络中桥 ID 最小的网桥将变成根桥，整个生成树网络中只有一个根桥，根桥的主要职责是定期发送配置信息，这种配置信息将会被所有的指定桥发送，这在生成树网络中是一种机制。一旦网络结构发生变化，网络状态就会重新配置，其依据是网桥优先级（Bridge Priority）和 MAC 地址组合生成的桥 ID。在此基础上计算每个节点到根桥的路径，并由这些路径得到各冗余链路的开销，选择开销最小的成为通信路径（相应的端口状态变为 Forwarding），其他的通信路径就成为备份路径（相应的端口状态变为 Blocking）。STP 工作过程中的通信任务由 BPDU 完成，BPDU 又分为包含配置信息的配置 BPDU（其大小不超过 35 字节）和包含拓扑变化信息的 TCN BPDU（其大小不超过 4 字节）。

① BPDU。

STP 是一种桥嵌套协议，可以用来消除桥回路。它的工作原理如下：STP 定义了一个数据包，叫作 BPDU，网桥用 BPDU 来实现相互通信，并用 BPDU 的相关功能来动态选择根桥和备份桥，但是因为从中心桥到任何网段都只有一条路径，所以桥回路被消除。

要实现生成树的功能，交换机之间通过传递 BPDU 报文来实现信息交互，所有支持 STP 的交换机都会接收并处理收到的报文，报文在数据区携带了用于进行生成树计算的所有有用信息。当一个网桥开始变为活动网桥时，它的每个端口都是每 2s 发送一个 BPDU。然而，如果一个端口收到另外一个网桥发送过来的 BPDU，而这个 BPDU 比它正在发送的 BPDU 更优，则本地端口会停止发送 BPDU。如果在一段时间（默认为 20s）后它不再接收更优的 BPDU，则本地端口会再次发送 BPDU。

BPDU 格式及字段说明如表 3.4 所示。

表 3.4 BPDU 格式及字段说明

字段	长度/字节	说明
Protocol Identifier（协议 ID）	2	该值总为 0
Protocol Version（协议版本）	1	STP（802.1d）传统生成树，值为 0； RSTP（802.1w）快速生成树，值为 2； MSTP（802.1s）多生成树，值为 3
Message Type（消息类型）	1	指示当前 BPDU 消息类型： 0x00 为配置 BPDU（Configuration BPDU），负责建立、维护 STP 拓扑； 0x80 为 TCN BPDU（Topology Change Notification BPDU），负责传达拓扑变更
Flags（标志）	1	最低位为拓扑变化（Topology Change，TC）标志，最高位为拓扑变化确认（Topology Change Acknowledgement，TCA）标志
Root Identifier（根 ID）	8	指示当前根桥的 ID（即"根 ID"），由 2 字节的桥优先级和 6 字节的 MAC 地址构成
Root Path Cost（根路径开销）	4	指示发送 BPDU 报文的端口累积到根桥的开销
Bridge Identifier（桥 ID）	8	指示发送 BPDU 报文的交换设备的 BID（即"发送者 BID"），也是由 2 字节的桥优先级和 6 字节的 MAC 地址构成
Port Identifier（端口 ID）	2	指示发送 BPDU 报文的端口 ID，即"发送端口 ID"
Message Age（消息生存时间）	2	指示 BPDU 报文的生存时间，即端口保存 BPDU 报文的最长时间，过期后将其删除，要在这个生存时间内转发才有效。如果配置 BPDU 报文是直接来自根桥的，则 Message Age 为 0，如果是其他桥转发的，则 Message Age 是从根桥发送到当前桥接收到 BPDU 报文的总时间，包括传输延时等。实际实现中，配置 BPDU 报文每经过一个桥，Message Age 就增加 1
Max Age（最大生存时间）	2	指示 BPDU 报文的最大生存时间，即老化时间
Hello Time（Hello 消息定时器）	2	指示发送两个相邻 BPDU 报文的时间间隔，根桥通过不断发送 STP 维持自己的地位，Hello Time 发送的是间隔时间，默认时间为 2s
Forward Delay（转发延时）	2	指示控制 Listening 和 Learning 状态的持续时间，表示在拓扑结构改变后，交换机在发送数据包前维持在监听和学习状态的时间

为了计算生成树，交换机之间需要交换相关的信息和参数，这些信息和参数被封装在 BPDU 中，BPDU 有两种类型：配置 BPDU 和 TCN BPDU。

a. 配置 BPDU。

配置 BPDU 包含桥 ID、路径开销和端口 ID 等参数。STP 通过在交换机之间传递配置 BPDU 来选择根桥，以及确定每个交换机端口的角色和状态。在初始化过程中，每个桥都会主动发送配置 BPDU。在网络拓扑结构稳定以后，只有根桥会主动发送配置 BPDU，其他交换机只有在收到上游传来的配置 BPDU 后，才会发送自己的配置 BPDU。

b. TCN BPDU。

TCN BPDU 是指下游交换机感知到拓扑发生变化时向上游发送的拓扑变化通知。

配置 BPDU 中包含足够的信息来保证设备完成生成树计算，其中包含的重要信息如下。

- 根桥 ID：由根桥的优先级和 MAC 地址组成，每个 STP 网络中有且仅有一个根桥。
- 根路径开销：到根桥的最短路径开销。
- 指定桥 ID：由指定桥的优先级和 MAC 地址组成。
- 指定端口 ID：由指定端口的优先级和端口号组成。
- Message Age：配置 BPDU 在网络中传播的生存时间。
- Max Age：配置 BPDU 在设备中能够保存的最大生存时间。
- Hello Time：配置 BPDU 发送的周期。

② 桥 ID。

桥 ID 共 8 字节，即网桥优先级（2 字节）+网桥的 MAC 地址（6 字节）；取值为 0～65535，默认值为 32768。

③ 根桥。

根据桥 ID 选择根桥，桥 ID 最小者将成为根桥。先比较网桥优先级，优先级较低者成为根桥；如果优先级相同，再比较 MAC 地址，MAC 地址最小者成为根桥，可以通过执行 display stp 命令来查看网络中的根桥。

交换机启动后就自动开始进行生成树计算。在默认情况下，所有交换机启动时都认为自己是根桥，自己的所有端口都为指定端口，这样 BPDU 报文就可以通过所有端口转发。对端交换机收到 BPDU 报文后，会比较 BPDU 报文中的根桥 ID 和自己的桥 ID。如果收到的 BPDU 报文中的桥 ID 优先级更低，则接收交换机会继续通告自己的配置 BPDU 报文给邻居交换机。如果收到的 BPDU 报文中的桥 ID 优先级更高，则交换机会修改自己的 BPDU 报文的根桥 ID 字段，成为新的根桥。因为交换机默认优先级均为 32768，交换机 LSW1 的 MAC 地址最小，所以最终选择交换机 LSW1 为根桥，如图 3.15 所示。如果生成树网络中的根桥发生了故障，则其他交换机中优先级最高的交换机会被选为新的根桥；如果原来的根桥被再次激活，则网络会根据桥 ID 来重新选择新的根桥。

④ 端口 ID。

运行 STP 交换机的每个端口都

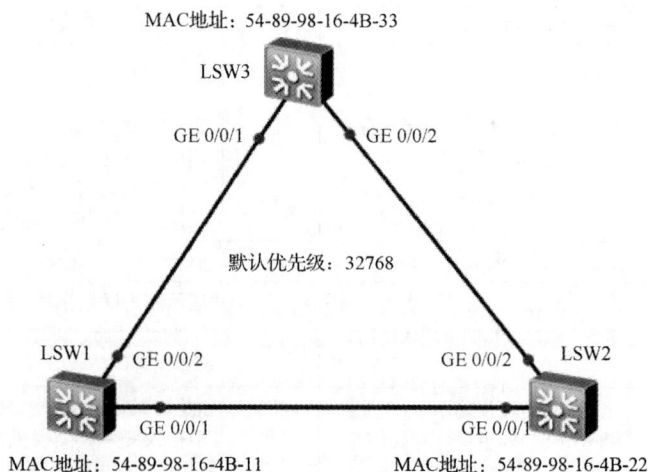

MAC 地址：54-89-98-16-4B-33

LSW3

GE 0/0/1   GE 0/0/2

默认优先级：32768

LSW1   GE 0/0/2   GE 0/0/2   LSW2

GE 0/0/1   GE 0/0/1

MAC 地址：54-89-98-16-4B-11   MAC 地址：54-89-98-16-4B-22

图 3.15　根桥选择

有一个端口 ID（Port ID），端口 ID 由端口优先级和端口号构成。端口优先级的取值是 0～240，步长为 16，即取值必须为 16 的整数倍。在默认情况下，端口优先级是 128。端口 ID 可以用来确定端口角色。

⑤ 端口开销与路径开销。

交换机的每个端口都有一个端口开销（Port Cost）参数，此参数表示端口在 STP 中的开销值。在默认情况下，端口的开销和端口的带宽有关，带宽越大，开销越小。从一个非根桥到达根桥的路径可能有多条，每一条路径都有一个总的开销值，此开销值是路径上所有接收 BPDU 端口（即 BPDU 的入方向端口）的端口开销总和，称为路径开销。非根桥通过对比多条路径的路径开销，选出到达根桥的最短路径，这条最短路径的路径开销被称为根路径开销（Root Path Cost，RPC），并生成无环树状网络，根桥的根路径开销是 0。一般情况下，交换机支持多种 STP 的路径开销计算标准，提供最大程度的兼容。在默认情况下，华为 X7 系列交换机使用 IEEE 802.1t 协议来计算路径开销。根路径开销是到根桥的路径的总开销，而端口开销指的是交换机某个端口的开销。

⑥ 端口角色。

STP 通过构造一棵树来消除交换网络中的环路。每个 STP 网络中都存在一个根桥，其他交换机为非根桥。根桥位于整个逻辑树的根部，是 STP 网络的逻辑中心，非根桥是根桥的下游设备。当现有根桥产生故障时，非根桥之间会交互信息并重新选择根桥，交互的信息被称为 BPDU，BPDU 中包含交换机在参加生成树计算时的各种参数信息，前面已经详细介绍过。

STP 中定义了 3 种端口角色：根端口（Root Port）、指定端口（Designated Port）和替代端口（Alternate Port）。

a. 根端口。

每个非根桥都要选择一个根端口。根端口是距离根桥最近的端口，"最近"的衡量标准是路径开销，即路径开销最小的端口就是根端口。端口收到一个 BPDU 报文后，抽取该 BPDU 报文中根路径开销字段的值，加上该端口本身的端口开销，即该端口的路径开销。如果有两个或两个以上的端口计算得到的累计路径开销相同，那么选择收到发送者桥 ID 最小的那个端口作为根端口。

如果两个或两个以上的端口连接到了同一台交换机上，则选择发送者端口 ID 最小的那个端口作为根端口。如果两个或两个以上的端口通过 Hub 连接到了同一台交换机的同一个端口上，则选择本交换机的这些端口中的端口 ID 最小的作为根端口。

根端口是非根桥去往根桥路径最优的端口，处于转发状态。在一台运行 STP 的交换机上最多只有一个根端口，但根桥上没有根端口。选择根端口的依据顺序如下。

- 根路径开销最小优先。
- 发送者桥 ID 最小优先。
- 端口 ID 最小优先。

b. 指定端口。

在网段上抑制其他端口（无论是自己的还是其他设备的）发送 BPDU 报文的端口，即网段的指定端口。每个网段都应该有一个指定端口，根桥的所有端口都是指定端口（除非根桥在物理上存在环路）。选择指定端口也是先比较累计路径开销，累计路径开销最小的端口就是指定端口。如果累计路径开销相同，则比较端口所在交换机的桥 ID，所在桥 ID 最小的端口为指定端口。如果通过累计路径开销和所在桥 ID 选不出来，则比较端口 ID，端口 ID 最小的为指定端口。

网络收敛后，只有指定端口和根端口可以转发数据。其他端口为预备端口，被阻塞，不能转发数据，只能从所联网段的指定交换机处接收到 BPDU 报文，并以此来监视链路的状态。指定端口是交换机向所联网段转发配置 BPDU 的端口，每个网段有且只能有一个指定端口，用于转发所联网段的数据。一般情况下，根桥的每个端口总是指定端口。选择指定端口的依据顺序如下。

- 根路径开销最小优先。
- 所在交换机的桥 ID 最小优先。
- 端口 ID 最小优先。

c. 替代端口。

如果一个端口既不是指定端口又不是根端口，则此端口为替代端口，替代端口将被阻塞，不向所联网段转发任何数据。只有当主链路发生故障时，才会启用备份链路，开启替代端口来替代根端口，以保障网络通信正常。

因为交换机 LSW1 为根桥，所以交换机 LSW1 的 GE 0/0/1 与 GE 0/0/2 端口被选为指定端口；交换机 LSW2 的 GE 0/0/1 端口被选为根端口，GE 0/0/2 端口被选为指定端口；交换机 LSW3 的 GE 0/0/1 端口被选为根端口，GE 0/0/2 端口被选为替代端口，交换机 LSW2 与交换机 LSW3 之间的这条链路在逻辑上处于断开状态，这样就将交换环路变成了逻辑上的无环拓扑结构，只有当主链路发生故障时，才会启用备份链路，如图 3.16 所示。

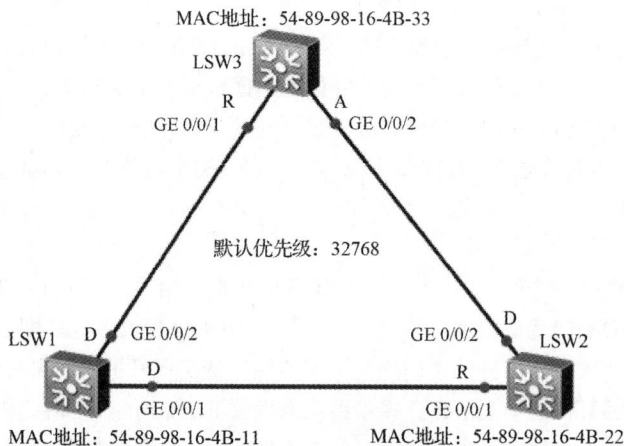

图 3.16　端口选择

⑦ 端口状态。

STP 端口有 5 种工作状态，具体情况如下。

a. Blocking（阻塞）状态。

在此状态下，二层端口为非指定端口，不会参与数据帧的转发。该端口通过接收 BPDU 报文来判断根桥的位置和根 ID，以及在 STP 拓扑收敛结束之后，各交换机端口应该处于什么状态。在默认情况下，端口会在这种状态下保持 20s。

b. Listening（监听）状态。

生成树在此状态下已经根据交换机接收到的 BPDU 报文判断出了这个端口应该参与数据帧的转发。于是交换机端口将不再满足于接收 BPDU 报文，而开始发送自己的 BPDU，并以此通告邻接的交换机该端口会在活动拓扑中参与转发数据帧的工作。在默认情况下，端口会在这种状态下保持 15s。

c. Learning（学习）状态。

这个二层端口准备参与数据帧的转发，并开始填写 MAC 地址表。在默认情况下，端口会在这种状态下保持 15s。

d. Forwarding（转发）状态。

这个二层端口已经成为活动拓扑的一个组成部分，它会转发数据帧，并同时收发 BPDU 报文。

e. Disabled（禁用）状态。

这个二层端口不会参与生成树，也不会转发数据帧。

STP 端口功能描述如表 3.5 所示。

表 3.5　STP 端口功能描述

端口状态	端口功能描述
Blocking 状态	不接收或者转发数据，接收但不发送 BPDU 报文，不进行 MAC 地址学习
Listening 状态	不接收或者转发数据，接收并发送 BPDU 报文，不进行 MAC 地址学习
Learning 状态	不接收或者转发数据，接收并发送 BPDU 报文，进行 MAC 地址学习
Forwarding 状态	接收或者转发数据，接收并发送 BPDU 报文，进行 MAC 地址学习
Disabled 状态	不发收任何数据

⑧ STP 拓扑变化。

在稳定的 STP 拓扑中，非根桥会定期收到来自根桥的 BPDU 报文。如果根桥发生了故障，停止发送 BPDU 报文，下游交换机就无法收到来自根桥的 BPDU 报文。如果下游交换机一直收不到 BPDU 报文，Max Age 定时器就会超时（Max Age 的默认值为 20s），从而导致已经收到的 BPDU 报文失效。此时，非根桥会互相发送配置 BPDU 报文，重新选择新的根桥。根桥故障后需要 50s 左右的恢复时间，恢复时间约等于 Max Age 加上两倍的 Forward Delay 收敛时间。

在交换网络中，交换机依赖 MAC 地址表转发数据帧。在默认情况下，MAC 地址表中表项的老化时间是 300s。如果生成树拓扑发生变化，则交换机转发数据的路径会随之发生改变，此时 MAC 地址表中未及时老化的表项会导致数据转发错误，因此在拓扑发生变化后需要及时更新 MAC 地址表中的表项。

在拓扑变化过程中，根桥通过 TCN BPDU 报文获知生成树拓扑中发生了故障。根桥生成 TC 来通知其他交换机加速老化现有的 MAC 地址表中的表项，如图 3.17 所示。

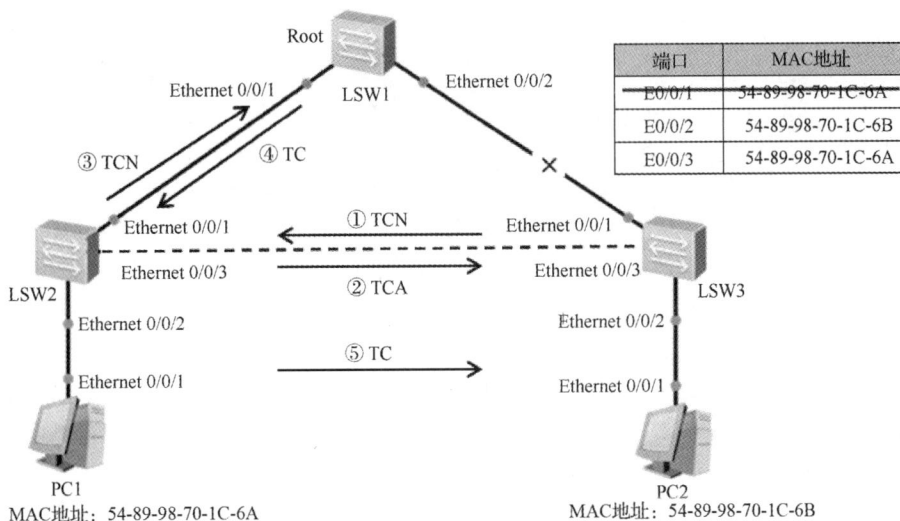

图 3.17　STP 拓扑变化

2. 快速生成树协议

STP 由 IEEE 802.1d 定义，RSTP 由 IEEE 802.1w 定义，RSTP 在网络结构发生变化时，

能更快地收敛网络。RSTP 比 STP 多了一种端口，即备份端口（Backup Port），用来做指定端口的备份。RSTP 是从 STP 发展过来的，它们的实现思想基本一致，但 RSTP 更进一步地解决了网络临时失去连通性的问题。RSTP 规定在某些情况下，处于 Blocking 状态的端口不必经历两倍的 Forward Delay（转发延时）而可以直接进入转发状态，如网络边缘端口（即直接与终端相连的端口）不接收配置 BPDU 报文，不参与 RSTP 运算，可以由 Disabled 状态直接转到 Forwarding 状态，不需要任何 Forward Delay，如图 3.18 所示。但是，一旦边缘端口收到配置 BPDU 报文，就会丧失边缘端口属性，成为普通的 STP 端口，并重新进行生成树计算；或者网桥旧的根端口已经进入 Blocking 状态，且新的根端口连接的对端网桥的指定端口仍处于 Forwarding 状态，那么新的根端口可以立即进入 Forwarding 状态。IEEE 802.1w 规定 RSTP 的收敛时间可达到 1s，而 IEEE 802.1d 规定 STP 的收敛时间大约为 50s。

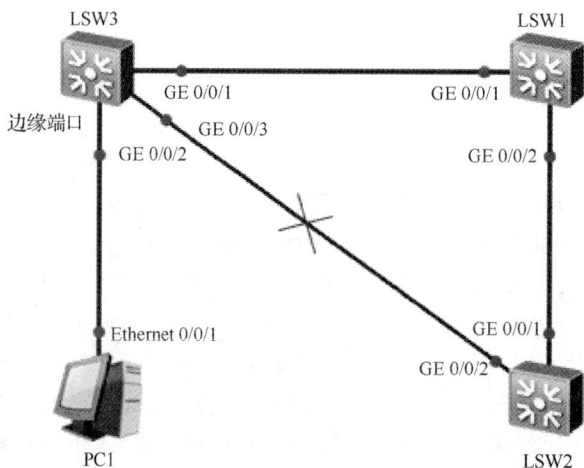

图 3.18　边缘端口

配置交换机 LSW3，相关实例代码如下。

```
<Huawei>system-view
[Huawei]sysname LSW3
[LSW3]interfaceGigabitEthernet0/0/2
[LSW3-GigabitEthernet0/0/2]stp edged-port enable        //配置为边缘端口
[LSW3-GigabitEthernet0/0/2]quit
[LSW3]
```

STP 能够提供无环网络，但是收敛速度较慢。如果 STP 网络的拓扑结构频繁变化，那么网络也会随之频繁地失去连通性，从而导致用户通信频繁中断。RSTP 使用 Proposal/Agreement 机制保证链路能及时协商，从而有效避免收敛计时器在生成树收敛前超时。运行 RSTP 的交换机使用两个不同的端口来实现冗余备份。当到根桥的当前路径发生故障时，作为根端口的备份端口，替代端口提供从一台交换机到根桥的另一条可切换路径。备份端口作为指定的备份端口，提供另一条从根桥到相应局域网网段的备份路径。当一台交换机和一个共享介质设备（如 Hub）建立了两个或者多个连接时，可以使用备份端口。同样地，当交换机上的两个或者多个端口与同一个局域网网段连接时，也可以使用备份端口。

① 端口角色。

RSTP 根据端口在活动拓扑中的作用，定义了 5 种端口角色：根端口、指定端口、替代端口、备份端口和禁用端口（Disabled Port），如图 3.19 所示。根端口和指定端口这两个角色在 RSTP 中被保留，阻塞端口被分成备份端口和替代端口。生成树算法（Spanning Tree Algorithm，STA）

使用 BPDU 配置信息来决定端口的角色，端口也是通过比较端口中保存的 BPDU 配置信息来确定优先级的。

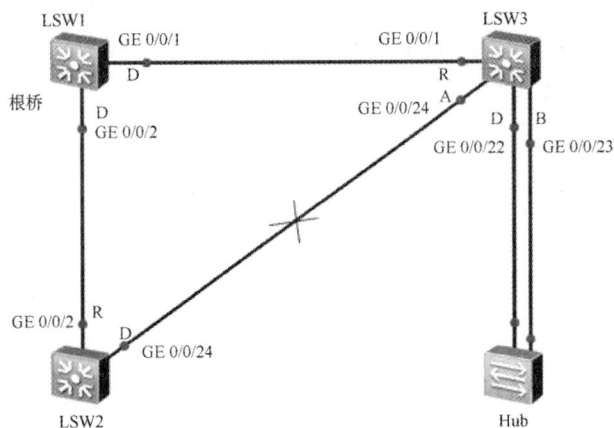

图 3.19　RSTP 端口角色

a．根端口。

非根桥收到最优的 BPDU 配置信息的端口为根端口，即到根桥开销最小的端口，这一点和 STP 一样。

b．指定端口。

与 STP 一样，每个以太网网段内必须有一个指定端口。

c．替代端口。

如果一个端口收到另外一个网桥的更好的 BPDU 配置信息，但不是最好的，那么这个端口将成为替代端口，当根端口发生故障后，替代端口将成为根端口。

d．备份端口。

如果一个端口收到同一个网桥的更好的 BPDU 配置信息，那么这个端口将成为备份端口。当两个端口被一个点到点链路的一个环路连接在一起时，或者当一台交换机有两个或多个到共享局域网段的连接时，备份端口才能存在，当指定端口发生故障后，备份端口将成为指定端口。

e．禁用端口。

禁用端口在 RSTP 应用的网络中不担当任何角色。

② 端口状态。

STP 定义了 5 种不同的端口状态：Disabled 状态、Blocking 状态、Listening 状态、Learning 状态和 Forwarding 状态。从操作上看，Blocking 状态和 Listening 状态没有区别，都是丢弃数据帧且不学习 MAC 地址。在 Forwarding 状态下，无法知道端口是根端口还是指定端口。

RSTP 中只有 3 种端口状态：Discarding 状态、Learning 状态和 Forwarding 状态。IEEE 802.1d 中的禁用端口、监听端口、阻塞端口在 IEEE 802.1w 中合并为禁用端口。

RSTP 端口功能描述如表 3.6 所示。

表 3.6　RSTP 端口功能描述

端口状态	端口功能描述
Discarding 状态	端口既不转发数据又不学习 MAC 地址，不收发任何报文
Learning 状态	不接收或者转发数据，接收并发送 BPDU，进行 MAC 地址学习
Forwarding 状态	接收或者转发数据，接收并发送 BPDU，进行 MAC 地址学习

3. 多生成树

多生成树（Multiple Spanning Tree，MST）使用修正后的 RSTP，即多生成树协议（Multiple Spanning Tree Protocol，MSTP），MSTP 是由 IEEE 802.1w 中的 RSTP 扩展而来的。

RSTP 在 STP 的基础上进行了改进，实现了网络拓扑快速收敛。但由于局域网内所有的 VLAN 共享一棵生成树，因此网络被阻塞后，链路将不承载任何流量，无法在 VLAN 间实现数据流量的负载均衡，从而造成带宽浪费。为了弥补 STP 和 RSTP 的缺陷，IEEE 在于 2002 年发布的 802.1s 协议中定义了 MSTP。MSTP 兼容 STP 和 RSTP，既可以实现快速收敛，又可以提供数据转发的多条冗余路径，在数据转发过程中实现 VLAN 数据的负载均衡。

采用 MSTP 能够通过干道建立多棵生成树，关联 VLAN 到相关的生成树进程，每个生成树进程具备单独的拓扑结构；MSTP 提供了多条数据转发路径和负载均衡，提高了网络容错能力，因为一个进程（数据转发路径）的故障不会影响其他进程。生成树进程只能存在于具备一致的 VLAN 进程分配的桥中，必须用同样的 MST 配置信息来配置一组桥，使得这些桥能参与到一组生成树进程中。具备同样 MST 配置信息的互联的桥构成 MST 域（MST Region）。

MSTP 通过设置 VLAN 映射表（即 VLAN 和生成树的对应关系表）把 VLAN 和生成树联系起来；通过增加"实例"将多个 VLAN 捆绑到一个集合中，以节省通信开销和降低资源占用率；MSTP 把一个交换网络划分成多个域，每个域内形成多棵生成树，生成树之间彼此独立；MSTP 将环路网络修剪为无环的树形网络，避免报文在环路网络中增生和无限循环，同时提供数据转发的多条冗余路径，在数据转发过程中实现 VLAN 数据的负载均衡。

（1）MST 域

MST 域由交换网络中的多台交换设备及它们之间的网段构成。同一个 MST 域中的设备具有下列特点：都启动了 MSTP，具有相同的域名，具有相同的 VLAN 到生成树实例映射配置，具有相同的 MSTP 修订级别配置。

实例就是针对一组 VLAN 进行独立计算的 STP。将多个 VLAN 捆绑到一个实例中，相对于每个 VLAN 独立运算来说，可以节省通信开销和降低资源占用率。MSTP 各个实例的计算过程相互独立，使用多个实例可以实现物理链路的负载均衡。把多个具有相同拓扑结构的 VLAN 映射到一个实例之后，这些 VLAN 在端口上的转发状态取决于端口在对应 MSTP 实例中的状态。

（2）MSTP 的端口角色

MSTP 的端口角色共有 7 种：根端口、指定端口、替代端口、备份端口、边缘端口、Master 端口和域边缘端口。

Master 端口是 MST 域和总根相连的所有路径中最短路径上的端口，它是交换设备上连接 MST 域与总根的端口。Master 端口是 MST 域中的报文去往总根的必经之路。Master 端口是特殊的域边缘端口，它在公共与内部生成树（Common and Internal Spanning Tree，CIST）上的角色是根端口，在其他各实例上的角色都是 Master 端口。

MST 域内部网络桥和其他 MST 域或者 STP/RSTP 网桥相连的端口为域边缘端口。

3.2.6 网络互连路由设计

网络互连路由设计涉及多个层面，从物理层的设备连接到网络层的数据包转发策略。在设计复杂的网络互连方案时，通常会考虑设计合理的网络拓扑（如星形、环形、网状、总线型或混合型拓扑），确保冗余路径以提高网络可用性和容错性（如使用双上联或多上联设计）；网络层设计 IP 地址规划，为每个子网分配合适的 IP 地址块，并确保地址空间的有效利用和可扩展性，使用可变长子网掩码（Variable Length Subnet Mask，VLSM）进行精细的地址划分；选择路由协议配置，决定使用何种内部路由协议（如 RIP、OSPF 协议），根据网络规模、复杂性和性能需求来选择。对于不同自治系统（Autonomous System，AS）之间的互联，需配置外部边界网关协议（External Border Gateway Protocol，EBGP）；设定路由过滤规则以控制流量流向和避免路由循环，实现负载均衡、优先级路由、故障切换等功能；使用访问控制列表（Access Control List，ACL）来控制对特定网络资源的访问，配置防火墙和入侵检测系统，保护网络边界；如果有实时语音、视频或其他高优先级业务流量，则设计并实施 QoS 策略以保证带宽和延迟要求。总之，网络互连路由设计是一个全面的过程，涵盖网络架构、设备选型、地址规划、路由协议选择与配置、安全防护及运维等多个方面，旨在构建高效、稳定且易于管理的网络环境。

1. 静态路由及默认路由

路由是指把数据从源节点转发到目标节点的过程，即根据数据包的目的地址对其进行定向并转发到另一个节点的过程。一般来说，网络中路由的数据至少会经过一个或多个中间节点，如图 3.20 所示。通常将路由与桥接进行对比，它们的主要区别在于桥接发生在 OSI 参考模型的第 2 层（数据链路层），而路由发生在第 3 层（网络层）。这一区别使它们在传递数据的过程中使用不同的信息，从而以不同的方式来完成各自的任务。

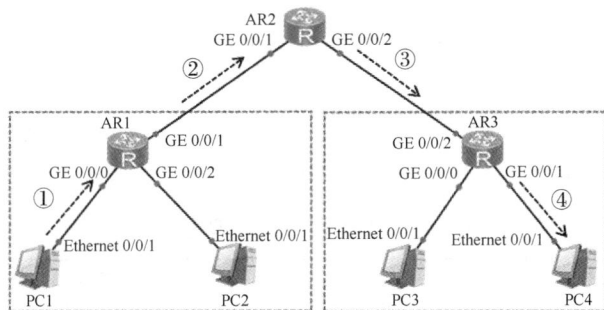

图 3.20 路由转发

（1）路由信息

路由信息共有 3 种：直连路由、静态路由、动态路由。

① 直连路由（Direct Routing）：设备自动发现的路由信息。

在网络设备启动后，当设备端口的状态为 UP 状态时，设备就会自动发现与自己的端口直接相连的网络的路由。某一网络与某台设备直接相连（直连），是指这个网络与这台设备的某个端口直接相连。当路由器端口配置了正确的 IP 地址，且端口处于 UP 状态时，路由器将自动生成一条通过该端口去往直联网段的路由。直连路由的 Protocol 属性为 Direct，其 Cost（即开销）值总为 0。

② 静态路由（Static Routing）：手动配置的路由信息。

静态路由是由网络管理员在路由器上手动配置的固定路由。静态路由允许对路由的行为进行精确的控制，其特点是减少了单向网络流量及配置简单。除非网络管理员干预，否则静态路由不会发生变化。由于静态路由不能对网络的改变做出反应，因此一般用于规模不大、拓扑结构固定的网络中。静态路由的优点是简单、高效、可靠。在所有的路由中，静态路由的优先级最高，当动态路由与静态路由发生冲突时，以静态路由为准。手动配置的静态路由的明显缺点是不具备自适应性，当网络规模扩大时，网络管理员的维护工作量将大增，容易出错，不能实时变化。静态路由的 Protocol 属性为 Static，其 Cost 值可以人为设定。

③ 动态路由（Dynamic Routing）：网络设备通过运行动态路由协议而得到的路由信息。

动态路由减少了管理任务，网络设备可以自动发现与自己相连的网络的路由。动态路由是网络中的路由器之间根据实时网络拓扑变化相互传递路由信息，再利用收到的路由信息选择相应的协议进行计算，更新路由表的过程。动态路由比较适用于大型网络。

一台路由器可以同时运行多种路由协议，每种路由协议都存在专门的路由表来存放协议下发现的表项，最后通过一些优先筛选法，某些路由协议的路由表中的某些表项会被加入 IP 路由表，而路由器最终会根据 IP 路由表来进行 IP 报文的转发。

（2）默认路由

默认路由：目的地址/子网掩码为 0.0.0.0/0 的路由。默认路由分为动态和静态两种。

① 动态默认路由：由路由协议产生。

② 静态默认路由：手动配置。

默认路由是一种非常特殊的路由，任何一个待发送或待转发的 IP 报文都可以和默认路由匹配。

计算机或路由器的 IP 路由表中可能存在默认路由，也可能不存在。若网络设备的 IP 路由表中存在默认路由，则当一个待发送或待转发的 IP 报文不能匹配 IP 路由表中的任何非默认路由时，它会根据默认路由来进行发送或转发；若网络设备的 IP 路由表中不存在默认路由，则当一个待发送或待转发的 IP 报文不能匹配 IP 路由表中的任何路由时，它会将该 IP 报文直接丢弃。

（3）路由的优先级

① 不同来源的路由有不同的优先级，并规定优先级的值越小，对应路由的优先级就越高。路由器默认管理距离值如表 3.7 所示。

② 当存在多条目的地址/子网掩码相同但来源不同的路由时，具有最高优先级的路由会成为最优路由，并被加入 IP 路由表；其他路由则处于未激活状态，不会显示在 IP 路由表中。

表 3.7　路由器默认管理距离值

路由来源	默认管理距离值
直连路由（Direct）	0
OSPF	10
IS-IS	15
静态路由（Static）	60
RIP	100
OSPF ASE	150
OSPF NSSA	150
不可达路由（Unknown）	255

2. 路由信息协议动态路由

路由信息协议（Routing Information Protocol，RIP）是一种内部网关协议（Interior Gateway Protocol，IGP），也是一种动态路由选择协议，用于 AS 内的路由信息的传递。RIP 基于距离矢量算法（Distance Vector Algorithm，DVA），使用"跳数"（Metric）来衡量到达目的地址的管理距离。使用这种协议的路由器只关心自己周围的世界，只与自己相邻的路由器交换信息，并将范围限制在 15 跳之内，即如果距离大于等于 16 跳，就认为网络不可达。

RIP 应用于 OSI 参考模型的应用层，各厂家定义的管理距离（即优先级）有所不同，如华为设备定义的优先级是 100，思科设备定义的优先级是 120。RIP 在带宽、配置和管理方面的要求较低，主要适用于规模较小的网络。运行 RIP 的网络如图 3.21 所示。RIP 中定义的相关参数也比较少，它既不支持 VLSM 和无类别域间路由选择（Classless Inter-Domain Routing，CIDR），又不支持认证功能。

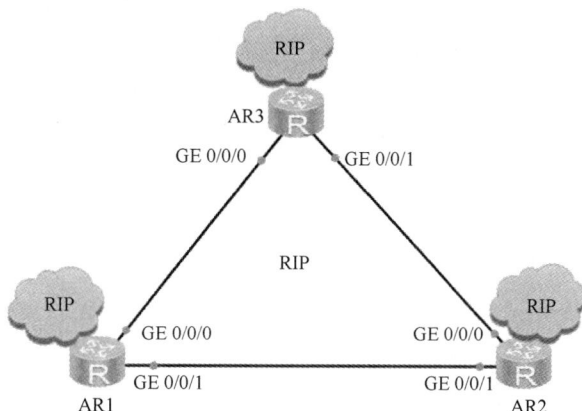

图 3.21　运行 RIP 的网络

（1）工作原理

路由器启动时，路由表中只包含直连路由。运行 RIP 之后，路由器会发送 Request 报文，以请求邻居路由器的 RIP 路由。运行 RIP 的邻居路由器收到 Request 报文后，会根据自己的路由表生成 Response 报文进行回复。路由器在收到 Response 报文后，会将相应的路由添加到自己的路由表中。

RIP 网络稳定以后，每台路由器都会周期性地向邻居路由器通告自己的整张路由表中的路由信息（以 RIP 应答的方式广播出去），默认周期为 30s，邻居路由器根据收到的路由信息刷新自己的路由表。针对某一条路由信息，如果 180s 以后没有接收到新的关于它的路由信息，那么将其标记为失效，即将其 Metric 值标记为 16。再过 120s 以后，如果仍然没有收到关于它的更新信息，则该条失效信息会被删除，如图 3.22 所示。

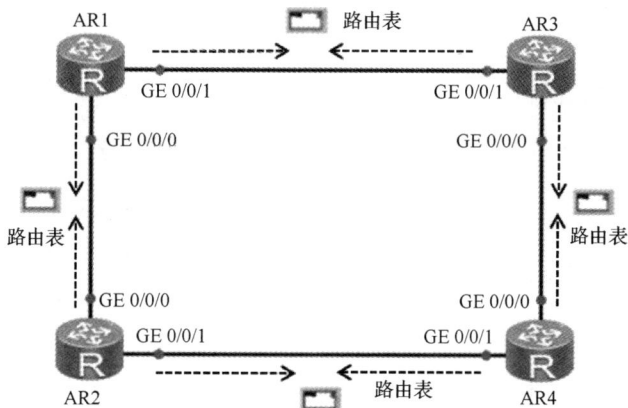

图 3.22　更新 RIP 路由表

（2）RIP 版本

RIP 分为 3 个版本：RIPv1、RIPv2 和 RIPng。前两者用于 IPv4，RIPng 用于 IPv6。RIPv1 提出得较早，其有许多不足。为了弥补 RIPv1 的不足，互联网工程任务组（Internet Engineering Task Force，IETF）在 RFC1388 文件中提出了改进的 RIPv2，并在 RFC1723 和 RFC2453 文件中进行了修订。RIPv2 定义了一套有效的改进方案，新的 RIPv2 支持子网路由选择，支持 CIDR，支持组播，并提供了验证机制。

随着开放最短路径优先（Open Shortest Path First，OSPF）和IS-IS（Intermediate System to Intermediate System）协议的出现，许多人认为RIP已经过时了。但事实上RIP有它自己的优点。对于小型网络，RIP所占带宽开销小，易于配置、管理和实现，如今RIP还在大量使用中。但RIP也有明显的缺点，即当有多个网络时会出现环路问题。为了解决环路问题，IETF提出了分割范围方法，即路由器不可以通过它得知路由的端口去通告路由。分割范围方法解决了两台路由器之间的环路问题，但不能防止3台或多台路由器形成环路。触发更新是解决环路问题的另一种方法，它要求路由器在链路发生变化时立即传输它的路由表，这加速了网络的聚合，但容易产生广播泛滥。总之，环路问题的解决需要消耗一定的时间和带宽。若采用RIP，则其网络内部所经过的跳数不能超过15，这使得RIP不适用于大型网络。

（3）RIP的局限性

① 由于15跳为最大值，因此RIP只能应用于小型网络。

RIP中规定，有效的路由信息的跳数不能超过15，这使得该协议不能应用于很大型的网络，应该说设计者正是因为考虑到该协议只适用于小型网络，所以才做出了这一限制，对于Metric值为16的目标网络，认为其不可达。

② 收敛速度慢。

在实际应用时，RIP很容易出现"计数到无穷大"的现象，这使得路由收敛速度很慢，在网络拓扑结构变化很久以后，路由信息才能稳定下来。

③ 根据跳数选择的路由不一定是最优路由。

RIP以跳数，即报文经过的路由器台数为衡量标准，并以此来选择路由，这一操作欠缺合理性，因为没有考虑网络延时、可靠性、线路负荷等因素对传输质量和速率的影响。

（4）RIP度量方法

RIP使用跳数作为度量值来衡量路由器到达目的网络的距离。在RIP中，路由器到与它直接相连网络的跳数为0，每经过一台路由器，跳数加1。为限制收敛时间，RIP规定跳数的取值为0～15的整数，大于15的跳数被定义为无穷大，即目的网络或主机不可达，如图3.23所示。

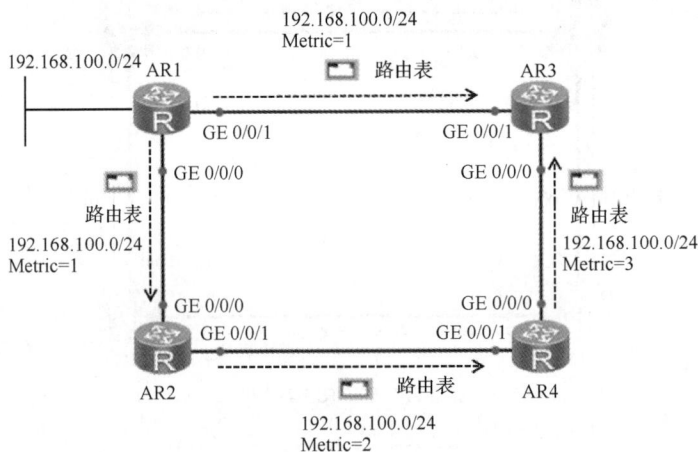

图3.23 RIP度量方法

路由器从某一邻居路由器收到路由更新报文时，根据以下原则更新本路由器的RIP路由表。

① 对于路由表中已有的表项，当表项的下一跳是该邻居路由器时，无论度量值是增大还是减小，都更新表项（度量值相同时只将其老化定时器清零。路由表中的每一个表项都对应一个老化定

时器，如果表项在 180s 内没有任何更新，则定时器超时，表项的度量值变为不可达）。

② 当表项的下一跳不是该邻居路由器时，如果度量值减小，则更新表项。

③ 对于路由表中不存在的表项，如果度量值小于 16，则在路由表中增加表项。某表项的度量值变为不可达后，路由会在 Response 报文中发布 4 次（120s），并从路由表中清除。

路由器 AR2 通过两个端口学习路由信息，每条路由信息都有相应的度量值，到达目的网络的最佳路由就是通过这些度量值计算出来的。

（5）RIP 更新过程

RIP 通过端口 UDP（端口 520）定时广播报文来交换路由信息，与它相连的网络广播自己的路由信息，接收到广播的路由器将收到的信息添加至自己的路由表中，从而更新路由表。每台路由器都如此广播，最终网络上的所有路由器都会得到全部路由信息。

当网络拓扑发生变化时，路由器首先更新自己的路由表，然后直到更新周期（默认值是 30s）开始时才向外发布路由更新报文，发送的更新报文内容是自己所有的路由信息，由于更新内容比较多，因此其占用的网络资源比较多。

在正常情况下，路由器每 30s 就可以收到一次来自邻居路由器的更新信息；如果经过 180s，即 6 个更新周期后，一个表项都没有得到更新，路由器就会认为它已经失效，并把状态修改为 Down；如果经过 240s，即 8 个周期后，表项仍然没有得到更新和确认，则按照规则，路由信息将从路由表中被删除。

周期更新定时器：用来激发 RIP 路由器路由表的更新，每个 RIP 节点只有一个更新定时器，设为 30s。路由器每隔 30s 就会向其邻居路由器广播自己的路由表信息。每个 RIP 路由器的定时器都独立于网络中的其他路由器，因此它们同时广播的可能性很小。

超时定时器：用来判定某条路由是否可用，每条路由都有一个超时定时器，设为 180s；当一条路由激活或更新时，该定时器初始化，如果在 180s 之内没有收到关于该条路由的更新，则将该路由设置为无效。

清除定时器：用来判定是否清除一条路由，每条路由都有一个清除定时器，设为 120s；当路由器意识到某条路由无效时，将初始化一个清除定时器，如果在 120s 内没有收到这条路由的更新信息，则从路由表中删除该路由。

延迟定时器：为避免触发更新引起广播风暴而设置的一个随机的延迟定时器，延迟时间为 1～5s。

RIP 会使用一些定时器来保证它所维护的路由的有效性与及时性，但其中的一个不理想之处在于它需要相对较长的时间才能确认一条路由是否失效。RIP 至少需要 3min 的延迟时间才能启动备份路由，这个时间对大多数应用程序来说都是致命的，即使系统出现短暂的故障，用户也可以明显感觉出来。

RIP 的另外一个问题是它选择路由时，不考虑链路的连接速度，而仅用跳数来衡量路径的长短，具有最小跳数的路径为最佳路径，这有可能使网络链路中的高传输链路变为备用路径，而实际网络传输效率并非如此。如图 3.24 所示，当数据包从路由器 AR1 转发到路由器 AR4 时，由于仅用跳数来衡量路径的长短，其选择的路径为 R1→R4（1 跳），此条路径的转发速度仅为 100Mbit/s；而实际上路径 R1→R2→R4（2 跳）更优，因为此条路径的转发速度为 1000Mbit/s，转发速度更快。

（6）RIP 路由环路

路由环路是路由器在学习 RIP 路由过程中出现的一种路由故障现象。在维护路由表信息的时候，如果在拓扑发生改变后，由于网络收敛缓慢产生了不协调或者矛盾的路由选择条目，则会产生路由环路的问题。在这种条件下，路由器对无法到达的网络路由不予理睬，从而会使用户的数据包不停地在网络上循环发送，最终造成网络资源的严重浪费。当网络中某条路由失效时，在这条路由失效的通知对外广播之前，RIP 路由的定时更新机制有可能导致产生路由环路。

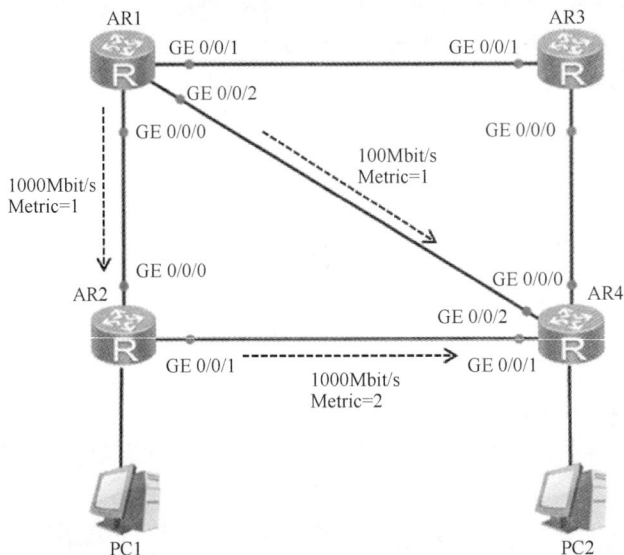

图 3.24　RIP 按跳数衡量传输效率的不足

如图 3.25 所示，RIP 网络正常运行时，路由器 AR1 会通过路由器 AR2 学习到 192.168.100.0/24 网络的路由，度量值为 1。一旦路由器 AR2 的直连网络 192.168.100.0/24 发生故障，路由器 AR2 会立即检测到该故障，并认为该路由不可达。此时，路由器 AR1 还没有收到该路由不可达的信息，于是会继续向路由器 AR2 发送度量值为 2 的通往 192.168.100.0/24 网络的路由信息。路由器 AR2 会学习此路由信息，认为可以通过路由器 AR1 到达 192.168.100.0/24 网络。此后，路由器 AR2 发送的更新路由表会导致路由器 AR1 路由表的更新，路由器 AR1 会新增一个度量值为 3 的 192.168.100.0/24 表项，从而形成路由环路，这个过程会持续下去，直到度量值为 16。

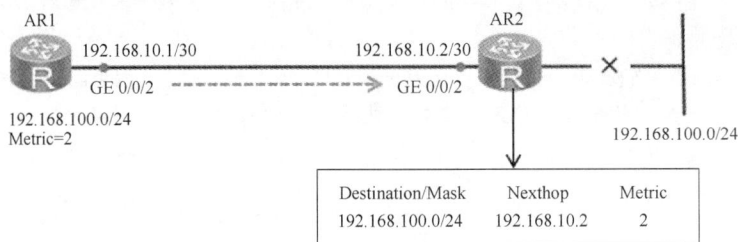

图 3.25　RIP 网络上路由环路的形成

（7）RIP 防止路由环路机制

当网络发生故障时，RIP 网络有可能会产生路由环路，可以通过定义最大值、水平分割、路由中毒（也称为路由毒化）、毒化逆转（也称为反向中毒）、控制更新时间（即抑制计时器）、触发更新等技术来避免路由环路的产生。

① 定义最大值。

距离矢量路由算法可以通过 IP 头中的生存时间自纠错，但路由环路问题可能会要求无穷计数。为了避免延时问题，距离矢量协议定义了一个最大值，即最大的度量值（最大值为 16），如跳数。也就是说，可以向不可达网络中的路由器发送 15 次路由更新信息，一旦达到最大值 16，就视为网络不可达，存在故障，将不再接收访问网络的任何路由更新信息。

② 水平分割。

消除路由环路并加快网络收敛速度可以通过水平分割技术实现。其规则就是不向原始路由更新来的方向再次发送路由更新信息（即单向更新、单向反馈）。路由器 AR1 从路由器 AR2 学习到的192.168.100.0/24 网络的路由不会再从路由器 AR1 的接收端口重新通告给路由器 AR2，由此避免了路由环路的产生，如图 3.26 所示。

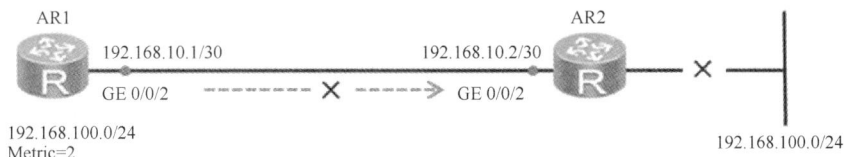

图 3.26　水平分割

③ 路由中毒。

利用定义最大值可在一定程度上解决路由环路问题，但并不彻底。可以看到，在达到最大值之前，路由环路还是存在的。利用路由中毒可以彻底解决这个问题，其原理如下：网络中有路由器 AR1、AR2 和 AR3，当网络 192.168.100.0/24 出现故障无法访问的时候，路由器 AR3 便向邻居路由器AR2 发送相关路由更新信息，并将其度量值标为无穷大，告诉它们网络 192.168.100.0/24 不可达；路由器 AR2 收到毒化消息后将该链路路由表中的表项标记为无穷大，表示该路由已经失效，并向邻居路由器 AR1 通告；依次毒化各路由器，告诉邻居路由器 192.168.100.0/24 这个网络已经失效，不再接收更新信息，从而避免路由环路的产生，如图 3.27 所示。

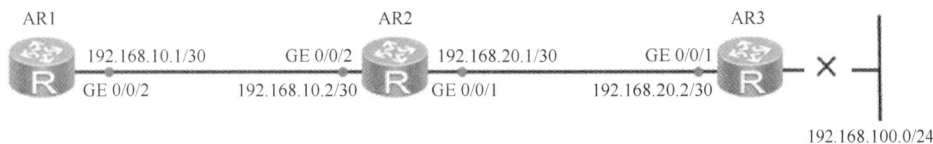

图 3.27　路由中毒

④ 毒化逆转。

结合上面的例子，当路由器 AR2 看到到达网络 192.168.100.0/24 的度量值为无穷大的时候，就发送一条毒化逆转的更新信息给路由器 AR3，说明 192.168.100.0/24 这个网络不可达，这是超越水平分割的一个特例，这样可以保证所有的路由器都接收到毒化的路由信息，因此可以避免路由环路的产生。

⑤ 控制更新时间。

抑制计时器用于阻止定期更新的消息在不恰当的时间内重置已经坏掉的路由。抑制计时器告诉路由器把可能影响路由的任何改变暂时保持一段时间，抑制时间通常比更新信息发送到整个网络的时间要长。当路由器从邻居路由器接收到"以前能够访问的网络现在不能访问"的更新信息后，就将该路由标记为不可访问，并启动一个抑制计时器，如果再次收到邻居路由器发送来的更新信息，其中包含一个比原来路径具有更好度量值的路由，则将该路由标记为可以访问，并取消抑制计时器。如果在抑制计时器超时之前从不同邻居路由器收到的更新信息包含的度量值比以前的更差，则更新信息将被忽略，这样可以有更多的时间让更新信息传播到整个网络。

⑥ 触发更新。

在默认情况下，一台 RIP 路由器每 30s 会发送一次路由表更新信息给邻居路由器。在正常情况下，路由器会定期将路由表发送给邻居路由器。而触发更新就是立刻发送路由更新信息，以响应某些变化。检测到网络故障的路由器会立即发送一条更新信息给邻居路由器，并依次产生触发更新来通知它们的邻居路由器，使整个网络上的路由器可以在最短的时间内收到更新信息，从而快速了解整个网络的变化。当路由器 AR2 接收到的 Metric 值为 16 时，产生触发更新，路由器 AR2 通告路由器 AR1 网络 192.168.100.0/24 不可达，如图 3.28 所示。

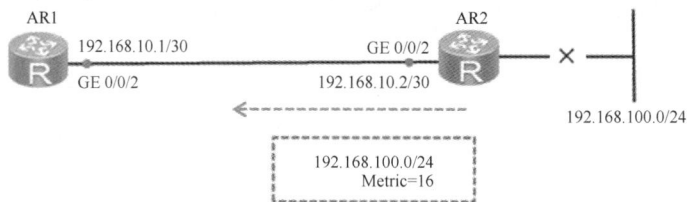

图 3.28　触发更新

但这样也是有问题存在的，有可能包含更新信息的数据包被某些网络中的链路丢失或损坏，其他路由器没能及时收到更新信息，因此产生结合抑制的触发更新。抑制规则要求一旦路由无效，在抑制时间内，到达同一目的地址的有同样或更小度量值的路由将被忽略，这样更新信息将有时间传遍整个网络，从而避免已经损坏的路由重新插入已经收到更新信息的邻居路由器，也就解决了路由环路的问题。

3．OSPF 动态路由

OSPF 协议是目前广泛使用的一种动态路由协议，它属于链路状态路由协议，具有路由变化收敛速度快、无路由环路、支持 VLSM 和汇总、层次区域划分等优点。在网络中使用 OSPF 协议后，大部分路由将由 OSPF 协议自行计算和生成，无须网络管理员手动配置。当网络拓扑发生变化时，此协议可以自动计算、更正路由，极大地方便网络管理。RIP 是一种基于距离矢量算法的路由协议，存在收敛速度慢、易产生路由环路、可扩展性差等问题，目前已逐渐被 OSPF 协议所取代。

OSPF 协议是一种链路状态路由协议。每台路由器负责发现、维护与邻居的关系，会描述已知的邻居列表和链路状态更新（Link State Update，LSU）报文，通过可靠的泛洪及与 AS 内其他路由器的周期性交互，学习整个 AS 的网络拓扑结构，并通过 AS 边界的路由器注入其他 AS 的路由信息得到整个网络的路由信息。每隔一段特定时间或当链路状态发生变化时，重新生成链路状态通告（Link State Advertisement，LSA）数据包，路由器通过泛洪机制将新 LSA 数据包通告出去，以便实现路由实时更新。

OSPF 协议是一个内部网关协议，用于在单一 AS 内决策路由，它是基本链路状态路由协议。链路状态是指路由器端口或链路的参数，这些参数是端口物理参数，包括端口状态是 Up 状态还是 Down 状态、端口的 IP 地址、分配给端口的子网掩码、端口所连接的网络及路由器进行网络连接的相关开销等。OSPF 路由器与其他路由器交换信息，但交换的不是路由信息而是链路状态。OSPF 路由器不是通告其他路由器可以到达哪些网络及距离多少，而是通告它们的网络链路状态、端口所连接的网络及使用端口的开销。各路由器都有其自身的链路状态，称为本地链路状态，本地链路状态在 OSPF 路由域内传播，直到所有的 OSPF 路由器都有完整而等同的链路状态数据库为止。一旦每台路由器都接收到所有的链路状态，每台路由器就可以构造一棵树，以它自己为根，而分支表示到 AS 中所有网络最短的或开销最低的路由。

OSPF 协议通常将规模较大的网络划分成多个 OSPF 区域，要求路由器与同一区域内的路由器交换链路状态，并要求在区域边界路由器上交换区域内的汇总链路状态，这样可以减少传播的信息量且可使最短路径计算强度减小。在划分区域时，必须有一个骨干区域（即区域 0），其他非 0 或非骨干区域与骨干区域必须有物理连接或者逻辑连接。当有物理连接时，必须有一台路由器，它的一个端口在骨干区域，而另一个端口在非骨干区域。当非骨干区域不可能物理连接到骨干区域时，必须定义一个逻辑链路或虚拟链路。虚拟链路由两个端点和一个传输区来定义，其中一个端点是路由器端口，属于骨干区域的一部分，另一个端点也是路由器端口，但在与骨干区域没有物理连接的非骨干区域中；传输区是一个区域，介于骨干区域与非骨干区域之间。

OSPF 协议 IP 端口号为 89，采用组播方式进行 OSPF 包交换，组播地址为 224.0.0.5（全部 OSPF 路由器）和 224.0.0.6（指定路由器）。

（1）OSPF 协议经常使用的术语

① 路由器 ID（Router ID）：用于标识每台路由器的 32 位数，通常将最高的 IP 地址分配给路由器 ID，如果在路由器上使用了回环端口，则路由器 ID 是回环端口的最高 IP 地址，而不管物理端口的 IP 地址是什么。

② 端口：用于连接网络设备的端口，如 RJ-45 端口、SC 光纤端口等。

③ 相邻路由器（Neighbor Router）：带有到公共网络的端口的路由器。

④ 广播网络（Broadcast Network）：支持广播的网络，以太网是广播网络。

⑤ 非广播网络（Nonbroadcast Network）：支持多于两台连接路由器，但是没有广播能力的网络，如帧中继（Frame Relay，FR）网和 X.25 网等网络；在非广播网络中，有非广播多路访问（Non-Broadcast Multiple Access，NBMA）网络（在同一个网络中，但不能通过广播访问到）和点到多点（Point To Multi-Points，P2MP）网络。

⑥ 指定路由器（Designated Router，DR）：在广播和 NBMA 网络中，指定路由器用于向公共网络传播链路状态信息。

⑦ 备份指定路由器（Backup Designated Router，BDR）：在 DR 发生故障时，替换 DR。

⑧ 区域边界路由器（Area Border Router，ABR）：连接多个 OSPF 区域的路由器。

⑨ 自治系统边界路由器（Autonomous System Border Router，ASBR）：OSPF 路由器，但它连接到另一个 AS，或者在同一个 AS 的网络区域中，运行不同于 OSPF 协议的 IGP。

⑩ LSA：描述路由器的本地链路状态通过 LSA 向整个 OSPF 区域扩散。

⑪ 链路状态数据库（Link State Database，LSDB）：收到 LSA 的路由器都可以根据 LSA 提供的信息建立自己的 LSDB，并可在 LSDB 的基础上使用最短路径优先（Shortest Path First，SPF）算法进行运算，建立起到达每个网络的最短路径树。

⑫ 邻接（Adjacency）：可以在点到点的两台路由器之间形成，也可以在广播或 NBMA 网络的 DR 和 BDR 之间形成，还可以在 BDR 和非指定路由器之间形成，OSPF 路由状态信息只能通过邻接被传送和接收。

⑬ 泛洪（Flooding）：在 OSPF 区域内扩散某一链路状态，以分布和同步路由器之间的 LSDB。

⑭ 区域内路由（Intra Area Routing）：在相同 OSPF 区域的网络之间的路由，这些路由仅依赖从区域内所接收的信息。

⑮ 区域间路由（Inter Area Routing）：在两个不同的 OSPF 区域之间的路由；区域间的路径由 3 部分组成，即从区域到源区域的 ABR 的区域内路径、从源 ABR 到目标 ABR 的骨干路径和从目标 ABR 到目标区域的路径。

⑯ 外部路由（External Routing）：从另一个 AS 或另一种路由协议得知的路由可以作为外部路由放入 OSPF 区域。

⑰ 路由汇总（Route Summarization）：要通告的路由可能是一个 AS 的路由，也可能是另一个 AS 的路由及用另一种路由协议得知的路由，所有这些路由可以由 OSPF 协议汇总成一个路由通告，汇总仅可以在 ABR 或 ASBR 上发生。

⑱ Stub 区域（Stub Area）：只有一个出口的区域。Stub 区域是一个末梢区域，它的一个特点就是区域内的路由器不能注入由其他路由协议产生的路由条目，所以不会生成相应的 5 类 LSA。

⑲ 末梢节区域（Not-So-Stubby Area，NSSA）：NSSA 与 Stub 区域类似，也是一个末梢区域，只是它取消了不能注入其他路由条目的限制，也就是说，它可以引入外部路由。

（2）OSPF 协议的特点

① 无环路。OSPF 协议是一种基于链路状态的路由协议，它从设计上保证了无环路。OSPF 协议支持区域的划分，区域内部的路由器使用 SPF 算法保证了区域内部无环路。OSPF 协议还利用区域间的连接规则保证了区域之间无环路。

② 收敛速度快。OSPF 协议支持触发更新，能够快速检测并通告 AS 内的拓扑变化。

③ 可扩展性好。OSPF 协议可以解决网络扩展带来的问题。当网络上的路由器越来越多，路由信息流量急剧增长的时候，OSPF 协议可以将每个 AS 划分为多个区域，并限制每个区域的范围。这种分区域的特点使得 OSPF 协议特别适用于大中型网络。

④ 提供认证功能。OSPF 路由器之间的报文可以配置成必须经过认证才能进行交换。

⑤ 具有更高的优先级和可信度。在 RIP 中，路由的管理距离是 100，而 OSPF 协议具有更高的优先级和可信度，其管理距离为 10。

（3）OSPF 协议的工作原理

① 邻居与邻接状态关系。

邻居和邻接状态关系的建立过程如图 3.29 所示，具体说明如下。

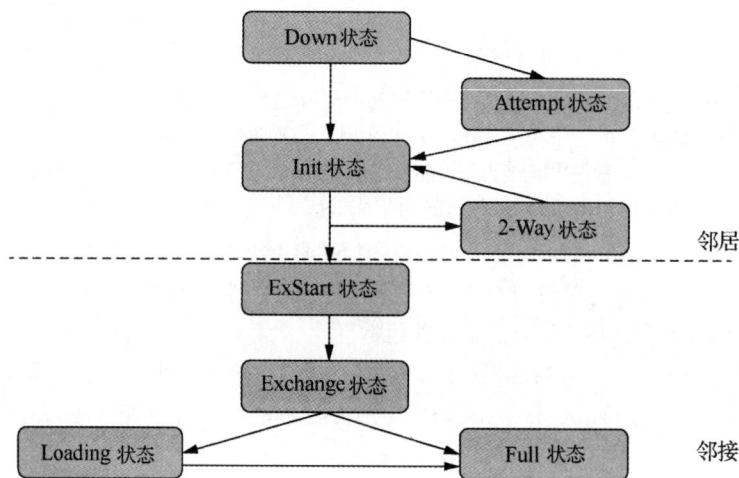

图 3.29　邻居与邻接状态关系的建立过程

a. Down 状态：这是邻居的初始状态，表示没有在邻居失效时间间隔内收到来自邻居路由器的 Hello 报文。

b. Attempt 状态：此状态只在 NBMA 网络上存在，表示没有收到邻居的任何信息，但是已经周期性地向邻居发送报文，发送间隔为 HelloInterval；如果在 RouterDeadInterval 间隔内未收到邻居的 Hello 报文，则转为 Down 状态。

c. Init 状态：在此状态下，路由器已经从邻居处收到了 Hello 报文，但是自己不在所收到的 Hello 报文的邻居列表中，尚未与邻居建立双向通信关系。

d. 2-Way 状态：在此状态下，双向通信已经建立，但是没有与邻居建立邻接状态关系；这是建立邻接状态关系以前的最高级状态。

e. ExStart 状态：这是形成邻接状态关系的第一个状态，邻居状态变成此状态以后，路由器开始向邻居发送数据库描述（Database Description，DD）报文；主从关系是在此状态下形成的，初始 DD 序列号也是在此状态下决定的，在此状态下发送的 DD 报文不包含链路状态描述。

f. Exchange 状态：此状态下路由器相互发送包含链路状态信息摘要的 DD 报文，以描述本地 LSDB 的内容。

g. Loading 状态：相互发送链路状态请求（Link State Request，LSR）报文请求 LSA，发送 LSU 报文通告 LSA。

h. Full 状态：路由器的 LSDB 已经同步。

Router ID 是一个 32 位的值，它唯一标识了 AS 内的路由器，管理员可以为每台运行 OSPF 协议的路由器手动配置一个 Router ID。如果未手动配置，则设备会按照以下规则自动选择 Router ID：如果设备存在多个逻辑端口，则路由器使用逻辑端口中最大的 IP 地址作为 Router ID；如果没有配置逻辑端口，则路由器使用物理端口中最大的 IP 地址作为 Router ID。在为一台运行 OSPF 协议的路由器配置新的 Router ID 后，可以在路由器上通过重置 OSPF 进程来更新 Router ID。通常建议手动配置 Router ID，以防止 Router ID 因为端口地址的变化而改变。

② 工作原理。

OSPF 协议要求每台运行 OSPF 协议的路由器都了解整个网络的链路状态信息，这样才能计算出到达目的地址的最优路径。OSPF 协议的收敛过程由 LSA 泛洪开始，LSA 中包含路由器已知的端口 IP 地址、子网掩码、开销和网络类型等信息。收到 LSA 的路由器都可以根据 LSA 提供的信息建立自己的 LSDB，并在 LSDB 的基础上使用 SPF 算法进行运算，建立起到达每个网络的最短路径树。最后通过最短路径树得出到达目的网络的最优路由，并将其加入 IP 路由表，如图 3.30 所示。

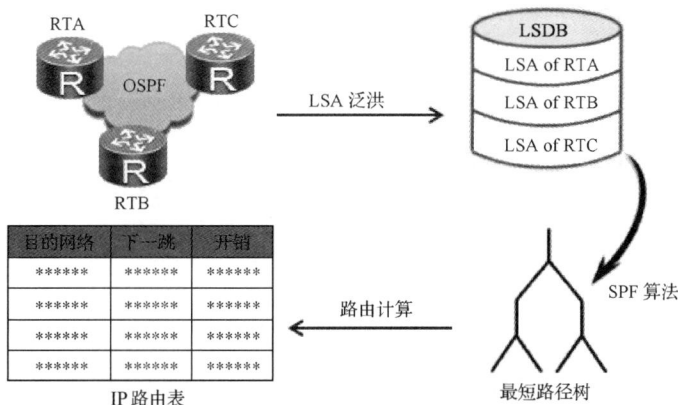

图 3.30　OSPF 协议的工作原理

（4）OSPF 开销

OSPF 协议基于端口带宽计算开销，计算公式为端口开销=带宽参考值÷带宽。带宽参考值可配置，默认为 100Mbit/s。因此，一个带宽为 64kbit/s 串口的开销为 1562，一个 E1 端口（2.048 Mbit/s）的开销为 48。

bandwidth-reference 命令可以用来调整带宽参考值，从而改变端口开销，带宽参考值越大，得到的开销越准确。在支持 10Gbit/s 传输速率的情况下，推荐将带宽参考值提高到 10000Mbit/s 来分别为传输速率为 1 Gbit/s、10 Gbit/s 和 100Mbit/s 的链路提供 1、10 和 100 的开销。注意，配置带宽参考值时，需要在整个 OSPF 网络中统一进行调整。

另外，可以通过 ospf cost 命令来手动为端口调整开销，开销值是 1~65535，默认值为 1。

（5）OSPF 路由区域报文类型

OSPF 协议报文信息用来保证路由器之间可互相传播各种信息，OSPF 协议报文共有 5 种类型，如表 3.8 所示。任意一种报文都需要加上 OSPF 协议报文头部，最后封装在 IP 地址中传送。OSPF 协议报文的最大长度为 1500 字节，OSPF 协议报文格式如图 3.31 所示。OSPF 协议直接运行在 IP 之上，使用 IP 端口号 89。

表 3.8　OSPF 协议报文的 5 种类型

报文类型	功能描述
Hello 报文	周期性发送，发现和维护 OSPF 邻居关系
DD 报文	邻居间同步数据库内容
LSR 报文	向对方请求所需要的 LSA 报文
LSU 报文	向对方通告 LSA 报文
LSACK 报文	对收到的 LSU 报文信息进行确认

① Hello 报文：常用的一种报文，用于发现、维护邻居关系，并在广播和 NBMA 网络中选择 DR 及 BDR。

② DD 报文：两台路由器进行 LSDB 同步时，用 DD 报文来描述自己的 LSDB；DD 报文的内容包括 LSDB 中每一个 LSA 报文的头部（LSA 报文的头部可以唯一标识 LSA 报文）；LSA 报文头部只占一个 LSA 报文的整个数据量的小部分，这样就可以减少路由器之间的协议报文流量。

③ LSR 报文：两台路由器互相交换过 DD 报文之后，知道对端的路由器有哪些 LSA 是本地 LSDB 缺少的，这时需要发送 LSR 报文向对方请求缺少的 LSA 报文，LSR 报文中只包含所需要的 LSA 报文的摘要信息。

④ LSU 报文：用来向对端路由器发送所需要的 LSA 报文。

⑤ 链路状态确认（Link State Acknowledgment，LSACK）报文：用来对接收到的 LSU 报文进行确认。

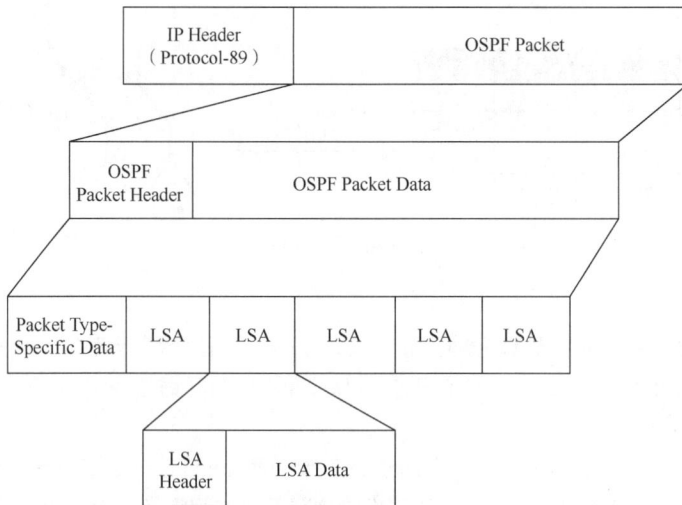

图 3.31　OSPF 协议报文格式

（6）OSPF 协议支持的网络类型

OSPF 协议定义了 4 种网络类型，分别是点到点（Point-to-Point，P2P）网络、广播型网络、NBMA 网络和点到多点（Point-to-Multipoint，P2MP）网络。

① 点到点网络是指只把两台路由器直接相连的网络。一条运行 PPP 的 64K 串行线路就是一个

点到点网络的例子，如图 3.32 所示。

② 广播型网络是指支持两台以上路由器，并具有广播能力的网络。一个含有 3 台路由器的以太网就是一个广播型网络的例子，如图 3.33 所示。

图 3.32　点到点网络

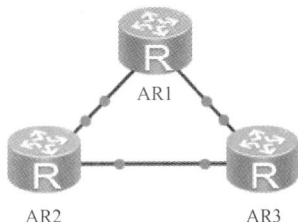

图 3.33　广播型网络

③ NBMA 网络：在 NBMA 网络上，OSPF 协议模拟在广播型网络上的操作，但是每个路由器的邻居都需要手动配置，NBMA 网络要求网络中的路由器组成全连接，如图 3.34 所示。

④ P2MP 网络：将整个网络看作一组点到多点网络，对不能组成全连接的网络应当使用点到多点方式，如只使用永久虚电路（Permanent Virtual Circuit，PVC）的不完全连接的帧中继网，如图 3.35 所示。

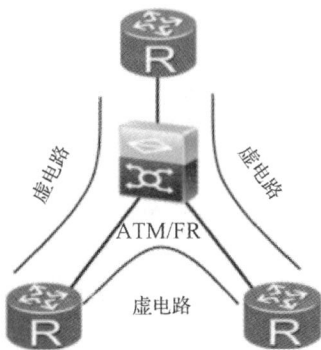

图 3.34　NBMA 网络

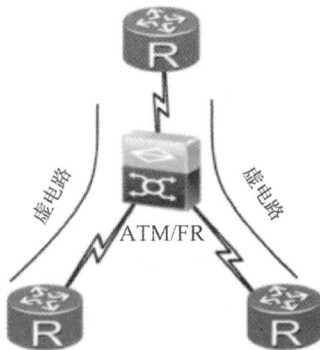

图 3.35　P2MP 网络

（7）DR 与 BDR 选择

每一个含有至少两台路由器的广播型网络和 NBMA 网络中都有一个 DR 和 BDR，DR 和 BDR 可以减少邻接关系的数量，从而减少链路状态信息及路由信息的交换次数，这样可以节省带宽，缓解路由器的压力。

一个既不是 DR 又不是 BDR 的路由器，只与 DR 和 BDR 形成邻接关系并交换链路状态信息及路由信息，这样就大大减少了大型广播型网络和 NBMA 网络中的邻接关系数量。在没有 DR 的广播型网络上，邻接关系的数量可以根据公式 $n(n-1)/2$ 计算得出，n 代表参与 OSPF 协议的路由器端口的数量。

所有路由器之间有 10 个邻接关系。当指定了 DR 后，所有的路由器都会与 DR 建立起邻接关系，DR 成为广播型网络上的中心点。BDR 在 DR 发生故障时接管其业务，一个广播网络上的所有路由器都必须同 BDR 建立邻接关系。

在邻居发现完成之后，路由器会根据网段类型进行 DR 选择。在广播型网络和 NBMA 网络上，路由器会根据参与选择的每个端口的优先级进行 DR 选择。优先级的取值为 0～255，值越大表示越优先。在默认情况下，端口优先级为 1。如果一个端口优先级为 0，那么该端口将不会参与 DR或者 BDR 的选择。如果优先级相同，则比较 Router ID，值越大表示越优先。为了给 DR 做备份，每个广播型网络和 NBMA 网络上还要选择一个 BDR。BDR 也会与网络上所有的路由器建立邻接关系。为了维护网络上邻接关系的稳定性，如果网络中已经存在 DR 和 BDR，则新添加进该网络的路由器不会成为 DR 和 BDR，不管该路由器的优先级是否最高。如果当前 DR 发生故障，则当前 BDR 自动成为新的 DR，再在网络中重新选择 BDR；如果当前 BDR 发生故障，则 DR 不变，重新选择 BDR，DR 与 BDR 选择如图 3.36 所示。这种选择机制的作用是保持邻接关系的稳定，使拓扑结构的改变对邻接关系的影响尽量小。

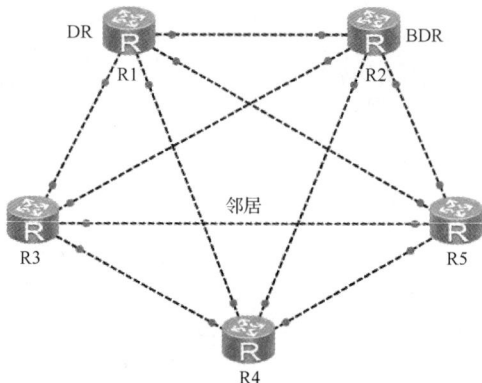

图 3.36　DR 与 BDR 选择

（8）OSPF 区域划分

OSPF 协议支持将一组网段组合在一起，这种形式的组合称为区域，划分 OSPF 区域可以缩小路由器的 LSDB 规模，减小网络流量。区域内的详细拓扑信息不向其他区域发送，区域间传递的是抽象的路由信息，而不是详细地描述拓扑结构的链路状态信息。每个区域都有自己的 LSDB，不同区域的 LSDB 是不同的。路由器会为每一个自己连接到的区域维护一个单独的 LSDB。由于详细链路状态信息不会被发布到区域以外，因此 LSDB 的规模被大大缩小了。

Area 0 为骨干区域，为了避免产生区域间路由环路，非骨干区域之间不允许直接相互发布路由信息。因此，每个区域都必须连接到骨干区域，如图 3.37 所示。

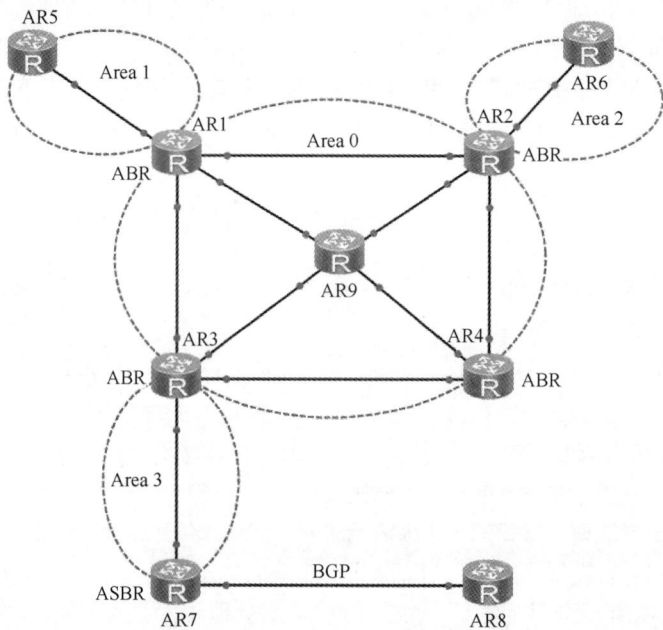

图 3.37　OSPF 区域划分

运行在区域之间的路由器叫作 ABR,它包含所有相连区域的 LSDB。而 ASBR 是指和其他 AS 中的路由器交换路由信息的路由器,这种路由器会向整个 AS 通告 AS 外部路由信息。

在规模较小的公司网络中,可以把所有的路由器都划分到同一个 OSPF 区域中,同一个 OSPF 区域的路由器中的 LSDB 是完全一致的。OSPF 区域号可以手动配置,为了便于将来的网络扩展,推荐将 OSPF 区域号设置为 0,即将 OSPF 区域设置为骨干区域。

3.3 项目实训

实训 5 配置交换机干道端口实现 VLAN 内通信

1. 实训目的

(1)了解 VLAN 的工作原理。

(2)掌握配置交换机干道端口实现 VLAN 内通信的步骤和方法。

2. 实训内容

(1)分组进行操作,一组 5 台计算机,安装 Windows 10 操作系统,测试环境。安装 eNSP 工具软件,进行模拟测试。

(2)完成网络拓扑设计与设备连接,配置交换机干道端口实现 VLAN 内通信。

3. 实训过程

配置交换机干道端口实现 VLAN 内通信。交换机 LSW1 与交换机 LSW2 使用干道链路互连,相同 VLAN 的主机之间可以相互访问,不同 VLAN 的主机之间不能相互访问,如图 3.38 所示。

V3-1 配置交换机
干道端口实现
VLAN 内通信

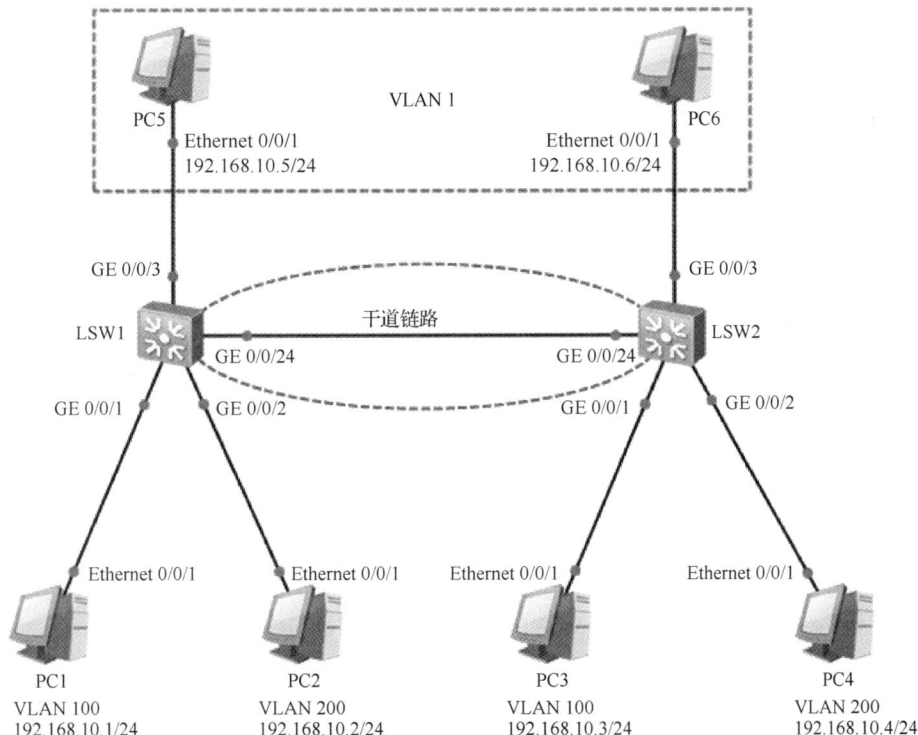

图 3.38 配置交换机干道端口实现 VLAN 内通信

(1)配置交换机 LSW1、LSW2,以交换机 LSW1 为例,设置 GigabitEthernet 0/0/1、GigabitEthernet 0/0/2、GigabitEthernet 0/0/3 的端口类型为接入端口,GigabitEthernet 0/0/24

端口类型为干道端口，相关实例代码如下。

```
<Huawei>system-view
Enter system view, return user view with Ctrl+Z.
[Huawei]sysname LSW1
[LSW1] vlan batch 100 200
[LSW1]int g 0/0/24              //简写 GigabitEthernet 0/0/24 端口
[LSW1-GigabitEthernet0/0/24]port link-type trunk              //设置端口类型为干道端口
[LSW1-GigabitEthernet0/0/24]port trunk allow-pass vlan all     //允许所有 VLAN 数据通过
[LSW1-GigabitEthernet0/0/24]quit
[LSW1]port-groupgroup-member GigabitEthernet 0/0/1 to GigabitEthernet 0/0/3
                      //统一设置 GigabitEthernet 0/0/1～GigabitEthernet 0/0/3 端口
[LSW1-port-group] port link-type access
[LSW1-port-group]quit
[LSW1]int g 0/0/1
[LSW1-GigabitEthernet0/0/1]port default vlan 100
[LSW1-GigabitEthernet0/0/1]int g 0/0/2
[LSW1-GigabitEthernet0/0/2]port default vlan 200
[LSW1-GigabitEthernet0/0/2]quit
[LSW1]
```

（2）配置相关主机的 IP 地址。主机 PC1 与主机 PC3 属于 VLAN 100，主机 PC2 与主机 PC4 属于 VLAN 200，主机 PC5 与主机 PC6 属于默认 VLAN 1，所有设备的配置均在华为 eNSP 软件下进行模拟测试。配置主机 PC1 与主机 PC2 的 IP 地址如图 3.39 所示。

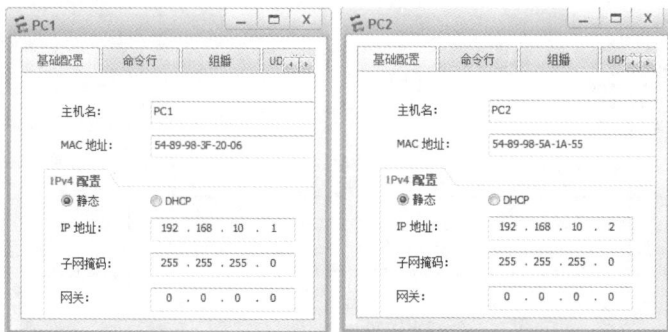

图 3.39　配置主机 PC1 和主机 PC2 的 IP 地址

（3）显示交换机 LSW1、LSW2 的配置信息，以交换机 LSW1 为例，主要相关实例代码如下。

```
[LSW1]display current-configuration
#
sysname LSW1
#
vlan batch 100 200
#
interfaceGigabitEthernet0/0/1
 port link-type access
 port default vlan 100
#
interfaceGigabitEthernet0/0/2
 port link-type access
 port default vlan 200
```

```
#
interfaceGigabitEthernet0/0/24
 port link-type trunk
 port trunk allow-pass vlan 2 to 4094
#
interface NULL0
#
user-interface con 0
user-interfacevty 0 4
#
return
[LSW1]
```

（4）让主机间相互访问，测试相关结果。

主机 PC1 与主机 PC2 分别属于 VLAN 100 与 VLAN 200，虽然连接在同一台交换机 LSW1 上，但仍然无法相互访问，如图 3.40 所示。

主机 PC1 与主机 PC3 同属于 VLAN 100，虽然分别连接在交换机 LSW1 与交换机 LSW2 上，主干链路为干道链路，但仍然可以相互访问，如图 3.41 所示。

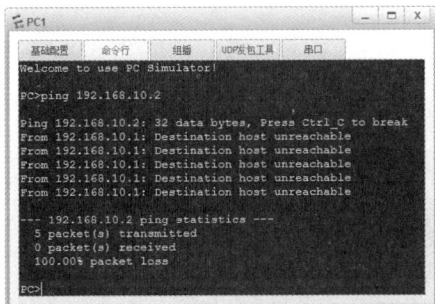

图 3.40　主机 PC1 ping 主机 PC2，无法访问

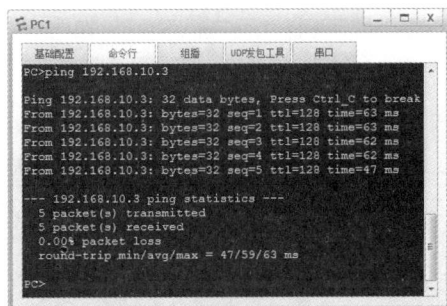

图 3.41　主机 PC1 ping 主机 PC3，可以访问

主机 PC1 与主机 PC4 分别属于 VLAN 100 与 VLAN 200，分别连接在交换机 LSW1 与交换机 LSW2 上，所以无法相互访问，如图 3.42 所示。

主机 PC5 与主机 PC6 同属于 VLAN 1，虽然交换机 LSW2 只允许 VLAN 100、VLAN 200 数据通过，但默认 VLAN 1 的数据仍然可以通过，如图 3.43 所示。

```
[LSW2]int g 0/0/24                              //简写 GigabitEthernet 0/0/24 端口
[LSW2-GigabitEthernet0/0/24]port link-type trunk          //设置端口类型为干道端口
[LSW2-GigabitEthernet0/0/24]port trunk allow-pass vlan 100 200
                                //只允许 VLAN 100、VLAN 200 的数据通过
```

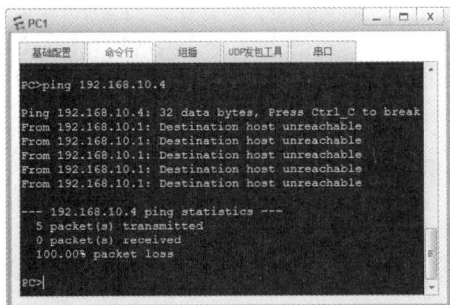

图 3.42　主机 PC1 ping 主机 PC4，无法访问

图 3.43　主机 PC5 ping 主机 PC6，可以访问

（5）如何配置才能使默认 VLAN 1 的数据不在干道链路上进行转发呢？也就是说，虽然主机 PC5 与主机 PC6 都在默认 VLAN 1 中，但如何使它们之间不可以相互访问呢？

有两种方式可以实现。一种方式是在干道链路上改变本地默认 PVID，使用其他 PVID，相关实例代码如下。

```
[LSW1]int g 0/0/24
[LSW1-GigabitEthernet0/0/24]port  trunk  pvid  vlan 100
[LSW1-GigabitEthernet0/0/24]quit
[LSW1]
```

设置交换机 LSW1 的 GigabitEthernet 0/0/24 端口干道链路的 PVID 为 100 后，主机 PC5 无法访问主机 PC6，如图 3.44 所示。

另一种方式是在干道链路上不转发默认 VLAN 1 的数据，相关实例代码如下。

```
[LSW1]int g 0/0/24
[LSW1-GigabitEthernet0/0/24]undo port  trunk  pvid  vlan      //恢复默认 VLAN 1 的 PVID
[LSW1-GigabitEthernet0/0/24]undo port  trunk  allow-pass  vlan 1 //拒绝 VLAN 1 的数据通过
[LSW1-GigabitEthernet0/0/24]quit
[LSW1]
```

设置交换机 LSW1 的 GigabitEthernet 0/0/24 端口干道链路不转发默认 VLAN 1 的数据，也可以使主机 PC5 无法访问主机 PC6，如图 3.44 所示。

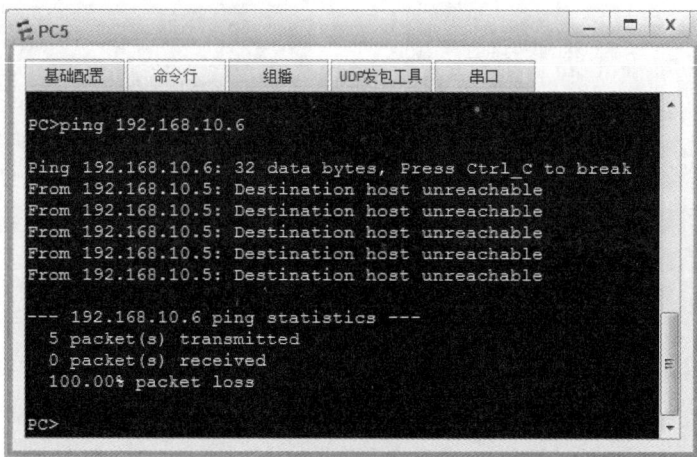

图 3.44 主机 PC5 ping 主机 PC6，无法访问

4．实训总结

（1）小组合作完成实训任务，协调 VLAN 划分、干道配置等细节，提升团队协作和项目管理能力。分步陈述实训步骤及注意事项。

（2）配置交换机干道端口实现 VLAN 内通信的实训不仅让学生掌握了基本的交换机配置技巧，还强化了学生对网络分层设计、VLAN 隔离原理及网络故障排除的理解，为今后处理复杂的网络环境打下了坚实基础。写出实训体会和操作技巧。

实训 6 配置交换机实现 VLAN 间通信

1．实训目的

（1）深入理解 VLAN 的概念和作用，即通过划分 VLAN 实现不同业务或用户组之间的逻辑隔离。

（2）掌握配置交换机实现 VLAN 间通信的配置步骤和方法。

2. 实训内容

（1）分组进行操作，一组 5 台计算机，安装 Windows 10 操作系统，测试环境。安装 eNSP 工具软件，进行模拟测试。

（2）完成网络拓扑设计与设备连接，配置交换机实现 VLAN 间通信。

3. 实训过程

VLAN 隔离了二层广播域，也严格地隔离了各个 VLAN 之间的任何二层流量，属于不同 VLAN 的主机之间不能进行二层通信。因为不同 VLAN 之间的主机无法实现二层通信，所以只有通过三层路由才能将报文从一个 VLAN 转发到另外一个 VLAN。

解决 VLAN 间通信问题的第一种方法是在路由器上为每个 VLAN 分配一个单独的端口，并使用一条物理链路连接到二层交换机上。当 VLAN 间的主机需要通信时，数据会经由路由器进行三层路由，并被转发到目的 VLAN 内的主机上，这样就可以实现 VLAN 之间的相互通信。然而，随着每台交换机上 VLAN 数量的增加，必然需要大量的路由器端口，而路由器的端口数量是极其有限的，且某些 VLAN 之间的主机可能不需要频繁地通信，如果这样配置，则会导致路由器的端口利用率很低。因此，实际应用中一般不会采用这种方法来解决 VLAN 间通信问题。

解决 VLAN 间通信问题的第二种方法是在三层交换机上配置 VLANIF 端口来实现 VLAN 间路由。如果网络上有多个 VLAN，则需要给每个 VLAN 配置一个 VLANIF 端口，并给每个 VLANIF 端口配置一个 IP 地址。用户设置的默认网关就是三层交换机中 VLANIF 端口的 IP 地址。

三层交换机逻辑端口 Interface VLAN 简称 VLANIF，通常将这个端口地址作为 VLAN 用户的网关，利用逻辑端口 VLANIF 可以实现 VLAN 间通信。为了实现 VLAN 间通信，需要为三层交换机的 VLAN 创建逻辑端口 VLANIF，配置逻辑端口 VLANIF 的 IP 地址，将 VLAN 中主机的网关 IP 地址设置为逻辑端口 VLANIF 的 IP 地址，如图 3.45 所示。主机 PC1 向主机 PC2 发送一个数据包，由于主机 PC1 和主机 PC2 不在同一网段中，故主机 PC1 要先将数据包发送至网关地址 192.168.100.254/24；三层交换机 LSW2 接收到这个数据包以后，取出目标 IP 地址，确定要去往的目标网络地址为 192.168.200.0/24 网段，查询三层交换机 LSW2 的路由表，得知去往目标网络需要从 192.168.200.254/24 端口发送数据包；逻辑端口 VLANIF（192.168.100.254/24）和逻辑端口 VLANIF（192.168.200.254/24）分别是 VLAN 100 和 VLAN 200 的路由端口，即 VLAN 100 和 VLAN 200 网段中主机的网关地址。

微课

V3-2 配置交换机实现 VLAN 间通信

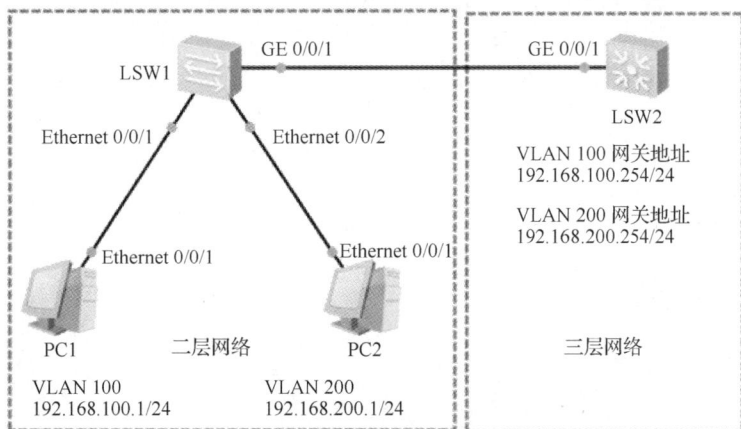

图 3.45 配置交换机实现 VLAN 间通信

（1）配置交换机 LSW1，相关实例代码如下。

```
<Huawei>system-view
[Huawei]sysname LSW1
[LSW1]vlan batch 100 200
[LSW1]interface Ethernet 0/0/1
[LSW1-Ethernet0/0/1]port link-type access
[LSW1-Ethernet0/0/1]port default vlan 100
[LSW1-Ethernet0/0/1]int e 0/0/2
[LSW1-Ethernet0/0/2]port link-type access
[LSW1-Ethernet0/0/2]port default vlan 200
[LSW1-Ethernet0/0/2]int g 0/0/1
[LSW1-GigabitEthernet0/0/1]port link-type trunk
[LSW1-GigabitEthernet0/0/1]port trunk allow-pass vlan 100 200
[LSW1-GigabitEthernet0/0/1]quit
[LSW1]
```

（2）配置交换机 LSW2，相关实例代码如下。

```
<Huawei>system-view
[Huawei]sysname LSW2
[LSW2]vlan batch 100 200
[LSW2]interfaceGigabitEthernet 0/0/1
[LSW2-GigabitEthernet0/0/1]port link-type trunk
[LSW2-GigabitEthernet0/0/1]port trunk allow-pass vlan 100 200
[LSW2]interfaceVlanif 100
[LSW2-Vlanif100]ip address 192.168.100.254 24
[LSW2-Vlanif100]int vlan 200
[LSW2-Vlanif200]ip address 192.168.200.254 24
[LSW2-Vlanif200]quit
[LSW2]
```

（3）显示交换机 LSW1 的配置信息，主要相关实例代码如下。

```
<LSW1>display current-configuration
#
sysname LSW1
#
vlan batch 100 200
#
interface Ethernet0/0/1
 port link-type access
 port default vlan 100
#
interface Ethernet0/0/2
 port link-type access
 port default vlan 200
#
interfaceGigabitEthernet0/0/1
 port link-type trunk
 port trunk allow-pass vlan 100 200
#
user-interface con 0
```

```
user-interfacevty 0 4
#
return
<LSW1>
```

（4）显示交换机 LSW2 的配置信息，主要相关实例代码如下。

```
<LSW2>display current-configuration
#
sysname LSW2
#
vlan batch 100 200
#
interfaceVlanif100
 ip address 192.168.100.254 255.255.255.0
#
interfaceVlanif200
 ip address 192.168.200.254 255.255.255.0
#
interface MEth0/0/1
#
interfaceGigabitEthernet0/0/1
 port link-type trunk
 port trunk allow-pass vlan 100 200
#
user-interface con 0
user-interfacevty 0 4
#
return
<LSW2>
```

（5）测试相关结果。VLAN 100 中的主机 PC1 成功访问 VLAN 200 中的主机 PC2 时，结果如图 3.46 所示。

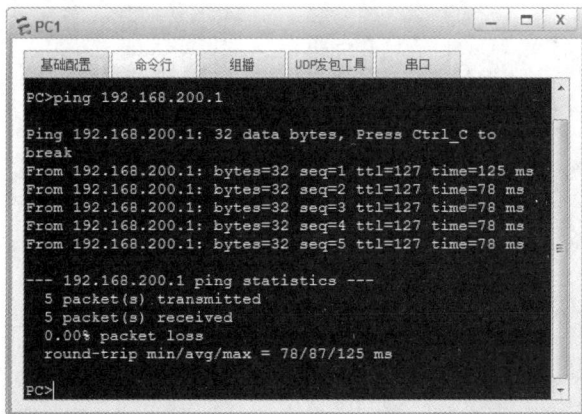

图 3.46　用三层交换机的不同 VLAN 互访的结果

4．实训总结

（1）小组合作完成实训任务，协调 VLAN 划分、干道配置等细节，提升团队协作和项目管理能力。分步陈述实训步骤及注意事项。

（2）配置交换机干道端口实现 VLAN 间通信的实训不仅让学生掌握了基本的交换机配置技巧，还强化了对网络分层设计、VLAN 隔离原理以及网络故障排除的理解，为今后处理复杂的网络环境打下了坚实基础。写出实训体会和操作技巧。

实训 7　配置 STP

1．实训目的

（1）理解 STP 的工作原理。

（2）掌握 STP 的配置步骤和方法。

2．实训内容

（1）分组进行操作，一组 5 台计算机，安装 Windows 10 操作系统，测试环境。安装 eNSP 工具软件，进行模拟测试。

（2）完成网络拓扑设计与设备连接，完成 STP 配置。

3．实训过程

华为 X7 系列交换机支持 3 种 STP 模式。stp mode { mstp | stp | rstp }命令用来配置交换机的 STP 模式。在默认情况下，华为 X7 系列交换机工作在 MSTP 模式下。在使用 STP 前，必须重新配置 STP 模式。配置 STP 模式，进行网络拓扑连接，交换机进行默认选择，如图 3.47 所示。

（1）查看交换机 LSW2 的 STP 运行状态，执行 display stp 命令可以看到交换机 LSW2 被选为根桥，如图 3.48 所示。

（2）查看交换机 LSW1 的 STP 运行

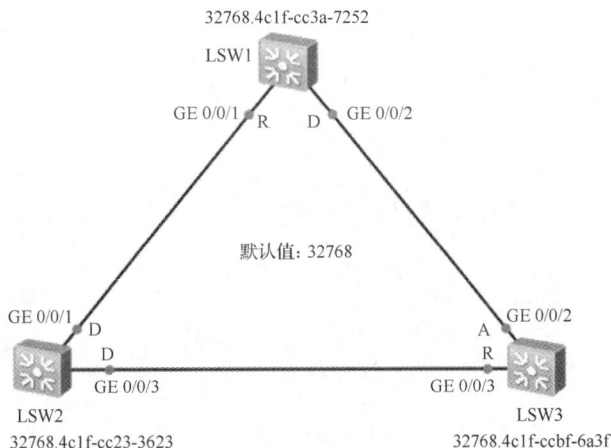

图 3.47　配置 STP

状态，执行 display stp 命令可以看到交换机 LSW1 被选为非根桥，如图 3.49 所示。

图 3.48　查看交换机 LSW2 的 STP 运行状态

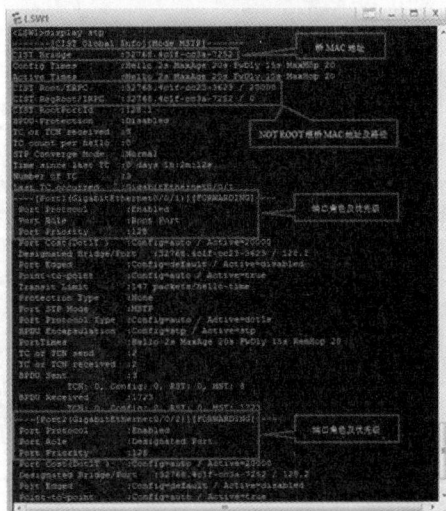

图 3.49　查看交换机 LSW1 的 STP 运行状态

（3）执行 display stp brief 命令可以看到各交换机端口角色及端口状态，如图 3.50 所示，可以看出交换机 LSW2 为根桥。

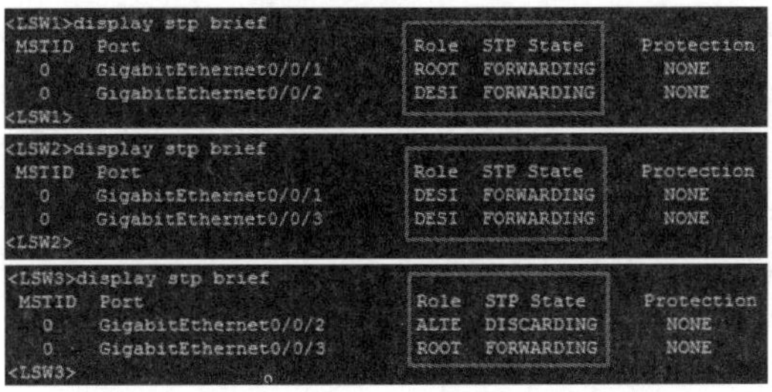

图 3.50　默认交换机 STP 端口角色及端口状态

（4）配置交换机 LSW1，使之成为根桥，配置交换机优先级、路径开销，相关实例代码如下。

```
<Huawei>system-view
[Huawei]sysname LSW1
[LSW1]stp mode stp                          //配置 STP 类型
[LSW1]stp priority 4096                      //配置生成树优先级
[LSW1]stppathcost-standard dot1t             //配置路径开销标准
[LSW1]interfaceGigabitEthernet0/0/1
[LSW1-GigabitEthernet0/0/1]stp cost 100      //配置路径开销值
[LSW1-GigabitEthernet0/0/1]quit
[LSW1]
```

（5）查看交换机 LSW1 的优先级及路径开销，如图 3.51 所示。

（6）查看 STP 的运行状态，执行 display stp brief 命令可以看到各交换机端口角色及端口状态，如图 3.52 所示，可以看出交换机 LSW1 变为根桥。

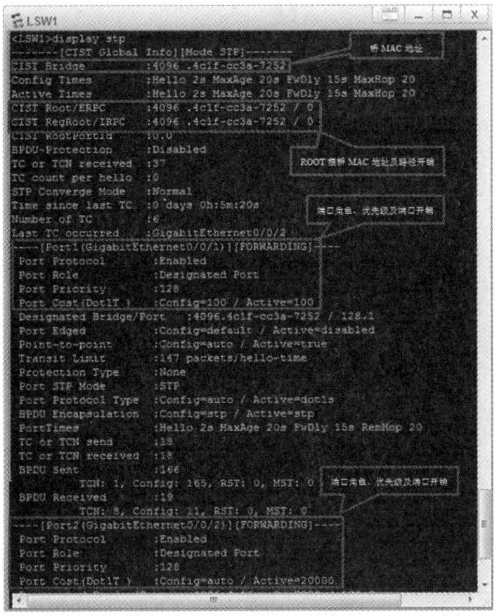

图 3.51　查看交换机 LSW1 的优先级及路径开销

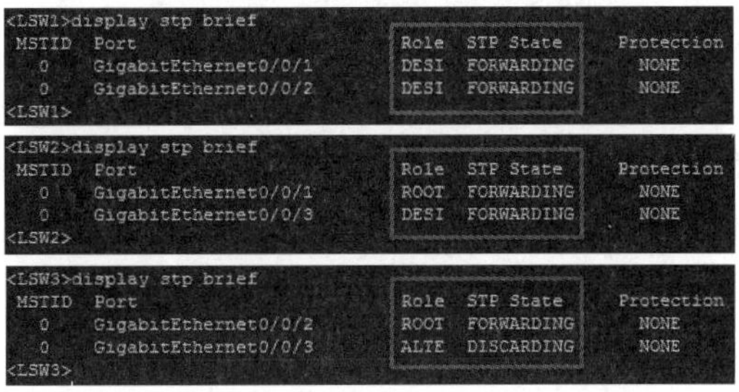

图 3.52　配置后各交换机 STP 端口角色及端口状态

4. 实训总结

（1）小组合作完成实训任务，共同规划网络架构、协商 STP 配置方案，在实训过程中提升团队协作能力和沟通技巧。分步陈述实训步骤及注意事项。

（2）配置 STP 的实训不仅让学生掌握了实际网络环境下的 STP 配置方法，还加深了对网络冗余设计、环路避免及网络故障处理的认识，为今后的工作提供了宝贵的实践经验。同时，通过实战演练，提高了学生应对复杂网络环境和解决突发问题的能力。写出实训体会和操作技巧。

实训 8　配置 RSTP

1．实训目的

（1）理解 RSTP 的工作原理。

（2）掌握 RSTP 的配置步骤和方法。

2．实训内容

（1）分组进行操作，一组 5 台计算机，安装 Windows 10 操作系统，测试环境。安装 eNSP 工具软件，进行模拟测试。

（2）完成网络拓扑设计与设备连接，完成 RSTP 配置。

3．实训过程

配置 RSTP，进行网络拓扑连接，如图 3.53 所示。

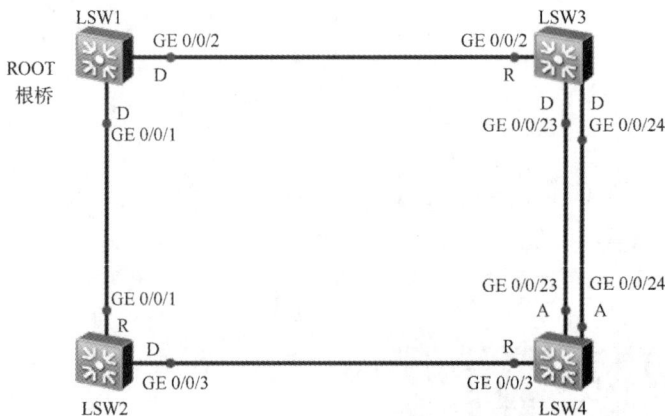

图 3.53　配置 RSTP

（1）配置交换机 LSW1，使之成为根桥，配置交换机优先级、路径开销，其他各交换机开启 RSTP，其他交换机的配置与交换机 LSW1 的相同，此处不赘述，相关实例代码如下。

```
<Huawei>system-view
Enter system view, return user view with Ctrl+Z.
[Huawei]sysname LSW1
[LSW1]stp mode rstp                              //配置 STP 类型
[LSW1]stp priority 4096                          //配置生成树优先级
[LSW1]stppathcost-standard dot1t                 //配置路径开销标准
[LSW1]interfaceGigabitEthernet0/0/1
[LSW1-GigabitEthernet0/0/1]stp cost 100          //配置路径开销值
[LSW1-GigabitEthernet0/0/1]stp port priority 16  //配置端口优先级
[LSW1-GigabitEthernet0/0/1]quit
[LSW1]
```

（2）查看 RSTP 的运行状态，执行 display stp brief 命令可以看到配置后各交换机 RSTP 端口角色及端口状态，如图 3.54 所示，可以看出交换机 LSW1 变为根桥。

4．实训总结

（1）小组合作完成实训任务，在共同规划 RSTP 部署策略、调试配置参数的过程中，学生不仅锻炼了技术操作能力，还提升了团队沟通与协作能力，学会了在遇到问题时协同分析并找到解决方案。分步陈述实训步骤及注意事项。

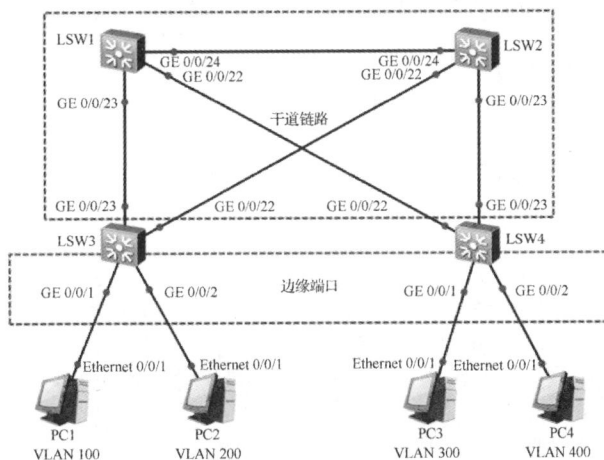

图 3.54　配置后各交换机 RSTP 端口角色及端口状态

（2）配置 RSTP 的实训强化了学生对现代数据通信网络中环路避免和冗余设计原理的理解及应用能力，使其能在真实网络环境中高效实施和管理 RSTP 配置，确保网络的高速、稳定运行和故障快速恢复。写出实训体会和操作技巧。

微课

实训 9　配置 MSTP

1. 实训目的

（1）理解 MSTP 的工作原理。

（2）掌握 MSTP 的配置步骤和方法。

V3-5　配置 MSTP

2. 实训内容

（1）分组进行操作，一组 5 台计算机，安装 Windows 10 操作系统，测试环境。安装 eNSP 工具软件，进行模拟测试。

（2）完成网络拓扑设计与设备连接，完成 MSTP 配置。

3. 实训过程

配置 MSTP，进行网络拓扑连接，创建 VLAN 100、VLAN 200、VLAN 300、VLAN 400，创建实例 1 并连接 VLAN 100、VLAN 300，创建实例 2 并连接 VLAN 200、VLAN 400，配置优先级，使交换机 LSW1 为实例 1 的根桥，配置优先级，使交换机 LSW2 为实例 2 的根桥，如图 3.55 所示。

图 3.55　配置 MSTP

（1）配置交换机 LSW1，相关实例代码如下。

```
<Huawei>system-view
[Huawei]sysname LSW1
Enter system view, return user view with Ctrl+Z.
[LSW1]vlan batch 100 200 300 400        //创建 VLAN 100、VLAN 200、VLAN 300、VLAN 400
[LSW1]port-group 1                       //创建端口组，进行统一设置
[LSW1-port-group-1]group-member GigabitEthernet 0/0/22 to GigabitEthernet 0/0/24
[LSW1-port-group-1]port link-type trunk              //配置端口类型
[LSW1-port-group-1]port trunk allow-pass vlan all        //允许所有 VLAN 的数据通过
[LSW1-port-group-1]quit
[LSW1]stp mode mstp                      //配置 MSTP
[LSW1]stp region-configuration           //配置 MSTP 域
[LSW1-mst-region]region-name RG1          //设置域名为 RG1
[LSW1-mst-region]instance 1 vlan 100 300     //创建实例 1 并连接 VLAN 100、VLAN 300
[LSW1-mst-region]instance 2 vlan 200 400     //创建实例 2 并连接 VLAN 200、VLAN 400
[LSW1-mst-region]active   region-configuration     //激活域配置
[LSW1-mst-region]quit
[LSW1]stp instance 1 priority 4096         //配置优先级，使交换机 LSW1 为实例 1 的根桥
[LSW1]stp instance 2 priority 8192         //配置优先级，使交换机 LSW2 为实例 2 的根桥
[LSW1]
```

（2）配置交换机 LSW2，交换机 LSW2 的配置与交换机 LSW1 的配置大致相同，不同之处的相关实例代码如下。

```
[LSW2]stp instance 1 priority 8192         //配置优先级，使交换机 LSW1 为实例 1 的根桥
[LSW2]stp instance 2 priority 4096         //配置优先级，使交换机 LSW2 为实例 2 的根桥
```

（3）配置交换机 LSW3，相关实例代码如下。

```
<Huawei>system-view
Enter system view, return user view with Ctrl+Z.
[Huawei]sysname LSW3
[LSW3]vlan batch 100 200 300 400
[LSW3]port-group 1
[LSW3-port-group-1]group-memberGigabitEthernet 0/0/22 to GigabitEthernet 0/0/23
[LSW3-ort-group-1]port link-type trunk
[LSW3-port-group-1]port trunk allow-pass vlan all
[LSW3-port-group-1]quit
[LSW3]stp mode mstp
[LSW3]stp region-configuration
[LSW3-mst-region]region-name RG1
[LSW3-mst-region]instance 1 vlan 100 300
[LSW3-mst-region]instance 2 vlan 200 400
[LSW3-mst-region]active   region-configuration
[LSW3-mst-region]quit
[LSW3]port-group 2
[LSW3-port-group-2]group-member GigabitEthernet 0/0/1 to GigabitEthernet 0/0/2
[LSW3-port-group-2]port link-type access
[LSW3-port-group-2]stp edged-port enable     //配置为边缘端口
[LSW3-port-group-2]quit
[LSW3]interfaceGigabitEthernet 0/0/1
[LSW3-GigabitEthernet 0/0/1]port default vlan 100
```

```
[LSW3-GigabitEthernet 0/0/1]quit
[LSW3]interfaceGigabitEthernet 0/0/2
[LSW3-GigabitEthernet 0/0/2]port default vlan 200
[LSW3-GigabitEthernet 0/0/2]quit
[LSW3]
```

（4）配置交换机 LSW4，交换机 LSW4 的配置与交换机 LSW3 的配置大致相同，不同之处的相关实例代码如下。

```
[Huawei]sysname LSW4
[LSW4]interfaceGigabitEthernet 0/0/1
[LSW4-GigabitEthernet 0/0/1]port default vlan 300
[LSW4-GigabitEthernet 0/0/1]quit
[LSW4]interfaceGigabitEthernet 0/0/2
[LSW4-GigabitEthernet 0/0/2]port default vlan 400
[LSW4-GigabitEthernet 0/0/2]quit
[LSW4]
```

（5）查看实例 1 端口运行状态，执行 display stp instance 1 brief 命令可以看到各交换机端口角色及端口状态，如图 3.56 所示，可以看出交换机 LSW1 被选为根桥。

（6）查看实例 2 端口运行状态，执行 display stp instance 2 brief 命令可以看到各交换机端口角色及端口状态，如图 3.57 所示，可以看出交换机 LSW2 被选为根桥。

图 3.56　实例 1 端口运行状态　　　　图 3.57　实例 2 端口运行状态

4．实训总结

（1）小组合作完成实训任务，共同规划 MSTP 部署策略，调试配置参数，增强了学生的团队沟通能力和面对复杂网络问题时的协同解决问题的能力。分步陈述实训步骤及注意事项。

（2）配置 MSTP 的实训使学生深入掌握了在大型、复杂的多 VLAN 环境下使用生成树技术的方法，有效提高了网络资源利用率、增强了网络可靠性，同时锻炼了实际操作技能和团队协作精神。写出实训体会和操作技巧。

实训 10　配置静态路由

1．实训目的

（1）理解静态路由的工作原理。

（2）掌握静态路由的配置步骤和方法。

2．实训内容

（1）分组进行操作，一组 5 台计算机，安装 Windows 10 操作系统，测试环境。安装 eNSP

微课

V3-6　配置静态
路由

工具软件，进行模拟测试。

（2）完成网络拓扑设计与设备连接，完成静态路由配置。

3. 实训过程

配置静态路由，如图 3.58 所示，进行网络拓扑连接。

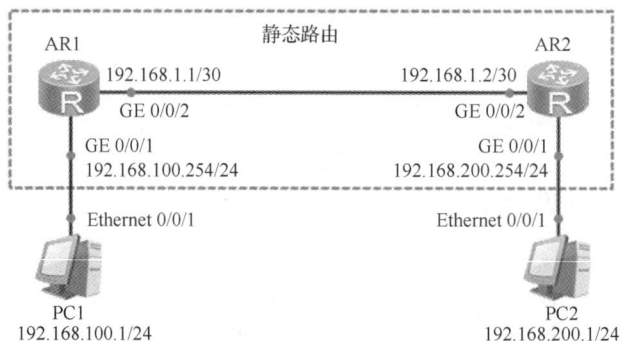

图 3.58 配置静态路由

（1）配置路由器 AR1，相关实例代码如下。

```
<Huawei>system-view
[Huawei]sysname AR1
[AR1]interfaceGigabitEthernet 0/0/1
[AR1-GigabitEthernet0/0/1]ip address 192.168.100.254 24

[AR1-GigabitEthernet0/0/1]quit
[AR1]interfaceGigabitEthernet 0/0/2
[AR1-GigabitEthernet0/0/2]ip address 192.168.1.1 30
[AR1-GigabitEthernet0/0/2]quit
[AR1]ip route-static 192.168.200.0 255.255.255.0 192.168.1.2   //静态路由
    //设置静态路由   目的地址      子网掩码       下一跳地址
[AR1]quit
```

（2）配置路由器 AR2，相关实例代码如下。

```
<Huawei>system-view
[Huawei]sysname AR2
[AR2]interfaceGigabitEthernet 0/0/1
[AR2-GigabitEthernet0/0/1]ip address 192.168.200.254 24
[AR2-GigabitEthernet0/0/1]quit
[AR2]interfaceGigabitEthernet 0/0/2
[AR2-GigabitEthernet0/0/2]ip address 192.168.1.2 30
[AR2-GigabitEthernet0/0/2]quit
[AR2]ip route-static 192.168.100.0 255.255.255.0 192.168.1.1   //静态路由
[AR2]quit
```

（3）显示路由器 AR1、AR2 的配置信息，以路由器 AR1 为例，主要相关实例代码如下。

```
<AR1>display current-configuration
#
 sysname AR1
#
interfaceGigabitEthernet0/0/1
 ip address 192.168.100.254 255.255.255.0
#
```

84

```
interfaceGigabitEthernet0/0/2
 ip address 192.168.1.1 255.255.255.252
#
ip route-static 192.168.200.0 255.255.255.0 192.168.1.2
#
return
<AR1>
```

（4）查看路由器 AR1、AR2 的路由表信息，以路由器 AR1 为例，如图 3.59 所示。

（5）用主机 PC1 测试路由验证结果，如图 3.60 所示。

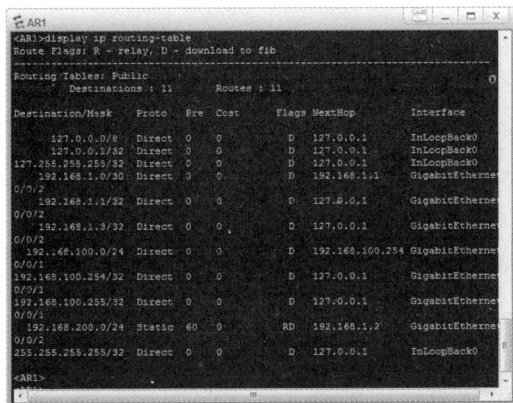

图 3.59　路由器 AR1 的路由表信息

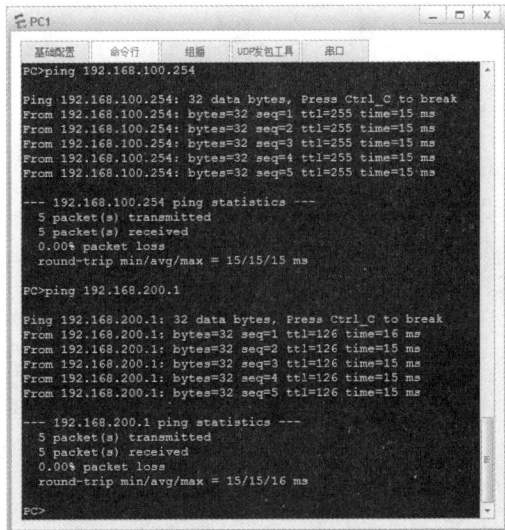

图 3.60　用主机 PC1 测试路由验证结果

4. 实训总结

（1）小组合作完成实训任务，团队成员之间分享各自配置静态路由的心得体会，讨论在实训中遇到的问题及其解决方案，强化对静态路由应用场景和优缺点的认识。分步陈述实训步骤及注意事项。

（2）配置静态路由的实训不仅锻炼了学生在网络环境下手动配置和调试路由的能力，还提高了其对网络故障排除和网络稳定性维护的实际操作技能，加深了对静态路由在现代网络架构中的角色及应用范围的理解。写出实训体会和操作技巧。

实训 11　配置 RIP 动态路由

1. 实训目的

（1）理解 RIP 动态路由的工作原理。

（2）掌握 RIP 动态路由的配置步骤和方法。

2. 实训内容

（1）分组进行操作，一组 5 台计算机，安装 Windows 10 操作系统，测试环境。安装 eNSP 工具软件，进行模拟测试。

（2）完成网络拓扑设计与设备连接，完成 RIP 动态路由配置。

3. 实训过程

配置 RIP 动态路由，如图 3.61 所示，进行网络拓扑连接。

微课

V3-7　配置 RIP 动态路由

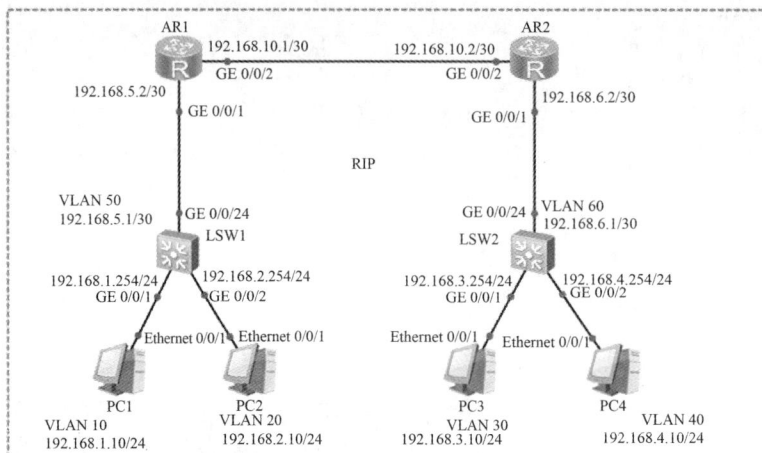

图 3.61　配置 RIP 动态路由

微课

V3-8　配置 RIP 动态路由——结果测试

（1）配置路由器 AR1，相关实例代码如下。

```
<Huawei>system-view
[Huawei]sysnameAR1
[AR1]interfaceGigabitEthernet 0/0/1
[AR1-GigabitEthernet0/0/1] ip address 192.168.5.2 30
[AR1-GigabitEthernet0/0/1]quit
[AR1]interfaceGigabitEthernet 0/0/2
[AR1-GigabitEthernet0/0/2] ip address 192.168.10.1 30
[AR1-GigabitEthernet0/0/2]quit
[AR1]rip                              //配置 RIP
[AR1-rip-1]version 2                  //配置 RIPv2
[AR1-rip-1]network 192.168.5.0        //路由通告
[AR1-rip-1]network 192.168.10.0
[AR1-rip-1]quit
[AR1]
```

（2）配置路由器 AR2，相关实例代码如下。

```
<Huawei>system-view
[Huawei]sysname AR2
[AR2]interfaceGigabitEthernet 0/0/1
[AR2-GigabitEthernet0/0/1] ip address 192.168.6.2 30
[AR2-GigabitEthernet0/0/1]quit
[AR2]interfaceGigabitEthernet 0/0/2
[AR2-GigabitEthernet0/0/2] ip address 192.168.10.2 30
[AR2-GigabitEthernet0/0/2]quit
[AR2]rip                              //配置 RIP
[AR2-rip-1]version 2                  //配置 RIPv2
[AR2-rip-1]network 192.168.6.0        //路由通告
[AR2-rip-1]network 192.168.10.0
[AR2-rip-1]quit
[AR2]
```

（3）显示路由器 AR1、AR2 的配置信息，以路由器 AR1 为例，主要相关实例代码如下。

```
<AR1>display current-configuration
#
```

```
  sysname AR1
#
interfaceGigabitEthernet0/0/1
 ip address 192.168.5.2 255.255.255.252
#
interfaceGigabitEthernet0/0/2
 ip address 192.168.10.1 255.255.255.252
#
rip 1
 network 192.168.5.0
 network 192.168.10.0
#
return
<AR1>
```

（4）配置交换机 LSW1，相关实例代码如下。

```
<Huawei>system-view
[Huawei]sysname LSW1
[LSW1]vlan batch 10 20 30 40 50 60
[LSW1]interfaceVlanif 10
[LSW1-Vlanif10]ip address 192.168.1.254 24
[LSW1-Vlanif10]quit
[LSW1]interfaceVlanif 20
[LSW1-Vlanif20]ip address 192.168.2.254 24
[LSW1-Vlanif20]quit
[LSW1]interfaceVlanif 50
[LSW1-Vlanif50]ip address 192.168.5.1 30
[LSW1-Vlanif50]quit
[LSW1]interfaceGigabitEthernet 0/0/24
[LSW1-GigabitEthernet0/0/24]port link-type access
[LSW1-GigabitEthernet0/0/24]port default vlan 50
[LSW1-GigabitEthernet0/0/24]quit
[LSW1]interfaceGigabitEthernet 0/0/1
[LSW1-GigabitEthernet0/0/1]port link-type access
[LSW1-GigabitEthernet0/0/1]port default vlan 10
[LSW1]interfaceGigabitEthernet 0/0/2
[LSW1-GigabitEthernet0/0/2]port link-type access
[LSW1-GigabitEthernet0/0/2]port default vlan 20
[LSW1-GigabitEthernet0/0/2]quit
[LSW1]rip
[LSW1-rip-1]version 2
[LSW1-rip-1]network 192.168.1.0
[LSW1-rip-1]network 192.168.2.0
[LSW1-rip-1]network 192.168.5.0
[LSW1-rip-1]quit
[LSW1]
```

（5）配置交换机 LSW2，相关实例代码如下。

```
<Huawei>system-view
[Huawei]sysname LSW2
```

```
[LSW2]vlan batch 10 20 30 40 50 60
[LSW2]interfaceVlanif 30
[LSW2-Vlanif30]ip address 192.168.3.254 24
[LSW2-Vlanif30]quit
[LSW2]interfaceVlanif 40
[LSW2-Vlanif40]ip address 192.168.4.254 24
[LSW2-Vlanif40]quit
[LSW2]interfaceVlanif 60
[LSW2-Vlanif60]ip address 192.168.6.1 30
[LSW2-Vlanif60]quit
[LSW2]interfaceGigabitEthernet 0/0/24
[LSW2-GigabitEthernet0/0/24]port link-type access
[LSW2-GigabitEthernet0/0/24]port default vlan 60
[LSW2-GigabitEthernet0/0/24]quit
[LSW2]interfaceGigabitEthernet 0/0/1
[LSW2-GigabitEthernet0/0/1]port link-type access
[LSW2-GigabitEthernet0/0/1]port default vlan 30
[LSW2]interfaceGigabitEthernet 0/0/2
[LSW2-GigabitEthernet0/0/2]port link-type access
[LSW2-GigabitEthernet0/0/2]port default vlan 40
[LSW2-GigabitEthernet0/0/2]quit
[LSW2]rip
[LSW2-rip-1]version 2
[LSW2-rip-1]network 192.168.3.0
[LSW2-rip-1]network 192.168.4.0
[LSW2-rip-1]network 192.168.6.0
[LSW2-rip-1]quit
[LSW2]
```

（6）显示交换机 LSW1、LSW2 的配置信息，以交换机 LSW1 为例，主要相关实例代码如下。

```
<LSW1>display current-configuration
#
sysname LSW1
#
vlan batch 10 20 30 40 50 60
#
interfaceVlanif10
 ip address 192.168.1.254 255.255.255.0
#
interfaceVlanif20
 ip address 192.168.2.254 255.255.255.0
#
interfaceVlanif50
 ip address 192.168.5.1 255.255.255.252
#
interface MEth0/0/1
#
interfaceGigabitEthernet0/0/1
 port link-type access
```

```
   port default vlan 10
#
interfaceGigabitEthernet0/0/2
 port link-type access
 port default vlan 20
#
interfaceGigabitEthernet0/0/24
 port link-type access
 port default vlan 50
#
rip 1
 network 192.168.1.0
 network 192.168.2.0
 network 192.168.5.0
#
return
<LSW1>
```

（7）查看路由器 AR1 的路由表信息，如图 3.62 所示。

（8）测试主机 PC1 的连通性，如图 3.63 所示。

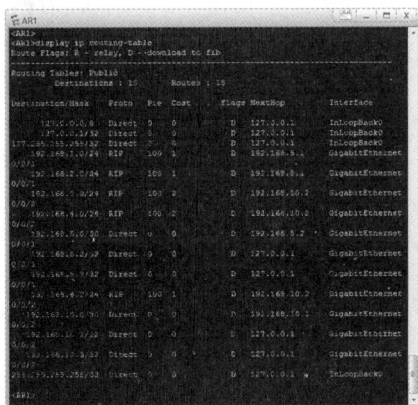

图 3.62　查看路由器 AR1 的路由表信息

图 3.63　测试主机 PC1 的连通性

4. 实训总结

（1）小组合作完成实训任务，学生间需协作完成任务，共同制定和实施 RIP 配置策略。同时，鼓励学生相互交流心得、解决问题的经验，提高团队协作能力和沟通技巧。分步陈述实训步骤及注意事项。

（2）配置 RIP 动态路由的实训使学生深入理解了距离矢量路由协议的工作原理，掌握了在实际环境中配置和管理 RIP 的基本技能，并通过对各种网络状况的应对和处理，提升了对网络故障诊断和修复的能力。此外，促使学生思考不同路由协议在不同场景下的适用性和优劣性，为未来更复杂的网络设计与运维打下了坚实基础。写出实训体会和操作技巧。

实训 12　配置 OSPF 动态路由

1. 实训目的

（1）理解 OSPF 动态路由的工作原理。

（2）掌握 OSPF 动态路由的配置步骤和方法。

2. 实训内容

（1）分组进行操作，一组 5 台计算机，安装 Windows 10 操作系统，测试环境。安装 eNSP 工具软件，进行模拟测试。

（2）完成网络拓扑设计与设备连接，完成 OSPF 动态路由配置。

3. 实训过程

配置 OSPF 动态路由，如图 3.64 所示，进行网络拓扑连接。配置路由器 AR1 和路由器 AR2，使得路由器 AR1 为 DR，路由器 AR2 为 BDR，且路由器 AR1 和路由器 AR2 形成骨干区域 Area 0，其他区域为非骨干区域。

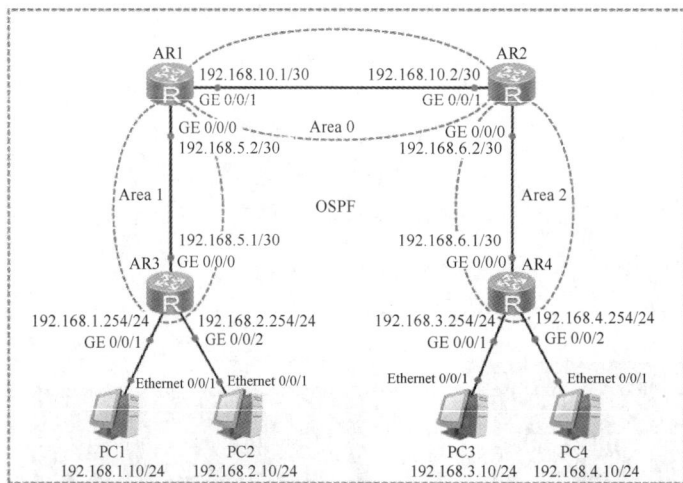

图 3.64 配置 OSPF 动态路由

微课

V3-9 配置 OSPF
动态路由

微课

V3-10 配置 OSPF
动态路由——
结果测试

（1）配置路由器 AR1，相关实例代码如下。

```
<Huawei>system-view
[Huawei]sysname AR1
[AR1]interfaceGigabitEthernet 0/0/0
[AR1-GigabitEthernet0/0/0]ip address 192.168.5.2 30
[AR1-GigabitEthernet0/0/0]quit
[AR1]interfaceGigabitEthernet 0/0/1
[AR1-GigabitEthernet0/0/1]ip address 192.168.10.1 30
[AR1-GigabitEthernet0/0/1]quit
[AR1]ospf router-id 10.10.10.10                          //配置 RID
[AR1-ospf-1]area 0                                        //配置骨干区域
[AR1-ospf-1-area-0.0.0.0]network 192.168.10.0 0.0.0.3    //通告网段
[AR1-ospf-1-area-0.0.0.0]quit
[AR1-ospf-1]area 1                                        //配置非骨干区域
[AR1-ospf-1-area-0.0.0.1]network 192.168.5.0 0.0.0.3     //通告网段
[AR1-ospf-1-area-0.0.0.1]quit
[AR1-ospf-1]quit
[AR1]
```

（2）配置路由器 AR2，相关实例代码如下。

```
<Huawei>system-view
[Huawei]sysname AR2
[AR2]interfaceGigabitEthernet 0/0/0
```

```
[AR2-GigabitEthernet0/0/0]ip address 192.168.6.2 30
[AR2-GigabitEthernet0/0/0]quit
[AR2]interfaceGigabitEthernet 0/0/1
[AR2-GigabitEthernet0/0/1]ip address 192.168.10.2 30
[AR2-GigabitEthernet0/0/1]quit
[AR2]ospf router-id 9.9.9.9
[AR2-ospf-1]area 0
[AR2-ospf-1-area-0.0.0.0]network 192.168.10.0 0.0.0.3
[AR2-ospf-1-area-0.0.0.0]quit
[AR2-ospf-1]area 2
[AR2-ospf-1-area-0.0.0.2]network 192.168.6.0 0.0.0.3
[AR2-ospf-1-area-0.0.0.2]quit
[AR2-ospf-1]quit
[AR2]
```

（3）配置路由器 AR3，相关实例代码如下。

```
<Huawei>system-view
[Huawei]sysname AR3
[AR3]interfaceGigabitEthernet 0/0/0
[AR3-GigabitEthernet0/0/0]ip address 192.168.5.1 30
[AR3-GigabitEthernet0/0/0]quit
[AR3]interfaceGigabitEthernet 0/0/1
[AR3-GigabitEthernet0/0/1]ip address 192.168.1.254 24
[AR3-GigabitEthernet0/0/1]quit
[AR3]interfaceGigabitEthernet 0/0/2
[AR3-GigabitEthernet0/0/2]ip address 192.168.2.254 24
[AR3-GigabitEthernet0/0/2]quit
[AR3]ospf router-id 8.8.8.8
[AR3-ospf-1]area 1
[AR3-ospf-1-area-0.0.0.1]network 192.168.1.0 0.0.0.255
[AR3-ospf-1-area-0.0.0.1]network 192.168.2.0 0.0.0.255
[AR3-ospf-1-area-0.0.0.1]network 192.168.5.0 0.0.0.3
[AR3-ospf-1-area-0.0.0.1]quit
[AR3-ospf-1]quit
[AR3]
```

（4）配置路由器 AR4，相关实例代码如下。

```
<Huawei>system-view
[Huawei]sysname AR4
[AR4]interfaceGigabitEthernet 0/0/0
[AR4-GigabitEthernet0/0/0]ip address 192.168.6.1 30
[AR4-GigabitEthernet0/0/0]quit
[AR4]interfaceGigabitEthernet 0/0/1
[AR4-GigabitEthernet0/0/1]ip address 192.168.3.254 24
[AR4-GigabitEthernet0/0/1]quit
[AR4]interfaceGigabitEthernet 0/0/2
[AR4-GigabitEthernet0/0/2]ip address 192.168.4.254 24
[AR4-GigabitEthernet0/0/2]quit
[AR4]ospf router-id 7.7.7.7
[AR4-ospf-1]area 2
```

```
[AR4-ospf-1-area-0.0.0.2]network 192.168.3.0 0.0.0.255
[AR4-ospf-1-area-0.0.0.2]network 192.168.4.0 0.0.0.255
[AR4-ospf-1-area-0.0.0.2]network 192.168.6.0 0.0.0.3
[AR4-ospf-1-area-0.0.0.2]quit
[AR4-ospf-1]quit
[AR4]
```

（5）显示路由器 AR1、AR2、AR3、AR4 的配置信息，以路由器 AR1 为例，主要相关实例代码如下。

```
<AR1>display current-configuration
#
 sysname AR1
#
interfaceGigabitEthernet0/0/0
 ip address 192.168.5.2 255.255.255.252
#
interfaceGigabitEthernet0/0/1
 ip address 192.168.10.1 255.255.255.252
#
interfaceGigabitEthernet0/0/2
#
ospf 1 router-id 10.10.10.10
 area 0.0.0.0
  network 192.168.10.0 0.0.0.3
 area 0.0.0.1
  network 192.168.5.0 0.0.0.3
#
return
<AR1>
```

（6）查看路由器 AR1、AR2、AR3、AR4 的路由表信息，以路由器 AR1 为例，如图 3.65 所示。

（7）测试主机 PC2 的连通性，如图 3.66 所示。

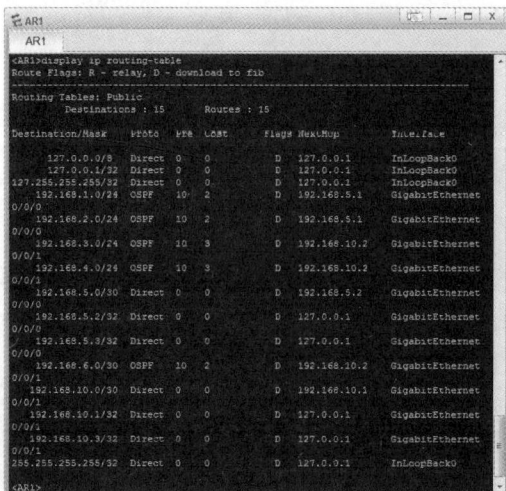

图 3.65　查看路由器 AR1 的路由表信息

图 3.66　测试主机 PC2 的连通性

4．实训总结

（1）小组合作完成实训任务，学生需要协作完成任务，共同制定和实施 OSPF 配置策略，共同解决遇到的问题，分享经验和心得。分步陈述实训步骤及注意事项。

（2）配置 OSPF 动态路由的实训让学生不仅掌握了 OSPF 协议的基本配置和管理技术，还深刻理解了链路状态路由协议的工作机制和高级特性，提高了对大型网络中复杂路由问题的解决能力和网络设计水平。同时，锻炼了学生的动手操作能力、问题解决能力和团队协作精神。写出实训体会和操作技巧。

课后习题

1．选择题

（1）（　　）结构提供了最高的可靠性保证。

    A．总线型拓扑　　B．星形拓扑　　　　C．网状拓扑　　　　D．环形拓扑

（2）华为交换机的默认端口类型为（　　）。

    A．shutdown　　B．接入端口　　　　C．干道端口　　　　D．混合端口

（3）一个接入端口可以属于（　　）。

    A．最多 32 个 VLAN　　　　　　　　B．仅属于一个 VLAN

    C．最多 4094 个 VLAN　　　　　　　D．依据管理员配置结果而定

（4）华为交换机最多有（　　）个端口可以进行端口聚合。

    A．2　　　　　　　　B．4　　　　　　　　C．8　　　　　　　　D．16

（5）在 STP 中，交换机的默认优先级为（　　）。

    A．65535　　　　　B．32768　　　　　C．8192　　　　　　D．4096

（6）在 STP 中，交换机端口的默认优先级为（　　）。

    A．16　　　　　　　B．32　　　　　　　C．64　　　　　　　D．128

（7）（　　）不是 STP 定义的端口角色。

    A．根端口　　　　B．指定端口　　　　C．替代端口　　　　D．备份端口

（8）下列关于 MSTP 的描述，错误的是（　　）。

    A．MSTP 兼容 RSTP 与 STP

    B．一个 MSTI 可以与一个或多个 VLAN 对应

    C．一个 MST 域内只能有一个生成树实例

    D．每个生成树实例都可以独立地运行 RSTP 算法

（9）在 STP 中，（　　）端口状态为不接收或者转发数据，接收并发送 BPDU，开始进行地址学习。

    A．Blocking　　　B．Listening　　　C．Learning　　　　D．Forwarding

（10）华为 X7 系列交换机支持 3 种 STP 模式。在默认情况下，华为 X7 系列交换机工作在（　　）模式下。

    A．MSTP　　　　　B．STP　　　　　　C．RSTP　　　　　　D．不启用

（11）静态路由默认管理距离值为（　　）。

    A．0　　　　　　　B．1　　　　　　　C．60　　　　　　　D．100

（12）RIP 网络中允许最大的跳数为（   ）。

    A. 8   B. 16   C. 32   D. 64

（13）路由表中的 0.0.0.0 代表的是（   ）。

    A. 默认路由   B. 动态路由   C. RIP   D. OSPF

（14）华为设备中，定义 RIP 网络的默认管理距离为（   ）。

    A. 1   B. 60   C. 100   D. 120

（15）RIP 网络中，每台路由器会周期性地向邻居路由器通告自己的整张路由表中的路由信息，默认周期为（   ）s。

    A. 30   B. 60   C. 120   D. 150

（16）RIP 网络中，为防止产生路由环路，路由器不会把从邻居路由器处学到的路由再发回去，这种技术被称为（   ）。

    A. 定义最大值   B. 水平分割   C. 控制更新时间   D. 触发更新

（17）路由器在转发数据包时，依靠数据包的（   ）寻找下一跳地址。

    A. 数据帧中的目的 MAC 地址   B. UDP 头中的目的地址

    C. TCP 头中的目的地址   D. IP 头中的目的 IP 地址

（18）网络中有 6 台路由器，可以最多形成邻接关系的数量为（   ）。

    A. 8   B. 10   C. 15   D. 30

（19）OSPF 协议端口号为（   ）。

    A. 68   B. 69   C. 88   D. 89

（20）属于路由表产生的方式是（   ）。

    A. 通过运行动态路由协议自动学习产生   B. 路由器的直连网段自动生成

    C. 通过手动配置产生   D. 以上都是

2. 简答题

（1）简述划分 VLAN 的优点。

（2）华为交换机的端口有哪几种类型？

（3）如何实现 VLAN 间通信，有几种方法？

（4）简述 STP 的主要作用及其缺点。

（5）STP 有几种端口角色及端口状态？

（6）RSTP 有几种端口角色及端口状态？

（7）MSTP 主要用于解决什么问题？

（8）简述路由器的工作原理。

（9）简述静态路由、默认路由的特点及其应用场合。

（10）简述 RIP 的工作原理。

（11）简述 RIP 的局限性、RIP 路由环路及 RIP 防止路由环路的机制。

（12）简述 OSPF 协议的工作原理。

（13）简述 OSPF 的路由区域报文类型。

（14）简述 DR 与 BDR 选择过程。

（15）为什么要进行 OSPF 区域划分？

项目 4

网络系统集成安全与管理

知识目标
- 掌握网络安全的定义、网络安全具有脆弱性的原因。
- 掌握网络安全的基本要素、网络安全体系架构。
- 掌握防火墙技术、VPN 技术。

技能目标
- 能够进行防火墙的基本配置。
- 能够进行防火墙接入 Internet 的配置。

素养目标
- 培养网络安全意识，强化专业技能，做到合法合规使用网络资源。
- 养成良好的职业道德习惯，培养严谨求实的工作态度。

4.1 项目陈述

网络系统集成安全与管理是一项集网络架构设计、设备选型配置、网络安全策略制定、系统运维管理于一体的综合性工程。随着信息化社会的快速发展，企业及各类组织对网络系统的依赖程度日益加深，对网络系统的性能、稳定性及安全性提出了更高的要求。因此，网络系统集成安全与管理旨在构建高效、稳定、安全且易于管理的现代化网络环境。

网络工程师应设计并实现优化的网络架构，满足高速传输、负载均衡和冗余备份的需求。需要选用高性能、高可靠性的网络设备，并进行合理配置，确保网络基础设施稳定运行。还应制定全面的网络安全策略，包括但不限于访问控制、防火墙规则设定、数据加密、入侵检测、防病毒等措施，以有效防止各类安全威胁。网络工程师还需实现完善的网络管理系统，提供实时监控、故障告警、性能分析、资源调度等功能，提升网络运维效率和响应速度。实施网络系统集成安全与管理项目的目的是为客户打造一套既具备先进技术水平又符合严格安全规范的网络系统，以支持其业务发展和保障信息安全。

4.2 必备知识

4.2.1 网络安全的定义

网络安全是指网络系统的硬件、软件及系统中的数据受到保护，不因偶然的或者恶意的原因而遭到破坏、更改、泄露，确保系统能连续、可靠、正常运行，网络服务不中断。网络安全从其本质上来讲就是网络中的物理安全、软件安全、信息安全和运行安全。从广义上来说，凡是涉及网络中信息的保密性、完整性、可用性、可控性的技术和理论都是网络安全的研究领域。

（1）保密性：确保信息不被泄露给非授权的用户、实体。

（2）完整性：数据未经授权不能进行改变的特性，即信息在存储或传输过程中保持不被修改、不被破坏和不丢失的特性。

（3）可用性：可被授权实体访问并按需求使用的特性，即当需要时能存取所需的信息。例如，网络环境下拒绝服务、破坏网络和有关系统的正常运行等都属于对可用性的攻击。

（4）可控性：对信息的传播及内容具有控制能力。

网络安全主要包括物理安全、软件安全、信息安全和运行安全 4 个方面。

1．物理安全

物理安全包括硬件、存储介质和外部环境的安全。硬件是指网络中的各种设备和通信链路，如主机、路由器、服务器、工作站、交换机、线缆等；存储介质包括磁盘、光盘等；外部环境主要是指计算机设备的安装场地、供电系统等。保障物理安全，就是保护硬件、存储介质和外部环境能够完成正常工作而不被损害。

V4-1 网络安全
的定义

2．软件安全

软件安全是指网络软件及各主机、服务器、工作站等设备所运行的软件的安全。保障软件安全，就是保证网络中的各种软件能够正常运行而不被修改、破坏。

3．信息安全

信息安全是指网络中所存储和传输的数据的安全，主要体现在信息隐蔽性和防修改的能力上。保障信息安全，就是保护网络中的信息不被非法修改、复制、解密、使用等，也是保障网络安全最根本的目的。

4．运行安全

运行安全是指网络中的各个信息系统能够正常运行并能正常地通过网络交流信息。保障运行安全，就是对网络系统中的各种设备的运行状况进行监测，当发现不安全的因素时，及时报警并采取相应措施，消除不安全状态以保障网络系统的正常运行。

4.2.2 网络安全具有脆弱性的原因

从整体上看，网络系统在设计、实现、应用和控制过程中存在的一切可能被攻击者利用从而造成安全危害的缺陷都是脆弱性的体现。网络系统遭受损失最根本的原因之一在于其本身存在的脆弱性，网络系统的脆弱性主要涉及以下几个方面。

1. 开放性网络环境

网络系统之所以易受攻击，是因为网络系统具有开放、快速、分散、互联、虚拟、脆弱等特点。网络用户可以自由地访问任何网站，几乎不受时间和空间的限制，信息传输速率极快，因此，病毒等有害的程序代码可在网络中迅速扩散。网络基础设施和终端设备数量众多、分布地域广阔，各种信息系统互联互通，用户身份和位置信息真假难辨，构成了一个庞大而复杂的虚拟环境。此外，网络软件和协议之间存在许多技术漏洞，让攻击者有了可乘之机。这些特点都给网络系统的安全管理造成了巨大的困难。Internet 的广泛使用意味着网络的攻击不仅可能来自本地的网络用户，还可能来自 Internet 上的任何一台计算机，同时，网络之间使用的 TCP/IP 本身也有缺陷，这给网络的安全带来了更大的隐患。

2. 操作系统的缺陷

操作系统是计算机系统的基础软件，没有它提供安全保护，计算机系统及数据的安全性都将无法得到保障。操作系统的安全性非常重要，有很多网络攻击方式是从寻找操作系统的缺陷入手的，操作系统的主要缺陷表现在如下几个方面。

（1）系统模型本身的缺陷。这是系统设计初期就存在的，无法通过修改操作系统的源代码来弥补。

（2）操作系统的源代码存在错误。操作系统也是计算机程序，任何程序都会有错误，操作系统也不例外。

（3）操作系统配置不当。许多操作系统的默认配置的安全性很差，进行安全配置比较复杂，且需要具备一定的安全知识，许多用户并没有这方面的知识，如果没有正确地配置功能（如账户、密码），就会造成一些操作系统的安全缺陷。

3. 应用软件的漏洞

操作系统给人们提供了一个平台，人们使用得最多的还是应用软件。随着科技的发展，人们在工作和生活中对计算机的依赖性越来越强，应用软件越来越多，应用软件的安全性也变得越来越重要。应用软件的特点是开发者众多、应用具有个性、注重应用功能，现在有许多网络攻击就是利用应用软件的漏洞得逞的。

4. 人为因素

许多公司和用户的网络安全意识薄弱、思想麻痹，这些人为因素也影响了网络的安全性。

4.2.3　网络安全的基本要素

由于网络安全受到的威胁具有多样性、复杂性，网络信息、数据具有重要性，在设计网络系统的安全框架时，应该努力达到安全目标。安全的网络应具备以下 5 个基本要素：保密性、完整性、可靠性、可用性和不可抵赖性。

1. 保密性

保密性是指防止信息泄露给非授权个人或实体。信息只提供给授权用户使用，保密性是对信息的安全要求。它是在可靠性和可用性的基础上，保障网络中信息安全的重要手段。对敏感用户信息的保密，是人们研究得最多的领域之一。由于网络信息是"黑客"、病毒的主要攻击目标，网络安全已受到了人们越来越多的关注。

2. 完整性

完整性也是对信息的安全要求。它是指信息不被偶然或蓄意地删除、修改、伪造、乱序、重放、插入等操作破坏的特征。它与保密性不同，保密性是防止信息泄露给非授权个人或实体，而完整性

则要求信息的内容和顺序都不受破坏和修改。用户信息和网络信息都要求保证完整性。例如，对于涉及金融的用户信息，如果用户账目被修改、伪造或删除，则会带来巨大的经济损失。网络信息一旦受到破坏，严重的会造成通信网络的瘫痪。

3. 可靠性

可靠性是网络安全最基本的要求之一，是指系统在规定条件下和规定时间内实现规定功能的概率。如果网络不可靠，经常出问题，网络就是不安全的。目前，对于网络可靠性的研究主要偏重于硬件可靠性方面。研制具有高可靠性的硬件设备、采取合理的冗余备份措施是基本的保证可靠性的策略。但实际上，有许多故障和事故与软件可靠性、人员可靠性及环境可靠性有关。例如，人员可靠性在通信网络可靠性中起着重要作用。有关资料表明，很大一部分系统失效问题是由人为因素造成的。

4. 可用性

可用性是网络面向用户的基本安全要求。网络的基本功能是向用户提供其所需的信息和通信服务，而用户的通信要求是随机的、多方面的，有时还要求具有时效性。网络必须随时满足用户通信的要求。从某种意义上讲，可用性是比可靠性更高的要求，特别是在重要场合下，特殊用户信息的可用性显得十分重要。为此，网络需要采用科学、合理的拓扑结构，必要的冗余、容错和备份措施，以及自愈技术，分配配置和分担负载，各种完善的物理安全和应急措施等，从满足用户需求的角度出发，保证网络安全。

5. 不可抵赖性

不可抵赖性也称不可否认性，是面向通信双方（人、实体或进程）信息真实的安全要求。它要求通信双方均不可抵赖。随着通信业务范围的不断扩大，电子贸易、电子金融、电子商务和办公自动化等领域的许多信息处理过程都需要通信双方对信息内容的真实性进行确认。为此，可采用数字签名、认证、数据完备、鉴别等有效措施，实现信息的不可抵赖性。

4.2.4 网络安全体系架构

网络安全体系架构是指设计和实施一套全面的、多层次的安全措施来保护网络系统及其资源免受未经授权访问、破坏、窃取或修改的一系列策略、技术和流程。构建有效的网络安全体系架构是一个动态过程，需要结合实际环境不断迭代、优化，同时关注威胁与先进技术的发展。

1. 网络安全体系架构的原则

所谓网络安全体系架构，指的是计划或原则，具体描述如下。

（1）为满足用户需求而必须提供的一套安全服务。

（2）要求所有系统元素都要提供的服务。

（3）为应对威胁环境而要求系统元素达到的安全级别。

2. 网络安全体系架构三维模型

网络安全体系架构是采用系统工程过程的结果，完整的网络安全体系架构包括管理安全、通信安全、计算机安全、辐射安全、人员安全和物理安全等。它既要应付恶意威胁，又要应付意外的威胁。与 OSI 参考模型对应的网络安全体系架构三维模型如图 4.1 所示。其中，x 轴表示安全机制，y 轴表示 OSI 参考模型，z 轴表示安全服务。

与安全体系架构相关的概念还有安全机制、安全模型、安全策略和安全服务等。

（1）安全机制：它是一个过程（或与该过程绑定的一种设备）。它能用于一个系统，使该系统能够对外或对内提供安全服务。安全机制的实例有加密、数字签名、访问控制、数据完整性等。

（2）安全模型：它描述了一个系统对外或对内提供的一套规定的安全服务。

（3）安全策略：指一套规则或惯例，它详细说明了系统或者组织如何提供安全服务去保护敏感的关键系统资源，如基于身份的安全策略、基于规则的安全策略等。

（4）安全服务：指系统提供的一种处理服务或通信服务。它能够为系统资源提供特定的保护，如鉴别服务、访问控制服务等。安全服务实现了安全策略，且由安全机制实现。

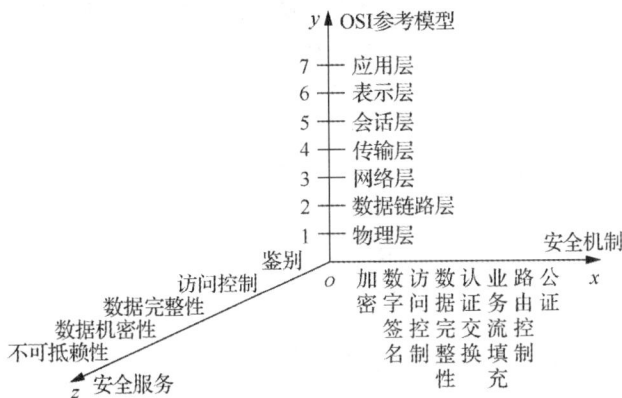

图 4.1 与 OSI 参考模型对应的网络安全体系架构三维模型

3. 网络安全技术管理

计算机网络安全技术主要分为实时扫描技术、实时监测技术、防火墙技术、完整性检验保护技术、病毒情况分析报告技术和系统管理技术。综合起来，可以采取以下方法对这些技术进行管理。

（1）建立安全管理制度

提高包括系统管理员和用户在内的人员的技术素质及职业道德修养，针对重要部门和重要信息，严格做好计算机开机查毒，及时备份数据。这是一种简单、有效的方法。

（2）网络访问控制

网络访问控制是网络安全防范和保护的主要方法。它的主要任务是保证网络资源不被非法使用和访问，是保证网络安全的核心方法之一。

（3）数据库的备份与恢复

数据库的备份与恢复是数据库管理员维护数据安全性和完整性的重要操作。备份是恢复数据库的最容易、最能有效防止意外的操作之一。恢复是在意外发生后利用备份来恢复数据的操作。有 3 种主要的备份策略：只备份数据库、备份数据库和事务日志、增量备份。

（4）密码技术

密码技术是信息安全核心技术，密码为信息安全提供了可靠保证。基于密码的数字签名和身份认证是当前保证信息完整性的最重要的方法之一。密码技术主要包括古典密码体制、单钥体制、公钥体制、数字签名及密钥管理等。

（5）切断传播途径

对被感染的硬盘和计算机进行彻底杀毒处理，不使用来历不明的 U 盘和程序，不随意下载可疑网络资源。

（6）提高网络防病毒能力

安装病毒防火墙，进行实时过滤，对网络服务器中的文件进行频繁扫描和监测，在工作站上使用防病毒卡，加强网络目录和文件访问权限的设置。

（7）研发并完善高安全性的操作系统

研发并完善具有高安全性的操作系统，不给病毒提供得以滋生的温床。

综合安全保障体系由实时防御系统、常规评估系统和基础设施系统 3 部分组成。实时防御系统由入侵检测、应急响应、灾难恢复和防守反击功能模块构成，入侵检测功能模块对通过防火墙的数据流进行了进一步的检查，以阻止恶意的攻击行为；应急响应功能模块对攻击事件进行应急处理；灾难恢复功能模块按照策略对遭受破坏的信息进行恢复；防守反击功能模块按照策略实施反击。常规评估系统利用脆弱性数据库检测与分析网络系统本身存在的安全隐患，为实时防御系统提供策略调整依据。基础设施系统由攻击特征库、隐患数据库及威胁评估数据库等基础数据库组成，支撑实时防御系统和常规评估系统的工作。

计算机网络安全是一项复杂的系统工程，涉及技术、设备、管理和制度等多方面的因素，安全解决方案的制定需要从整体上进行把握。网络安全解决方案是综合各种计算机网络信息系统安全技术，如安全操作系统技术、防火墙技术、病毒防护技术、入侵检测技术、安全扫描技术等，形成的完整的、协调一致的网络安全防护体系。用户必须做到管理和技术并重，安全技术必须结合安全措施，加强计算机立法和执法的力度，建立备份和恢复机制，制定相应的安全标准。此外，计算机病毒、计算机犯罪等是不分国界的，因此必须开展充分的国际合作，共同应对日益猖獗的计算机病毒和计算机犯罪等问题。

4.2.5 防火墙技术

在网络中，"防火墙"实际上是一种隔离技术，属于经典的静态安全技术，用于逻辑隔离内部网络与外部网络。

1. 防火墙的定义

防火墙是由计算机硬件和软件组成的系统，部署于网络边界，是连接内部网络和外部网络的"桥梁"。它通过对进出网络的数据进行保护，防止恶意入侵、恶意代码的传播等，保障内部网络数据的安全。防火墙技术是建立在网络技术和信息安全技术基础上的应用性安全技术，几乎所有企业都会在内部网络与外部网络（如 Internet）相连接的边界部署防火墙。防火墙能够安全过滤和安全隔离有害的网络信息及行为，它是不同网络或网络安全域之间信息的唯一出入口，如图 4.2 所示。

微课

V4-4 防火墙的定义

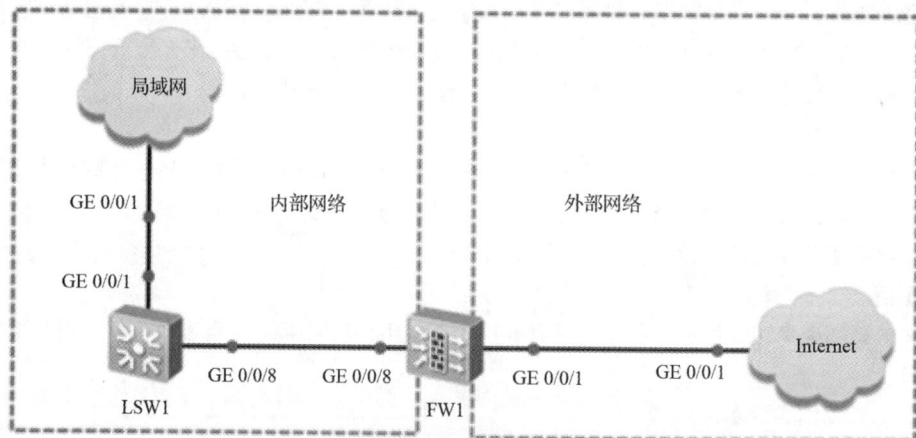

图 4.2 防火墙的部署

防火墙遵循的基本准则有两条。第一，它会拒绝所有未经允许的命令。防火墙的审查是基础的逐项审查，任何服务请求和应用操作都将被逐一审查，只有符合允许条件的数据流才可能被执行，这为内部的网络安全提供了切实可行的保障。然而，用户可以申请的服务类型和服务数量是有限的，防火墙在提高安全性的同时会降低可用性。第二，它会允许所有未被拒绝的命令。防火墙在传递所有信息的时候都是按照约定的命令执行的，即在逐项审查后会拒绝存在潜在危害的命令，由于可用性级别高于安全性，从而导致安全性难以把控。

2. 防火墙的功能

防火墙是"木桶"理论在网络安全中的应用。所谓"木桶"理论，是指一个桶能装多少水不取决于桶有多高，而取决于组成该桶最短的那块木板的高度。在没有防火墙的环境中，网络的安全性只能取决于每台主机的安全性，所有主机必须通力合作，才能使网络具有较高程度的安全性。防火墙能够简化安全管理，使得网络的安全性可在防火墙系统上得到提高，而不是分布在内部网络的所有主机上。

在逻辑上，防火墙是分离器，也是限制器，更是分析器，其有效地监控了内部网络和外部网络之间的任何活动，保证了内部网络的安全。典型的防火墙具有以下3个基本特性。

（1）内部网络和外部网络之间的所有数据流都必须经过防火墙。

防火墙被部署在内部网络（信任网络）和外部网络（非信任网络）之间，它可以隔离外部网络（通常指 Internet）与内部网络（通常指内部局域网）的连接，同时不会妨碍用户对外部网络的访问。内部网络和外部网络之间的所有数据流都必须经过防火墙，因为防火墙是内部网络、外部网络之间的唯一通信通道，它可以全面、有效地保护企业内部网络不受侵害。

（2）只有符合安全策略的数据流才能通过防火墙。

部署防火墙的目的是在网络连接之间建立一道安全控制屏障，通过允许、拒绝或重新定向经过防火墙的数据流，实现对进、出内部网络的数据流的审计及控制。防火墙的基本功能是根据企业的安全规则控制（允许、拒绝、监测）出入网络的数据流，确保网络流量的合法性，并在此前提下将网络流量快速地从一条链路转发到另一条链路。

（3）防火墙自身具有非常强的抗攻击能力。

防火墙自身具有非常强的抗攻击能力，它承担了企业内部网络的安全防护重任。防火墙处于网络边界，就像边界卫士一样，每时每刻都要抵御黑客的入侵。

3. 防火墙的优缺点

（1）防火墙的优点如下。

① 增强了网络安全性。防火墙可防止非法用户进入内部网络，降低了其中主机的安全风险。

② 能提供集中的安全管理。防火墙对内部网络实行集中的安全管理，通过制定安全策略，其安全防护措施可针对整个内部网络系统，而无须在每台主机中分别实施。同时，可将内部网络中需改动的程序都存放于防火墙中而不是分散到每台主机中，便于集中保护。

③ 增强了保密性。防火墙可阻止攻击者获取所攻击网络系统的有用信息。

④ 能提供对系统的访问控制。防火墙能提供对系统的访问控制，例如，允许外部用户访问某些主机，同时禁止外部用户访问另外一些主机；允许/禁止内部用户使用某些资源；等等。

⑤ 能有效地记录网络访问情况。因为所有进出信息都必须通过防火墙，所以使用防火墙非常便于收集关于系统和网络使用或误用的信息。

（2）防火墙的缺点如下。

① 防火墙不能防范来自内部的攻击。防火墙对内部用户偷窃数据、破坏硬件和软件等行为无能

微课

V4-5　防火墙的功能

微课

V4-6　防火墙的优缺点

为力。

② 防火墙不能防范未经过防火墙的攻击。对于没有经过防火墙的数据，防火墙无法检查，如个别内部网络用户绕过防火墙进行拨号访问等。

③ 防火墙不能防范因策略配置不当或错误配置带来的安全威胁。防火墙是一种被动的安全策略执行设备，就像门卫一样，要根据相关规定来执行安全防护操作，而不能"自作主张"。

④ 防火墙不能防范未知的威胁。防火墙能较好地防范已知的威胁，但不能防范未知的威胁。

4. 防火墙端口区域及控制策略

防火墙是设置在不同网络（如可信任的企业内部网络和不可信任的 Internet）或网络安全域之间的一系列部件的组合，其本身具有较强的抗攻击能力。它是提供信息安全服务、实现网络和信息安全的基础设施。

微课

V4-7 防火墙端口区域及控制策略

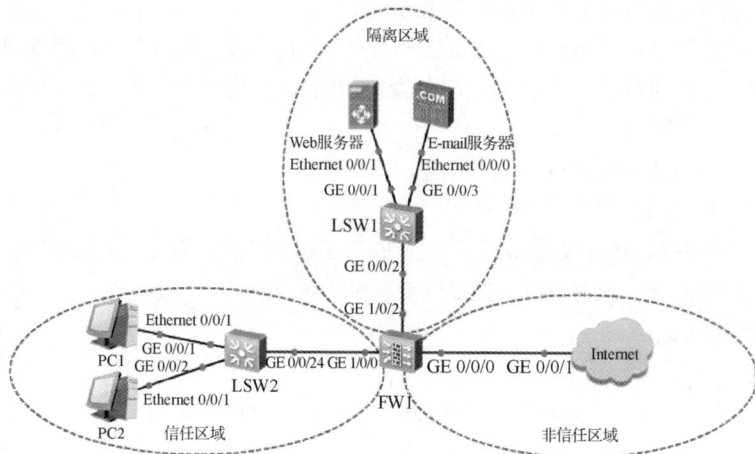

（1）防火墙端口区域

防火墙端口区域主要包括以下 3 种。

① 信任区域：连接内部网络，一般指的是局域网。

② 非信任区域：连接外部网络，一般指的是 Internet。

③ 隔离区域：也称非军事区（Demilitarized Zone，DMZ）。DMZ 中的服务器通常为提供对外服务的服务器，如 Web 服务器、FTP 服务器、E-mail 服务器等。DMZ 可增强信任区域中设备的安全性，其有特殊的访问策略，信任区域中的设备也会对 DMZ 中的服务器进行访问。防火墙通用部署方式如图 4.3 所示。

图 4.3 防火墙通用部署方式

（2）DMZ 常规访问控制策略

DMZ 常规访问控制策略如下。

① 内部网络可以访问 DMZ，以方便用户使用和管理 DMZ 中的服务器。

② 外部网络可以访问 DMZ 中的服务器，同时需要由防火墙完成外部地址到服务器实际地址的转换。

③ DMZ 不能访问外部网络。此策略也有例外，例如，如果 DMZ 中放置了 E-mail 服务器，则 DMZ 需要访问外部网络，否则 E-mail 服务器将不能正常工作。

4.2.6 VPN 技术

VPN 属于远程访问技术，简单地说就是利用公共网络架设专用网络。例如，某公司的员工出差到外地，想访问企业内部网络的服务器资源，这种访问就属于远程访问。

在传统的企业网配置中，要进行远程访问，传统的方法是租用数字专线或帧中继，这样的通信方案必然导致高昂的网络通信和维护费用。对于移动用户（移动办公人员）与远端个人用户，一般会通过拨号线路进入企业的局域网，但这种方法会带来安全隐患。

想让外地员工访问到内部网络资源，可以利用 VPN 实现。在内部网络中架设一台 VPN 服务器，外地员工在当地接入 Internet 后，通过 Internet 连接 VPN 服务器，并通过 VPN 服务器进入企业内部网络。为了保证数据安全，VPN 服务器和客户机之间的通信数据都进行了加密处理。有了数据加密，就可以认为数据在一条专用的数据链路上进行安全传输，就如同专门架设了一个专用网络。但实际上 VPN 使用的是 Internet 上的公共链路，其实质是利用加密技术在公共网络中封装出一个数据通信隧道。有了 VPN，用户无论是在外地出差还是在家中办公，只要能接入 Internet，就可以利用 VPN 访问企业内部网络资源，这就是 VPN 在企业中应用得如此广泛的原因。

1. VPN 的定义

VPN 是指通过综合利用访问控制技术和加密技术，并通过一定的密钥管理机制，在公共网络中建立起安全的"专用"网络，实现数据在"加密管道"（即隧道）中进行安全传输的技术。通过 VPN，可以利用公共网络发送专用数据，形成逻辑上的专用网络，以在不安全的公共网络中建立安全的专用网络。

微课

V4-8　VPN 技术

VPN 利用特殊设计的硬件和软件，通过共享的 IP 网络建立隧道来实现通信。通常将 VPN 当作广域网解决方案，但它也可以简单地应用于局域网。VPN 类似于使用点到点直接拨号连接或租用线路连接，但它是以交换和路由的方式工作的。

2. VPN 的主要特点

VPN 是平衡 Internet 适用性和价格优势的最有潜力的通信手段之一。利用共享的 IP 网络建立 VPN 连接，可以降低企业对昂贵租用线路和复杂远程访问方案的依赖性。VPN 具有以下几个特点。

（1）安全性。VPN 用加密技术对经过隧道传输的数据进行加密，以保证数据仅被指定的发送方和接收方了解，从而保证数据的私有性和安全性。

（2）专用性。VPN 在非面向连接的公共网络中建立了逻辑的、点到点的连接，称为隧道。隧道的双方进行数据加密传输，隧道就像真正的专用网络一样。

（3）经济性。VPN 可以削减移动用户和一些小型分支机构的网络开销，也可以大幅度削减传输数据的开销，还可以削减传输语音的开销。

（4）可扩展性和灵活性。VPN 能够支持通过 Internet 和外联网（Extranet）的任何类型的数据流，方便增加新的节点，支持多种类型的传输介质，可以满足同时传输语音、图像、数据等的新应用对高质量传输及带宽增加的需求。

3. VPN 的工作过程

VPN 连接由客户机、隧道和服务器 3 部分组成。VPN 系统使分布在不同地方的用户在不可信任的公共网络中也能安全通信。它采用了复杂的算法来加密传输的数据，保证敏感的数据不会被窃听。其工作过程如下。

（1）要保护的主机发送明文信息到连接公共网络的 VPN 设备。

（2）VPN 设备根据网络管理员设置的规则，确定是对数据进行加密传输还是直接传输。

（3）对于需要加密的数据，VPN 设备对其整个数据包（包括要传输的数据、源 IP 地址和目的 IP 地址）进行加密并附上数据签名，加上新的数据报头（包括目的 VPN 设备需要的安全信息和一些初始化参数）重新封装。

（4）将封装后的数据包通过隧道在公共网络中传输。

（5）数据包到达目的 VPN 设备后，将其解封，核对数字签名无误后，对数据包进行解密。

4．VPN 的分类

VPN 按服务类型可以分为远程接入 VPN（Access VPN）、企业内部 VPN（Intranet VPN）和企业扩展 VPN（Extranet VPN）3 种。

（1）Access VPN

Access VPN 用于实现客户端到网关的连接，使用公共网络作为骨干网在设备之间传输 VPN 数据流量。如图 4.4 所示，Access VPN 通过一个与专用网络拥有相同策略的共享基础设施，提供对企业内部网络或外部网络的远程访问。Access VPN 能使用户随时随地以其所需的方式访问企业资源。Access VPN 使用模拟、拨号、ISDN、x 数字用户线（x Digital Subscribe Line，xDSL）、移动 IP 和电缆技术，能够安全地连接移动用户、远程工作者或分支机构。

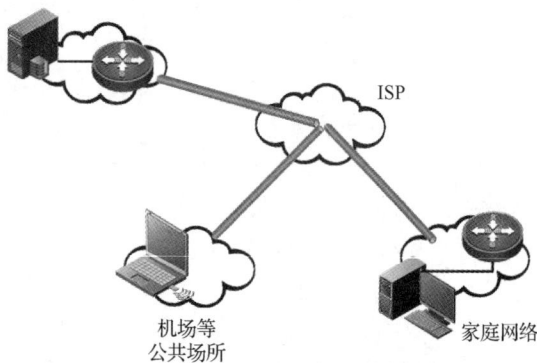

图 4.4　Access VPN 解决方案

Access VPN 非常适用于企业内部经常出差的员工远程办公的情况。出差员工利用当地互联网服务提供商（Internet Service Provider，ISP）提供的 VPN 服务，可以和企业的 VPN 网关建立私有的连接。RADIUS 服务器可对出差员工进行验证和授权，保证连接的安全，同时使企业负担的花费大大降低。

Access VPN 的优点如下。

① 减少了用于相关调制解调器和终端服务设备的费用，简化了网络。

② 实现了本地拨号接入的功能，以取代远距离接入，这样能显著降低远距离通信的费用。

③ 具有极大的可扩展性，可简便地对加入网络的新用户进行调度。

④ 远程身份认证拨号用户服务（Remote Authentication Dial-In User Service，RADIUS）基于标准、基于策略功能的安全服务。

（2）Intranet VPN

Intranet VPN 用于实现网关到网关的连接，通过企业的网络架构连接来自同一个企业的网络。它是企业的总部与分支机构之间通过公共网络构筑的虚拟网，是一种网络到网络以对等的方式连接起来所组成的 VPN，如图 4.5 所示。

Intranet VPN 的优点如下。

① 减少了 WAN 带宽的费用。

② 能使用灵活的拓扑结构，包括全网连接。

③ 能更快、更容易地连接新的站点。

④ 通过 ISP WAN 的连接冗余，可以延长网络的可用时间。

（3）Extranet VPN

企业与其合作伙伴的网络一起构成 Extranet，Extranet VPN 用于对一个企业与另一个企业的网络进行连接。它通过使用连接的共享基础设施，将客户、供应商、合作伙伴连接到企业内部网络，如图 4.6 所示。该企业网络拥有与专用网络相同的政策，包括安全、服务质量、可管理性和可靠性。

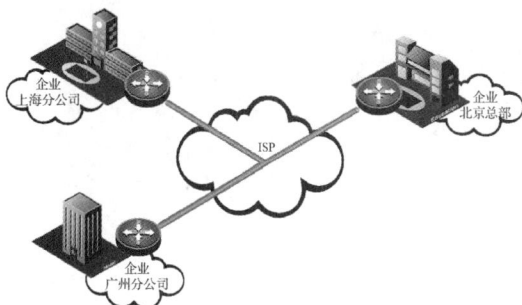
图 4.5　Intranet VPN 解决方案

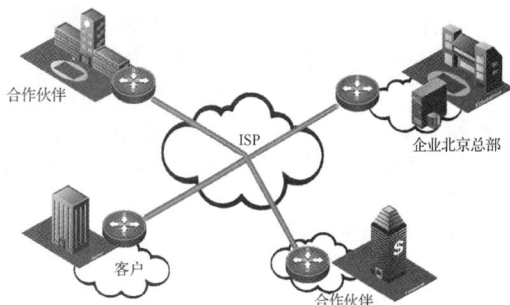
图 4.6　Extranet VPN 解决方案

Extranet VPN 的优点如下。

① 能更容易地对外部网络进行部署和管理，外部网络可以使用与部署内部网络及远端访问 VPN 相同的架构和协议进行部署。

② 外部网络的用户被许可只有一次机会连接到其合作伙伴的网络。

4.3　项目实训

实训 13　防火墙基本配置

1. 实训目的

（1）理解防火墙设备的工作原理。

（2）掌握防火墙设备的基本配置步骤和方法。

2. 实训内容

（1）分组进行操作，一组 5 台计算机，安装 Windows 10 操作系统，测试环境。安装 eNSP 工具软件，进行模拟测试。

（2）完成网络拓扑设计与设备连接，完成防火墙基本配置。

微课

V4-9　防火墙
基本配置

3. 实训过程

（1）配置防火墙，如图 4.7 所示，进行网络拓扑连接。

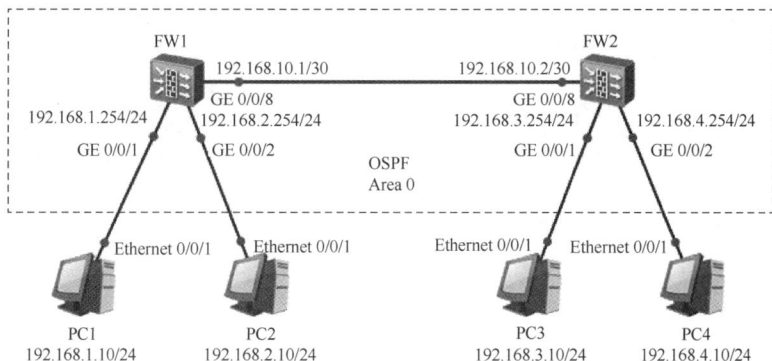
图 4.7　配置防火墙

（2）配置防火墙 FW1，相关实例代码如下。

```
<SRG>system-view
[SRG]sysname FW1
[FW1]interfaceGigabitEthernet 0/0/1
[FW1-GigabitEthernet0/0/1]ip address 192.168.1.254 24
[FW1-GigabitEthernet0/0/1]quit
```

```
[FW1]interfaceGigabitEthernet 0/0/2
[FW1-GigabitEthernet0/0/2]ip address 192.168.2.254 24
[FW1-GigabitEthernet0/0/2]quit
[FW1]interfaceGigabitEthernet 0/0/8
[FW1-GigabitEthernet0/0/8]ip address 192.168.10.1 30
[FW1-GigabitEthernet0/0/8]quit
[FW1]firewall zone trust
[FW1-zone-trust]add interfaceGigabitEthernet 0/0/1
[FW1-zone-trust]add interfaceGigabitEthernet 0/0/2
[FW1-zone-trust]add interfaceGigabitEthernet 0/0/8
[FW1-zone-trust]quit
[FW1]router id 1.1.1.1
[FW1]ospf 1
[FW1-ospf-1]area 0
[FW1-ospf-1-area-0.0.0.0]network 192.168.1.0 0.0.0.255
[FW1-ospf-1-area-0.0.0.0]network 192.168.2.0 0.0.0.255
[FW1-ospf-1-area-0.0.0.0]network 192.168.10.0 0.0.0.3
[FW1-ospf-1-area-0.0.0.0]quit
[FW1-ospf-1]quit
[FW1]
```

（3）配置防火墙 FW2，相关实例代码如下。

```
<SRG>system-view
[SRG]sysname FW2
[FW2]interfaceGigabitEthernet 0/0/1
[FW2-GigabitEthernet0/0/1]ip address 192.168.3.254 24
[FW2-GigabitEthernet0/0/1]quit
[FW2]interfaceGigabitEthernet 0/0/2
[FW2-GigabitEthernet0/0/2]ip address 192.168.4.254 24
[FW2-GigabitEthernet0/0/2]quit
[FW2]interfaceGigabitEthernet 0/0/8
[FW2-GigabitEthernet0/0/8]ip address 192.168.10.2 30
[FW2-GigabitEthernet0/0/8]quit
[FW2]firewall zone trust
[FW2-zone-trust]add interfaceGigabitEthernet 0/0/1
[FW2-zone-trust]add interfaceGigabitEthernet 0/0/2
[FW2-zone-trust]add interfaceGigabitEthernet 0/0/8
[FW2-zone-trust]quit
[FW2]router id 2.2.2.2
[FW2]ospf 1
[FW2-ospf-1]area 0
[FW2-ospf-1-area-0.0.0.0]network 192.168.3.0 0.0.0.255
[FW2-ospf-1-area-0.0.0.0]network 192.168.4.0 0.0.0.255
[FW2-ospf-1-area-0.0.0.0]network 192.168.10.0 0.0.0.3
[FW2-ospf-1-area-0.0.0.0]quit
[FW2-ospf-1]quit
[FW2]
```

（4）显示防火墙 FW1、FW2 的配置信息，以防火墙 FW1 为例，主要相关实例代码如下。

```
<FW1>display current-configuration
```

```
#
stp region-configuration
 region-name b05fe31530c0
 active region-configuration
#
interfaceGigabitEthernet0/0/1
 ip address 192.168.1.254 255.255.255.0
#
interfaceGigabitEthernet0/0/2
 ip address 192.168.2.254 255.255.255.0
#
interfaceGigabitEthernet0/0/8
 ip address 192.168.10.1 255.255.255.252
#
firewall zone local
 set priority 100
#
firewall zone trust
  set priority 85                            //信任区域的默认优先级为85
  add interfaceGigabitEthernet0/0/0
  add interfaceGigabitEthernet0/0/1
  add interfaceGigabitEthernet0/0/2
  add interfaceGigabitEthernet0/0/8
#
firewall zone untrust
  set priority 5                             //非信任区域的默认优先级为5
#
firewall zone dmz
  set priority 50                            //DMZ 的默认优先级为50
#
ospf 1
 area 0.0.0.0
  network 192.168.1.0 0.0.0.255
  network 192.168.2.0 0.0.0.255
  network 192.168.10.0 0.0.0.3
#
sysname FW1
#
  firewall packet-filter default permit interzone local trust direction inbound
  firewall packet-filter default permit interzone local trust direction outbound
  firewall packet-filter default permit interzone local untrust direction outbound
  firewall packet-filter default permit interzone local dmz direction outbound
#
  router id 1.1.1.1
#
return
<FW1>
```

（5）查看主机 PC2 访问主机 PC4 的结果，如图 4.8 所示。

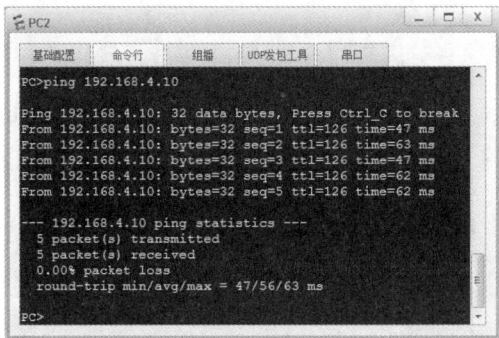

图 4.8　查看主机 PC2 访问主机 PC4 的结果

4. 实训总结

（1）小组合作完成实训任务，学生需要协作完成任务，共同制定和实施防火墙基本配置策略。同时，鼓励学生相互交流心得、解决问题的经验，提高团队协作能力和沟通技巧。分步陈述实训步骤及注意事项。

（2）防火墙基本配置项目的实训不仅能帮助学生掌握防火墙的基础配置技能，还能使其深入理解网络安全防护的整体框架与运作机制，为今后的网络运维和安全管理工作奠定坚实的基础。写出实训体会和操作技巧。

实训 14　防火墙接入 Internet 配置

1. 实训目的

（1）搭建内外部网络、DMZ 等多区域网络架构，并配置相关接口的 IP 地址及子网掩码。

（2）掌握防火墙接入 Internet 的配置步骤和方法。

2. 实训内容

（1）分组进行操作，一组 5 台计算机，安装 Windows 10 操作系统，测试环境。安装 eNSP 工具软件，进行模拟测试。

（2）完成网络拓扑设计与设备连接，设置安全策略配置，完成防火墙接入 Internet 配置。

3. 实训过程

（1）配置防火墙接入 Internet，如图 4.9 所示，进行网络拓扑连接。

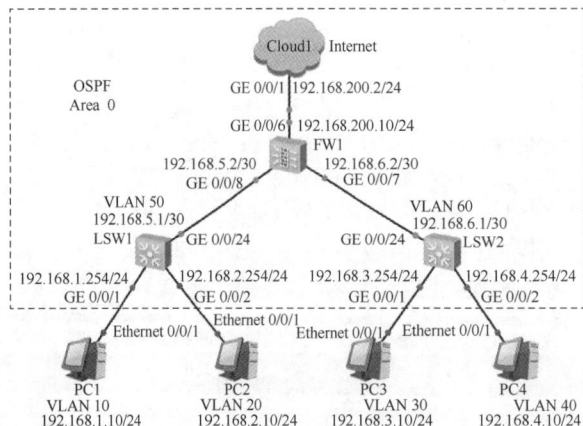

图 4.9　配置防火墙接入 Internet

V4-10　配置防火墙接入 Internet——交换机 LSW1 和 LSW2

V4-11　配置防火墙接入 Internet——防火墙 FW1

V4-12　配置防火墙接入 Internet——结果测试

（2）配置本地虚拟机 VMware Workstation 的网络地址，如图 4.10 所示。

（3）配置本机 vmnet8 网络，进行网络地址转换（Network Address Translation，NAT）设置，设置网关 IP 地址为 192.168.200.2，此 IP 地址为 Cloud1 的入口地址，如图 4.11 所示。

图 4.10　配置本地虚拟机 VMware Workstation 的网络地址

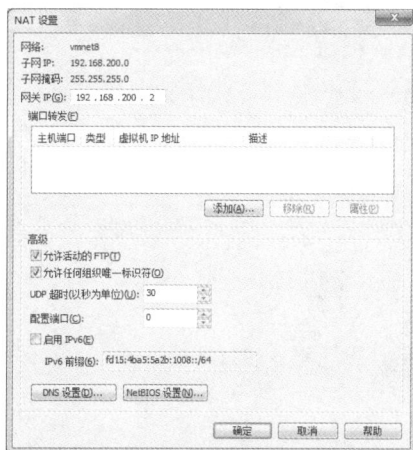

图 4.11　vmnet8 网络的 NAT 设置

（4）配置 Cloud1 端口，如图 4.12 所示。

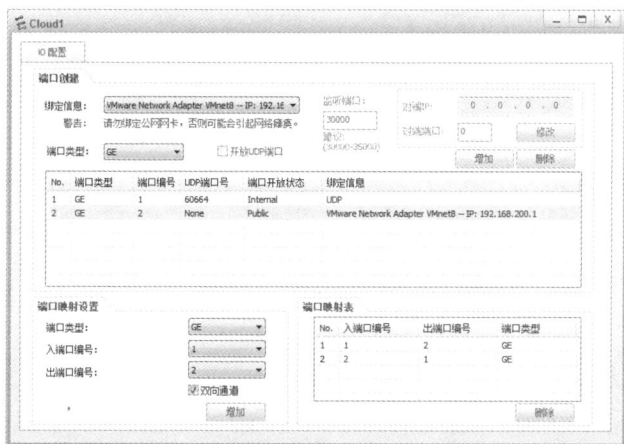

图 4.12　配置 Cloud1 端口

（5）配置交换机 LSW1，相关实例代码如下。

```
<Huawei>system-view
[Huawei]sysname LSW1
[LSW1]vlan batch 10 20 50
[LSW1]interfaceGigabitEthernet 0/0/1
[LSW1-GigabitEthernet0/0/1]port link-type access
[LSW1-GigabitEthernet0/0/1]port default vlan 10
[LSW1-GigabitEthernet0/0/1]quit
[LSW1]interfaceGigabitEthernet 0/0/2
[LSW1-GigabitEthernet0/0/2]port link-type access
[LSW1-GigabitEthernet0/0/2]port default vlan 20
[LSW1-GigabitEthernet0/0/2]quit
[LSW1]interfaceGigabitEthernet 0/0/24
```

```
[LSW1-GigabitEthernet0/0/24]port link-type access
[LSW1-GigabitEthernet0/0/24]port default vlan 50
[LSW1-GigabitEthernet0/0/24]quit
[LSW1]interfaceVlanif 10
[LSW1-Vlanif10]ip address 192.168.1.254 24
[LSW1-Vlanif10]quit
[LSW1]interfaceVlanif 20
[LSW1-Vlanif20]ip address 192.168.2.254 24
[LSW1-Vlanif20]quit
[LSW1]interfaceVlanif 50
[LSW1-Vlanif50]ip address 192.168.5.1 30
[LSW1-Vlanif50]quit
[LSW1]router id 1.1.1.1
[LSW1]ospf 1
[LSW1-ospf-1]area 0
[LSW1-ospf-1-area-0.0.0.0]network 192.168.5.0 0.0.0.3      //通告路由
[LSW1-ospf-1-area-0.0.0.0]network 192.168.1.0 0.0.0.255    //通告路由
[LSW1-ospf-1-area-0.0.0.0]network 192.168.2.0 0.0.0.255    //通告路由
[LSW1-ospf-1-area-0.0.0.0]quit
[LSW1-ospf-1]quit
[LSW1]
```

（6）配置交换机 LSW2，相关实例代码如下。

```
<Huawei>system-view
[Huawei]sysname LSW2
[LSW2]vlan batch 30 40 60
[LSW2]interfaceGigabitEthernet 0/0/1
[LSW2-GigabitEthernet0/0/1]port link-type access
[LSW2-GigabitEthernet0/0/1]port default vlan 30
[LSW2-GigabitEthernet0/0/1]quit
[LSW2]interfaceGigabitEthernet 0/0/2
[LSW2-GigabitEthernet0/0/2]port link-type access
[LSW2-GigabitEthernet0/0/2]port default vlan 40
[LSW2-GigabitEthernet0/0/2]quit
[LSW2]interfaceGigabitEthernet 0/0/24
[LSW2-GigabitEthernet0/0/24]port link-type access
[LSW2-GigabitEthernet0/0/24]port default vlan 60
[LSW2-GigabitEthernet0/0/24]quit
[LSW2]interfaceVlanif 30
[LSW2-Vlanif30]ip address 192.168.3.254 24
[LSW2-Vlanif30]quit
[LSW2]interfaceVlanif 40
[LSW2-Vlanif40]ip address 192.168.4.254 24
[LSW2-Vlanif40]quit
[LSW2]interfaceVlanif 60
[LSW2-Vlanif60]ip address 192.168.6.1 30
[LSW2-Vlanif60]quit
[LSW2]router id 2.2.2.2
[LSW2]ospf 1
```

```
[LSW2-ospf-1]area 0
[LSW2-ospf-1-area-0.0.0.0]network 192.168.6.0 0.0.0.3        //通告路由
[LSW2-ospf-1-area-0.0.0.0]network 192.168.3.0 0.0.0.255      //通告路由
[LSW2-ospf-1-area-0.0.0.0]network 192.168.4.0 0.0.0.255      //通告路由
[LSW2-ospf-1-area-0.0.0.0]quit
[LSW2-ospf-1]quit
[LSW2]
```

（7）显示交换机 LSW1、LSW2 的配置信息，以交换机 LSW1 为例，主要相关实例代码如下。

```
<LSW1>display current-configuration
#
sysname LSW1
#
router id 1.1.1.1
#
vlan batch 10 20 50
#
interfaceVlanif10
 ip address 192.168.1.254 255.255.255.0
#
interfaceVlanif20
 ip address 192.168.2.254 255.255.255.0
#
interfaceVlanif50
 ip address 192.168.5.1 255.255.255.252
#
interfaceGigabitEthernet0/0/1
 port link-type access
 port default vlan 10
#
interfaceGigabitEthernet0/0/2
 port link-type access
 port default vlan 20
#
interfaceGigabitEthernet0/0/24
 port link-type access
 port default vlan 50
#
ospf 1
 area 0.0.0.0
  network 192.168.1.0 0.0.0.255
  network 192.168.2.0 0.0.0.255
  network 192.168.5.0 0.0.0.3
#
return
<LSW1>
```

（8）配置防火墙 FW1，相关实例代码如下。

```
<SRG>system-view
[SRG]sysname FW1
```

```
[FW1]interfaceGigabitEthernet 0/0/6
[FW1-GigabitEthernet0/0/6]ip address 192.168.200.10 24
[FW1-GigabitEthernet0/0/6]quit
[FW1]interfaceGigabitEthernet 0/0/7
[FW1-GigabitEthernet0/0/7]ip address 192.168.6.2 30
[FW1-GigabitEthernet0/0/7]quit
[FW1]interfaceGigabitEthernet 0/0/8
[FW1-GigabitEthernet0/0/8]ip address 192.168.5.2 30
[FW1-GigabitEthernet0/0/8]quit
[FW1]firewall zone untrust
[FW1-zone-untrust]add interfaceGigabitEthernet 0/0/6
[FW1-zone-untrust]quit
[FW1]firewall zone trust
[FW1-zone-trust]add interfaceGigabitEthernet 0/0/7
[FW1-zone-trust]add interfaceGigabitEthernet 0/0/8
[FW1-zone-trust]quit
[FW1]policy interzone trust untrust outbound
[FW1-policy-interzone-trust-untrust-outbound]policy 0
[FW1-policy-interzone-trust-untrust-outbound-0]action permit
[FW1-policy-interzone-trust-untrust-outbound-0]policy source 192.168.0.0 0.0.255.255
[FW1-policy-interzone-trust-untrust-outbound-0]quit
[FW1-policy-interzone-trust-untrust-outbound]quit
[FW1]nat-policy interzone trust untrust outbound
[FW1-nat-policy-interzone-trust-untrust-outbound]policy 1
[FW1-nat-policy-interzone-trust-untrust-outbound-1]action source-nat
[FW1-nat-policy-interzone-trust-untrust-outbound-1]policy source 192.168.0.0 0.0.255.255
[FW1-nat-policy-interzone-trust-untrust-outbound-1]quit
[FW1-nat-policy-interzone-trust-untrust-outbound]quit
[FW1]router id 3.3.3.3
[FW1]ospf 1
[FW1-ospf-1]default-route-advertise always cost 200 type 1
[FW1-ospf-1]area 0
[FW1-ospf-1-area-0.0.0.0]network 192.168.5.0 0.0.0.3
[FW1-ospf-1-area-0.0.0.0]network 192.168.6.0 0.0.0.3
[FW1-ospf-1-area-0.0.0.0]network 192.168.200.0 0.0.0.255
[FW1-ospf-1-area-0.0.0.0]quit
[FW1-ospf-1]quit
[FW1]ip route-static 0.0.0.0 0.0.0.0 192.168.200.2
```

（9）显示防火墙 FW1 的配置信息，主要相关实例代码如下。

```
<FW1>display current-configuration
#
stp region-configuration
 region-name e81582044529
 active region-configuration
#
interfaceGigabitEthernet0/0/0
 alias GE0/MGMT
 ip address 192.168.0.1 255.255.255.0
```

```
  dhcp select interface
  dhcp server gateway-list 192.168.0.1
#
interfaceGigabitEthernet0/0/6
  ip address 192.168.200.10 255.255.255.0
#
interfaceGigabitEthernet0/0/7
  ip address 192.168.6.2 255.255.255.252
#
interfaceGigabitEthernet0/0/8
  ip address 192.168.5.2 255.255.255.252
#
firewall zone trust
  set priority 85                      //信任区域的默认优先级为 85
  add interfaceGigabitEthernet0/0/0
  add interfaceGigabitEthernet0/0/7
  add interfaceGigabitEthernet0/0/8
#
firewall zone untrust
  set priority 5                       //非信任区域的默认优先级为 5
  add interfaceGigabitEthernet0/0/6
#
firewall zone dmz
  set priority 50                      //DNZ 的默认优先级为 50
#
ospf 1
  default-route-advertise always cost 200 type 1
  area 0.0.0.0
    network 192.168.5.0 0.0.0.3
    network 192.168.6.0 0.0.0.3
    network 192.168.200.0 0.0.0.255
#
  ip route-static 0.0.0.0 0.0.0.0 192.168.200.2
#
  sysname FW1
#
  router id 3.3.3.3
#
policy interzone trust untrust outbound
  policy 0
    action permit
    policy source 192.168.0.0 0.0.255.255
#
nat-policy interzone trust untrust outbound
  policy 1
    action source-nat
    policy source 192.168.0.0 0.0.255.255
    easy-ip GigabitEthernet0/0/6
#
```

```
return
<FW1>
```

（10）查看主机 PC1 访问主机 PC3 的结果，如图 4.13 所示。

（11）查看本地主机访问 Internet（地址为 www.16*.com）的结果，可以看出其 IP 地址为 111.32.151.14，如图 4.14 所示。

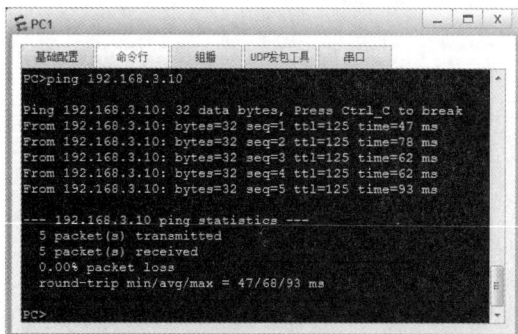

图 4.13　查看主机 PC1 访问主机 PC3 的结果

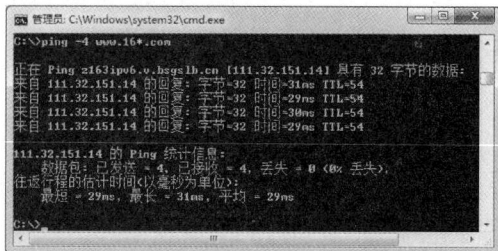

图 4.14　查看本地主机访问 Internet 的结果

（12）查看主机 PC1 访问 IP 地址 111.32.151.14 的结果，如图 4.15 所示。

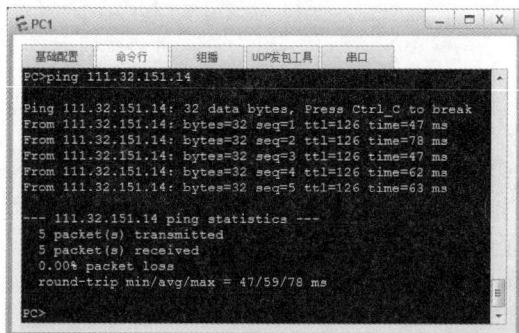

图 4.15　查看主机 PC1 访问 IP 地址 111.32.151.14 的结果

（13）查看主机 PC3 访问 IP 地址 111.32.151.14 的结果，如图 4.16 所示。

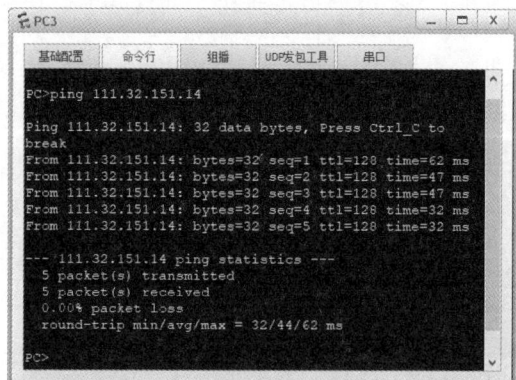

图 4.16　查看主机 PC3 访问 IP 地址 111.32.151.14 的结果

4. 实训总结

（1）小组合作完成实训任务，实训过程中应强调团队分工、沟通协调，以及共同解决复杂安全问题的重要性。根据业务需求制定合理的访问控制策略，如允许内部网络用户访问特定的外部网络服务，阻止非法或非必要的流量进入内部网络。分步陈述实训步骤及注意事项。

（2）防火墙接入 Internet 配置实训不仅提供了理论联系实际的机会，还提升了学生在网络规划、配置、安全管理等方面的综合技能。写出实训体会和操作技巧。

课后习题

1. 选择题

（1）信息在存储或传输过程中保持不被修改、不被破坏和不被丢失的特性是指信息的（ ）。

    A. 保密性   B. 完整性   C. 可用性   D. 可控性

（2）【多选】网络安全的基本要素包括（ ）。

    A. 保密性   B. 完整性   C. 可靠性   D. 可用性

（3）防火墙采用的简单技术是（ ）。

    A. 安装保护卡   B. 隔离   C. 包过滤   D. 设置进入密码

（4）【多选】防火墙的主要优点有（ ）。

    A. 增强了网络安全性   B. 提供了集中的安全管理

    C. 提供了对系统的访问控制   D. 能有效地记录网络访问情况

（5）最适合公司内部经常有流动人员远程办公的 VPN 类型是（ ）。

    A. Access VPN   B. Intranet VPN

    C. Extranet VPN   D. Trunk VPN

2. 简答题

（1）简述网络安全具有脆弱性的原因。

（2）简述防火墙的功能。

（3）简述 VPN 的主要特点。

项目 5

综合布线系统

知识目标

- 掌握综合布线系统基础知识。
- 掌握工作区子系统设计与实施、配线子系统设计与实施、干线子系统设计与实施。
- 掌握电信间子系统设计与实施、设备间子系统设计与实施。
- 掌握进线间子系统和建筑群子系统设计与实施。

技能目标

- 能够安装配线子系统 PVC 管、线槽。
- 能够安装设备间机柜中设备。
- 能够进行建筑群子系统光缆敷设。

素养目标

- 培养严谨细致的工作态度和精益求精的专业精神。
- 培养良好的团队协作意识和有效的沟通协调能力。

5.1 项目陈述

综合布线系统是一种用于建筑物或建筑群内部，为满足语音、数据、图像等信息的传输需求而设计和构建的基础物理设施。该系统采用模块化结构，由一系列高质量的标准材料（如双绞线、光纤等）及相关连接硬件组成，能够支持多种应用系统，并具备良好的灵活性、开放性和可扩展性。综合布线系统的规划、设计需考虑未来技术发展和业务增长的需求，以保证在较长的时间内适应各类网络技术和应用的发展变化。同时，所有的布线产品及施工须符合国际标准，确保系统的性能稳定和兼容性良好。

综合布线系统作为智能建筑的"神经系统"，可提供信息传输的高速通道，是智能建筑的重要组成部分和关键内容，是建筑物内用户与外界沟通的主要渠道。但综合布线工程和智能建筑工程是不同类型、不同性质的工程项目，它们彼此结合形成不可分割的整体，必然有相互融合的需要，同时有彼此矛盾的地方。因此，综合布线系统的规划、设计、施工和使用的全过程都与智能建筑有着极为密切的关系，相关单位必须相互联系、协调配合，采取妥善、合理的方式，以满足各方面的要求。综合布线工程是一项系统工程，它是建筑、通信、计算机和监控等方面的先进技术相互融合的产物。

5.2 必备知识

5.2.1 综合布线系统基础知识

综合布线的发展与智能建筑密切相关。传统布线系统是各自独立的，系统分别由不同的厂商设计和安装。传统布线采用不同的线缆和不同的终端插座。此外，连接不同的传统布线的插头、插座及配线架均无法互相兼容。办公布局及环境改变的情况是经常发生的，当需要调整办公设备或随着新技术的发展需要更换设备时，就必须更换布线。这样会增加新线缆而留下不用的旧线缆，日久天长，导致建筑物内有一堆堆杂乱的线缆，令维护不便、改造困难，存在很大的安全隐患。随着全球社会信息化与经济国际化的深入发展，人们对信息共享的需求日趋迫切，因此需要适合信息时代的布线方案。

1. 综合布线系统的特点

综合布线系统同传统布线系统相比有许多优越之处。综合布线系统的特点主要为具有开放性、灵活性、可靠性、兼容性、先进性和经济性，且一般在设计、施工和维护方面能给人们带来许多方便。

（1）开放性

对于传统布线系统，用户选定了某种设备，也就选定了与之相适应的布线方式和传输介质。如果更换另一种设备，则原来的布线系统要全部更换，这样做增加了很多麻烦，也提高了成本。综合布线系统采用了开放式体系结构，支持多种国际流行的标准，包括计算机网络设备的标准、交换机设备的标准和几乎所有的通信标准等。

（2）灵活性

在综合布线系统中，由于所有信息系统都采用相同的传输介质和星形拓扑结构，因此所有的信息通道都是通用的，每条信息通道都可支持电话和多用户终端。

（3）可靠性

综合布线系统采用高品质的材料和组合压接方式构成一套高标准的信息通道。所有器件通过美国保险商实验室（Underwriters Laboratories，UL）、加拿大标准协会（Canadian Standards Association，CSA）和国际标准化组织认证，每条信息通道都采用星形拓扑结构、点对点连接，任何一条信息通道出现故障都不影响其他信息通道的运行，这为信息通道的运行、维护及故障检修提供了极大的方便，从而保障了系统的可靠运行。各综合布线系统采用相同的传输介质，因此可互为备份，提高了可靠性。

微课

V5-1 综合布线
系统的特点

（4）兼容性

所谓兼容性，是指其设备或程序可以用在多种系统中的特性。综合布线系统通过将语音信号、数据信号与图像信号的配线经过统一的规划和设计，采用相同的传输介质、信息插座、交连设备和适配器等，把这些性质不同的信号综合到一套标准的布线系统中。

（5）先进性

综合布线系统通常采用光纤与双绞线混合的布线方式，采用这种方式能够十分合理地构建完整的布线系统。所有布线采用当前最新通信标准，信息通道均按布线标准进行设计，按 8 芯双绞线进行配置，数据最大传输速率可达到 10 Gbit/s。对于需求特殊的用户，可将光纤敷设到桌面，通过主干通道同时传输多路实时多媒体信息。同时，星形拓扑结构的物理布线方式为交换式网络奠定了通信基础。

（6）经济性

建筑产品的经济性应该从两个方面加以衡量，即初期投资和性价比。一般来说，用户总是希望建筑物所采用的设备在开始使用时就具有良好的实用性，且有一定的技术储备，在之后的若干年内应保持最初的投资价值，即在不增加新投资成本的情况下，能保持建筑物的先进性。

综合布线较好地解决了传统布线存在的许多问题。随着科学技术的迅猛发展，人们对信息资源共享的需求越来越迫切，越来越重视能够同时提供语音、数据、图像和视频传输功能的集成通信网。因此，综合布线取代功能单一、昂贵、复杂的传统布线，是历史发展的必然趋势。

2．综合布线术语

综合布线术语如表 5.1 所示。

表 5.1 综合布线术语

术语	英文名称	解释
布线	Cabling	能够支持电子信息设备相连的各种线缆、跳线、接插软线和由连接器件组成的系统
建筑群子系统	Campus Subsystem	由配线设备、建筑物之间的干线线缆、设备线缆、跳线等组成
电信间	Telecommunications Room	放置电信设备、线缆终接的配线设备，并进行线缆交接的空间
工作区	Work Area	需要设置终端设备的独立区域
信道	Channel	连接两个应用设备的端到端的传输通道
链路	Link	CP 链路或永久链路
永久链路	Permanent Link	信息点与楼层配线设备之间的传输线路。它不包括工作区线缆和连接楼层配线设备的设备线缆、跳线，但包括 CP 链路
集合点	Consolidation Point	楼层配线设备与工作区信息点之间水平线缆路由中的连接点
CP 链路	CP Link	楼层配线设备与集合点之间，包括两端的连接器件的永久链路
建筑群配线设备	Campus Distributor	终接建筑群主干线缆的配线设备
建筑物配线设备	Building Distributor	为建筑物主干线缆或建筑群主干线缆终接的配线设备
楼层配线设备	Floor Distributor	终接水平线缆和其他布线子系统线缆的配线设备
入口设施	Building Entrance Facility	提供符合相关规范的机械与电气特性的连接器件，使得外部网络线缆引入建筑物内

术语	英文名称	解释
连接器件	Connecting Hardware	用于连接电线缆对和光缆光纤的一个器件或一组器件
光纤适配器	Optical Fiber Adapter	使光纤连接器实现光学连接的器件
建筑群主干线缆	Campus Backbone Cable	用于在建筑群内连接建筑群配线设备与建筑物配线设备的线缆
建筑物主干线缆	Building Backbone Cable	入口设施至建筑物配线设备、建筑物配线设备至楼层配线设备、建筑物内楼层配线设备之间相连接的线缆
水平线缆	Horizontal Cable	楼层配线设备至信息点之间的连接线缆
CP 线缆	CP Cable	连接集合点至工作区信息点的线缆
信息点	Telecommunications Outlet	线缆终接的信息插座模块
设备线缆	Equipment Cable	通信设备连接到配线设备的线缆
跳线	Jumper	不带连接器件或带连接器件的电线缆对和带连接器件的光纤，用于配线设备之间进行连接
线缆	Cable	电缆和光缆的统称
光缆	Optical Cable	由单芯或多芯光纤构成的线缆
线对	Pair	由两个相互绝缘的导体双绞线组成，通常是双绞线对
对绞电缆	Balanced Cable	由一个或多个金属导体线对组成的对称电缆
屏蔽对绞电缆	Screened Balanced Cable	含有总屏蔽层和/或每线对屏蔽层的对绞电缆
非屏蔽对绞电缆	Unscreened Balanced Cable	不带有任何屏蔽物的对绞电缆
接插软线	Patch Cord	一端或两端带有连接器件的软电缆
多用户信息插座	Multi-user Telecommunications Outlet	工作区内若干信息插座模块的组合装置
配线区	the Wiring Zone	根据建筑物的类型、规模、用户单元的密度，以单栋或若干栋建筑物的用户单元组成的配线区域
配线管网	the Wiring Pipeline Network	由建筑物外线引入管和建筑物内的竖井、管、桥架等组成的管网
用户接入点	the Subscriber Access Point	多家电信业务经营者的电信业务共同接入的部位，是电信业务经营者与建筑建设方的工程界面
用户单元	Subscriber Unit	建筑物内占有一定空间、使用者或使用业务会发生变化的、需要直接与公用电信网互联互通的用户区域
光纤到用户单元通信设施	Fiber to the Subscriber Unit Communication Facilities	光纤到用户单元工程中，建筑规划用地红线内地下通信管道、建筑内管槽及通信光缆、光配线设备、用户单元信息配线箱及预留的设备间等设备安装空间
配线光缆	Wiring Optical Cable	用户接入点至园区或建筑群光缆的汇聚配线设备之间，或用户接入点至建筑规划用地红线范围内与公用通信管道互通的人（手）孔之间的互通光缆
用户光缆	Subscriber Optical Cable	用户接入点配线设备至建筑物内用户单元信息配线箱之间相连接的光缆
户内线缆	Indoor Cable	用户单元信息配线箱至用户区域内信息插座模块之间相连接的线缆
信息配线箱	Information Distribution Box	安装于用户单元内的完成信息互通与通信业务接入的配线箱体
桥架	Cable Tray	梯架、托盘及槽盒的统称

119

3. 综合布线缩略语

综合布线缩略语如表 5.2 所示。

表 5.2　综合布线缩略语

英文缩写	英文名称	中文名称或解释
ACR-F	Attenuation to Crosstalk Ratio at the Far-end	衰减远端串音比
ACR-N	Attenuation to Crosstalk Ratio at the Near-end	衰减近端串音比
BD	Building Distributor	建筑物配线设备
CD	Campus Distributor	建筑群配线设备
CP	Consolidation Point	集合点
d.c.	Direct Current loop resistance	直流环路电阻
EIA	Electronic Industries Association	电子工业协会
ELTCTL	Equal Level TCTL	两端等效横向转换损耗
FD	Floor Distributor	楼层配线设备
FEXT	Far End Crosstalk Attenuation(loss)	远端串音
ID	Intermediate Distributor	中间配线设备
IEC	International Electrotechnical Commission	国际电工技术委员会
IEEE	Institute of Electrical and Electronics Engineers	电气及电子工程师学会
IL	Insertion Loss	插入损耗
IP	Internet Protocol	互联网协议
ISDN	Integrated Service Digital Network	综合业务数字网
ISO	International Organization for Standardization	国际标准化组织
MUTO	Multi-User Telecommunications Outlet	多用户信息插座
MPO	Multi-fiber Push On	多芯推进锁闭光纤连接器件
NI	Network Interface	网络接口
NEXT	Near End Crosstalk Attenuation(loss)	近端串音
OF	Optical Fiber	光纤
POE	Power Over Ethernet	以太网供电
PS NEXT	Power Sum Near End Crosstalk Attenuation(loss)	近端串音功率和
PS AACR-F	Power Sum Attenuation to Alien Crosstalk Ratio at the Far-end	外部远端串音比功率和
PS AACR-F$_{avg}$	Average Power Sum Attenuation to Alien Crosstalk Ratio at the Far-end	外部远端串音比功率和平均值
PS ACR-F	Power Sum Attenuation to Crosstalk Ratio at the Far-end	衰减远端串音比功率和
PS ACR-N	Power Sum Attenuation to Crosstalk Ratio at the Near-end	衰减近端串音比功率和
PS ANEXT	Power Sum Alien Near-End Crosstalk(loss)	外部近端串音功率和
PS ANEXT$_{avg}$	Average Power Sum Alien Near-End Crosstalk(loss)	外部近端串音功率和平均值
PS FEXT	Power Sum Far end Crosstalk(loss)	远端串音功率和
RL	Return Loss	回波损耗

续表

英文缩写	英文名称	中文名称或解释
SC	Subscriber Connector(optical fiber connector)	用户连接器件（光纤活动连接器件）
SW	Switch	交换机
SFF	Small Form Factor connector	小型光纤连接器件
TCL	Transverse Conversion Loss	横向转换损耗
TCTL	Transverse Conversion Transfer Loss	横向转换转移损耗
TE	Terminal Equipment	终端设备
TO	Telecommunications Outlet	信息点
TIA	Telecommunications Industry Association	美国电信工业协会
UL	Underwriters Laboratories	美国保险商实验所安全标准
Vr.m.s	Vroot.mean.square	电压有效值

GB 50311—2016 与 TIA/EIA 568-A 在综合布线设计与安装中主要缩略语对照如表 5.3 所示。

表 5.3　GB 50311—2016 与 TIA/EIA 568-A 在综合布线设计与安装中主要缩略语对照

GB 50311—2016		TIA/EIA 568-A	
缩略语	解释	缩略语	解释
CD	建筑群配线设备	MDF	主配线架
BD	建筑物配线设备	IDF	楼层配线架
FD	楼层配线设备	IO	通信插座
TO	信息点	TP	过渡点
CP	集合点		

4．综合布线系统的组成

综合布线系统是建筑物内或建筑群之间的模块化、灵活性极高的信息传输通道，是智能建筑的"信息高速公路"。综合布线系统由不同系列和规格的部件组成，其中包括传输介质、相关连接硬件（如配线架、插座、插头和适配器等）、电气保护设备等。

综合布线系统一般采用分层星形拓扑结构。该结构下的每个分支子系统都是相对独立的单元，对每个分支子系统的改动都不影响其他子系统，只要改变节点连接方式即可使综合布线系统在星形、总线型、环形、树形等拓扑结构之间进行转换。

综合布线系统采用模块化的结构，依照国家标准《综合布线系统工程设计规范》（GB 50311—2016），综合布线系统工程宜按下列 7 个部分进行设计，如图 5.1 所示。

管理员应对综合布线系统工程的技术文档及工作区、电信间、设备间、进线间的配线设备、线缆、信息插座模块等设施按一定的方式进行标识和记录，包括管理方式、标识（贴在 TO、FD、BD、CD 和线缆上的标签）和交叉连接（通过跳线等实现配线和干线、干线和建筑群线缆之间的连接、转换）等，这有利于今后的维护和管理。

（1）工作区

独立的、需要设置终端设备的区域宜划分为工作区。一个工作区中可能只有一台终端设备，也可能有多台终端设备，一般以房间为单位划分。终端设备包括计算机、电话机、传感器、网络摄像机/球等。工作区应由配线子系统的信息插座模块延伸到终端设备处的连接线缆及适配器组成。对于结构化布线来说，工作区的常见设备包括计算机中的网卡、信息插座模块（通常是 RJ-45 接口）和计算机网卡之间的接插软线，以及连接电话插座和电话机的用户线。

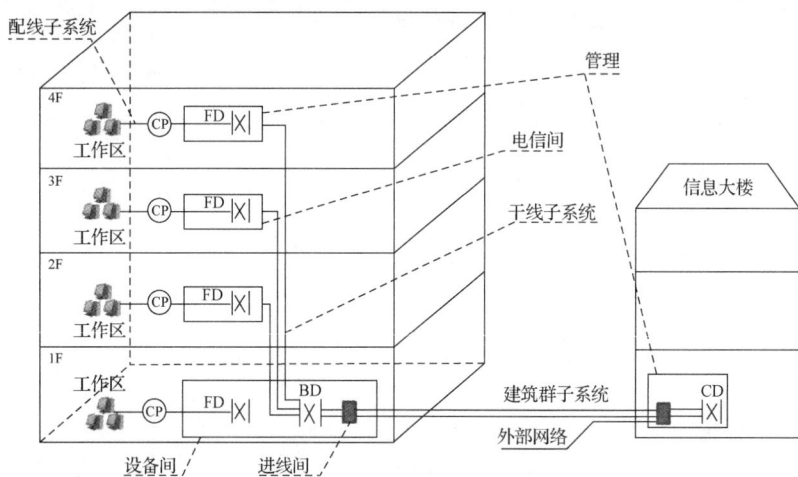

图 5.1　综合布线系统组成示意

（2）配线子系统

配线子系统是综合布线系统的重要组成部分，是 3 个布线子系统之一，也是综合布线系统中线缆用量最大、施工要求较高的部分，其线缆的两端分别终接到电信间 FD 和信息插座模块上。配线子系统由工作区的信息插座模块、信息插座模块至电信间 FD 的配线电缆和光缆、电信间 FD 及设备线缆和跳线等组成。

（3）干线子系统

干线子系统是综合布线系统的重要组成部分，是 3 个布线子系统之一，它负责提供建筑物的干线路由。干线子系统由设备间至电信间的干线电缆和光缆，以及安装在设备间的 BD 及设备线缆和跳线组成。

（4）电信间

电信间是放置电信设备、电缆、光缆、终端配线设备，并进行布线交接的专用空间，一般为电信专用房间，有时是弱电系统安装设备或敷设线缆的场所。在综合布线系统工程中，电信间是建筑物干线子系统和配线子系统的线缆互相连接点或指定交接点，通常是利用暗敷管路或电缆竖井形成的上下垂直、互相贯通的专用空间。

（5）设备间

设备间是每栋建筑物进行网络管理和信息交互的场地。对于综合布线系统工程设计而言，设备间主要用于安装 BD。电话交换机、计算机主机设备及入口设施也可与配线设备安装在一起。

（6）进线间

进线间是建筑物外部通信和信息管线的入口部位，可作为入口设施和 CD 的安装场地。

（7）建筑群子系统

建筑群子系统是综合布线系统的重要组成部分，是 3 个布线子系统之一，用于将一栋建筑物中的线缆延伸到另一栋建筑物的布线部分。建筑群子系统由连接多栋建筑物的主干电缆和光缆、CD，以及设备线缆和跳线组成。

5. 综合布线系统的结构

综合布线系统的结构是开放式的，该结构下的每个分支子系统都是相对独立的单元，对每个分支子系统进行改动都不会影响其他分支子系统。

（1）综合布线部件

综合布线采用的主要布线部件有下列几种。

- CD。
- 建筑群子系统电缆或光缆。
- BD。
- 建筑物干线子系统电缆或光缆。
- 电信间 FD。
- 配线子系统电缆或光缆。
- CP（选用）。
- 信息插座模块。
- 工作区线缆。
- 终端设备。

（2）三级综合布线系统结构

综合布线系统可为计算机网络系统提供信息传输通道，各级交换设备通过综合布线系统将计算机连接在一起形成网络，网络系统结构决定了综合布线系统结构。三级网络系统结构与三级综合布线系统结构的对应关系如图 5.2 所示。

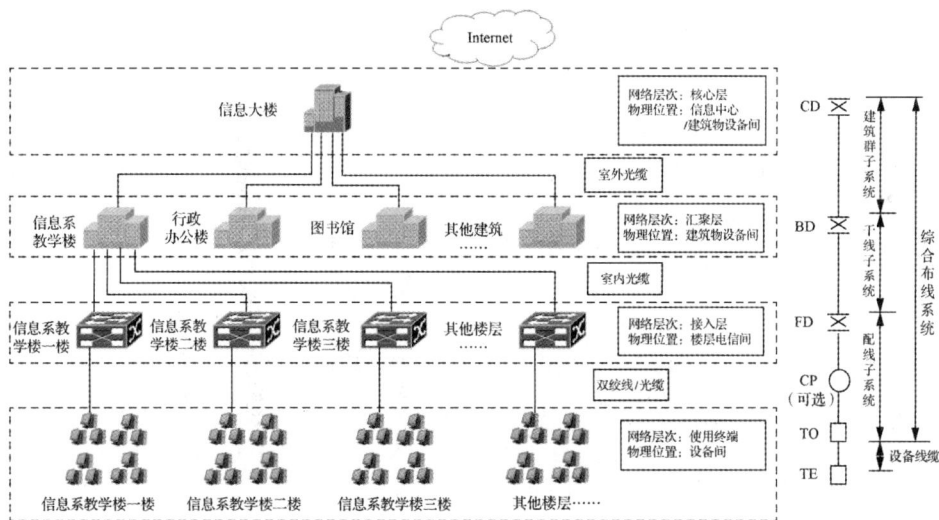

图 5.2　三级网络系统结构与三级综合布线系统结构的对应关系

通常局域网结构分为核心层、汇聚层和接入层，分别对应综合布线系统结构中的 CD、BD 和电信间 FD。建筑群子系统的电缆或光缆用于连接核心层到汇聚层的网络设备，干线子系统的电缆或光缆用于连接汇聚层到接入层的网络设备，配线子系统的电缆或光缆用于连接接入层的网络设备到工作区的终端设备。建筑群设备间的 CD 至工作区的终端设备（如计算机、电话等）形成完整的通信链路。在配线子系统中可以设置 CP，也可以不设置 CP。

6. 综合布线系统标准

随着 IT 的日益成熟，信息系统应用得越来越多，但每个系统都需要自己独特的布线方式和连接器，用户更改系统的同时不得不相应改变其布线方式。为赢得并维持市场的信任，TIA 和 EIA 联合开发了建筑物布线标准。在国际上，制定综合布线系统标准的主要国际组织有 ISO、IEC、TIA、

EIA、美国国家标准研究所（American National Standards Institute，ANSI）、欧洲电工标准化委员会（European Committee for Electrotechnical Standardization，CENELEC）。

当前国际上主要的综合布线技术标准有北美标准 TIA/EIA 568-B、国际标准 ISO/IEC 11801:2002 和欧洲标准 CENELEC EN 50173:2002，这些标准都在 2002 年推出。20 多年来，综合布线技术推陈出新，为了在标准中体现新技术的发展，将新技术以增编的方式添加到标准中。例如，在北美标准中，传输速率达 10Gbit/s、传输距离达 100m、传输带宽为 500 MHz 的 6A 类综合布线系统就定义在增编 TIA/EIA 568-B.2-10 中。每当综合布线技术更新换代时，国际组织总是先推出标准草案试行一段时间，再推出新版标准。

（1）北美标准

TIA/EIA 标准主要是指 TIA/EIA 568《商业建筑通信布线标准》（*Commercial Building Telecommunications Cabling Standard*），包括 TIA/EIA 568-A、TIA/EIA 568-B、TIA/EIA 568-C。其他相关标准有 TIA/EIA 569-A（商业建筑电信通道和空间标准）、TIA/EIA 570-A（住宅电信布线标准）、TIA/EIA 606（商业建筑电信基础设施管理标准），以及 TIA/EIA 607（商业建筑物接地和接线规范）。

（2）国际标准

综合布线国际标准主要是指 ISO/IEC 11801 系列标准。

Information Technology-Generic Cabling for Customer Premises 即《信息技术-用户建筑群通用布缆》（ISO/IEC 11801）标准是在 1995 年制定、发布的。该标准把有关元器件和测试方法归入国际标准。

目前该标准有 3 个版本：ISO/IEC 11801:1995、ISO/IEC 11801:2000 和 ISO/IEC 11801:2002。

ISO/IEC 在 ISO/IEC 11801:2002 后推出了很多修订版，如 ISO/IEC 11801 Am.1:2008、ISO/IEC 11801 Am.2:2010，分别定义了传输带宽可高达 1000MHz，分别于 50m 内和 15m 内，提供 40Gbit/s 以太网和 100Gbit/s 以太网传输速率的 7A 类传输标准。

（3）欧洲标准

欧洲标准 CENELEC EN 50173（《信息系统通用布线标准》）与国际标准 ISO/IEC 11801 是一致的。但是 CENELEC EN 50173 比 ISO/IEC 11801 更严格，它更强调电磁兼容性，提出通过线缆屏蔽层，使线缆内部的双绞线对在高带宽传输的条件下，具备更强的抗干扰能力和防辐射能力。该标准先后有 3 个版本，即 CENELEC EN 50173:1995、CENELEC EN 50173A1:2000 和 CENELEC EN 50173:2002。相应的欧洲标准还有 CENELEC EN 50174（《信息系统布线安装标准》）。

（4）中国国家标准

综合布线系统标准是布线系统产品设计、制造、安装和维护所应遵循的基本原则。该标准对于生产厂商和布线施工人员都十分重要，生产厂商必须十分清楚如何设计和制造符合综合布线系统标准的产品，布线施工人员需要掌握符合综合布线系统标准的各种施工技术和测试方法。

① 综合布线系统标准在中国的发展。

中国工程建设标准化协会在 1997 年颁布了《建筑与建筑群综合布线系统工程设计规范》（CECS 72—1997），这是我国第一份关于综合布线系统的标准。该标准在很大程度上参考了北美的综合布线系统标准 TIA/EIA 568。

1997 年 9 月 9 日，我国通信行业标准 YD/T 926（《大楼通信综合布线系统》）正式发布。2001 年 10 月 19 日，原中华人民共和国信息产业部发布了通信行业标准 YD/T 926—2001，并于 2001

年 11 月 1 日起正式实施。2009 年 6 月 15 日，中华人民共和国工业和信息化部又发布了通信行业标准 YD/T 926—2009，并于 2009 年 9 月 1 日起正式实施。

综合布线国家标准《建筑与建筑群综合布线系统工程设计规范》（GB/T 50311—2000）、《建筑与建筑群综合布线系统工程验收规范》（GB/T 50312—2000）于 2000 年 2 月 28 日发布，2000 年 8 月 1 日起正式实施。综合布线国家标准《综合布线系统工程设计规范》（GB 50311—2016）、《综合布线系统工程验收规范》（GB/T 50312—2016）于 2016 年 8 月 26 日发布，2017 年 4 月 1 日起正式实施。新的综合布线系统国家标准正在修订之中。

② 综合布线系统国家标准。

《综合布线系统工程设计规范》（GB 50311—2016）、《综合布线系统工程验收规范》（GB/T 50312—2016）是目前执行的国家标准。新标准是在参考国际标准 ISO/IEC 11801:2002 和 TIA/EIA 568-B，依据综合布线技术的发展，总结 GB/T 50311—2000、GB/T 50312—2000 标准经验的基础上编写出来的。

新标准的变动遵循 3 个主导思想：一是和国际标准接轨，以国际标准的技术要求为主，避免造成厂商对标准的一些误导；二是符合国家的法规政策，新标准的编制要体现国家最新的法规政策；三是很多数据、条款的内容更贴近工程的应用，使用方便，不抽象，更具实用性和可操作性。

GB 50311—2007 定义到了最新的 F 级（7 类）综合布线系统，在设计和验收标准中分别增加了一条必须严格执行的强制性条文。例如，"当电缆从建筑物外面进入建筑物时，应选用适配的信号线路浪涌保护器，信号线路浪涌保护器应符合设计要求。"这主要是指将通信电缆或园区内的大对数电缆引入建筑物时，在入口设施或大楼的 BD、CD 外线侧的配线模块应该加装线路的浪涌保护器。

7. 网络传输介质

在通信网络中，首要问题是通信线路和信号传输问题。通信分为有线通信和无线通信，有线通信中的信号主要是电信号和光信号，负责传输电信号或光信号的各种线缆的总称就是通信线缆。线缆是常见的网络传输介质，网络传输介质是指在网络中传输信息的载体，不同传输介质的特性各不相同，其特性对通信速度、通信质量有较大影响。目前，在通信线路中，常用的网络传输介质有双绞线、同轴电缆和光纤。双绞线和同轴电缆用于传输电信号，光纤用于传输光信号。

（1）双绞线

双绞线（Twisted Pair，TP）是综合布线工程中常用的传输介质，是由多对具有绝缘保护层的铜线组成的，如图 5.3 所示。与其他传输介质相比，双绞线在传输距离、信道宽度和数据传输速率等方面均有一定限制，但价格较为便宜。

图 5.3 双绞线

双绞线由两条互相绝缘的铜线组成，将两条铜线拧在一起，可以减少邻近线对电信号的干扰。双绞线既能用于传输模拟信号，又能用于传输数字信号，其带宽取决于铜线的直径和传输距离。双绞线因性能较好且价格便宜得到了广泛应用。双绞线是模拟数据通信和数字数据通信普遍使用的传输介质，它的主要应用范围是电话系统中的模拟语音传输和局域网的以太网组网。双绞线适用于短距离的信息传输，当传输距离超过几千米时，信号因衰减可能会产生畸变，这时就要使用中继器来进行信号处理。

用于数据通信的双绞线结构为 4 对结构，为了便于安装与管理，对每对双绞线用颜色标示，4 对双绞线的颜色分别为蓝色、橙色、绿色和棕色。每对双绞线中，其中一根的颜色为线对颜色加上白色条纹或斑点（纯色），另一根的颜色为白底色加线对颜色的条纹或斑点。电缆颜色编码如表 5.4 所示。

表 5.4 电缆颜色编码

线对	颜色编码	缩写
线对 1	白-蓝 蓝	W-BL BL
线对 2	白-橙 橙	W-O O
线对 3	白-绿 绿	W-G G
线对 4	白-棕 棕	W-BR BR

双绞线的相关特性如下。

- 物理特性：铜质线芯，传导性能良好。
- 传输特性：可用于传输模拟信号和数字信号。
- 连通性：可用于点到点或点到多点连接。
- 传输距离：可达 100m。
- 传输速率：10～1000Mbit/s。
- 抗干扰性：低频（10kHz 以下）双绞线的抗干扰性强于同轴电缆，高频（10～100kHz）双绞线的抗干扰性弱于同轴电缆。
- 相对价格：比同轴电缆和光纤的价格便宜。

双绞线的种类与型号如下。

- 按结构分类，双绞线可分为 UTP 和 STP 两类。
- 按性能指标分类，双绞线可分为 1 类、2 类、3 类、4 类、5 类、5e 类、6 类、6A 类、7 类、7A 类、8 类双绞线或 A、B、C、D、E、E_A、F、F_A、G 级双绞线。
- 按特性阻抗分类，有 100Ω、120Ω 及 150Ω 等的双绞线。常用的是 100Ω 的双绞线。
- 按双绞线对数多少分类，有 1 对、2 对、4 对双绞线，以及 25 对、50 对、100 对等大对数双绞线。

① 双绞线的类型。

双绞线包括以下几种。

a. 1 类线（Cat 1）。

1 类线的最高频率带宽是 750kHz，用于报警系统或只用于语音传输，不用于数据传输。

b. 2 类线（Cat 2）。

2 类线的最高频率带宽是 1MHz，用于语音传输和最高数据传输速率为 4Mbit/s 的数据传输，常见于使用 4Mbit/s 规范令牌传输协议的令牌环网。

c. 3 类线（Cat 3）。

3 类线是 ANSI 和 TIA/EIA 586 标准中指定的线缆，3 类线的最高频率带宽为 16MHz，主要应用于语音传输、10 Mbit/s 的以太网和 4Mbit/s 的令牌环网，以及 10BASE-T 网络，最大网段长为 100m，采用 RJ 形式的连接器。4 对 3 类线早已退出市场，市场上的 3 类线产品只有用于语音

微课

V5-3 双绞线电缆类型

主干布线的 3 类大对数电缆及相关配线设备。

d. 4 类线（Cat 4）。

4 类线的最高频率带宽为 20MHz，最高数据传输速率为 20Mbit/s，主要用于语音传输、10Mbit/s 的以太网和 16Mbit/s 的令牌环网，以及基于令牌的局域网和 10BASE-T/100BASE-T 网络，最大网段长为 100m，采用 RJ 形式的连接器，未被广泛采用。

e. 5 类线（Cat 5）。

5 类线外套有高质量的绝缘材料。在双绞线内，不同线对具有不同的扭绞长度。一般来说，4 对双绞线的绞距周期在 38.1mm 内，按逆时针方向扭绞，一对线对的扭绞长度在 12.7mm 以内。5 类线的最高频率带宽为 100MHz，传输速率为 100Mbit/s（最高可达 1000Mbit/s），主要用于 100BASE-T 和 10BASE-T 网络，最大网段长为 100m，采用 RJ 形式的连接器。用于数据通信的 4 对 5 类线已退出市场，目前只有应用于语音主干布线的 5 类大对数电缆及相关配线设备。

f. 5e 类线（Cat 5e）。

5e 类线也称为"超 5 类线""增强型 5 类线"，如图 5.4 所示。5e 类线衰减小、串扰小、时延小，与 5 类线相比具有更高的信噪比（Signal-to-Noise Ratio，SNR）、更小的时延误差，性能得到了很大提高，主要用于传输速率为 1Gbit/s 的以太网。双绞线的电气特性直接影响其传输质量，双绞线的电气特性参数同时是布线链路中的测试参数。5e 类线的性能超过 5 类线，比普通的 5 类 UTP 的衰减更小，同时具有更高的衰减串扰比和回波损耗，以及更小的时延和衰减，性能得到了提高。5e 类线能稳定支持 100Mbit/s 网络，相比 5 类线能更好地支持 1000Mbit/s 网络。

g. 6 类线（Cat 6）。

TIA、EIA 在 2002 年正式颁布 6 类线标准，与 5e 类线相比，6 类线是 1000Mbit/s 网络的最佳选择。6 类线目前已成为市场的主流产品，市场占有率已超过 5e 类线。6 类线标准规定线缆频率带宽为 250MHz，它的绞距比 5e 类线更小，线对间的相互影响更小，从而提高了串扰的性能。6 类线的线径比 5 类线要大，它能提供两倍于 5e 类线的带宽。6 类线的传输性能远远强于 5e 类线，适用于传输速率高于 1Gbit/s 的应用。与 5e 类线的一个重要不同点在于，6 类线改善了串扰及回波损耗方面的性能。对于新一代全双工的高速网络应用而言，优良的回波损耗性能是极为重要的。6 类线标准中取消了基本链路模型，布线标准采用星形拓扑结构，布线距离的要求如下：永久链路的长度不能超过 90m，信道长度不能超过 100m。

6 类线的传输性能远远强于 5e 类线。两者的主要不同点在于，6 类线改善了在串扰及回波损耗方面的性能，6 类线中有十字骨架，如图 5.5 所示。

双绞线类型的数字越大、版本越新、技术越先进，带宽就越大，价格也就越贵。下面介绍不同类型的双绞线标注方式。如果是标准类型，则按 Cat.x 的方式标注，如常用的 5 类线和 6 类线会分别在线的外皮上标注 Cat.5、Cat.6；而如果是改进类型，则按 Cat.xe 的方式标注，如 5e 类线标注为 Cat.5e，如图 5.6 所示。

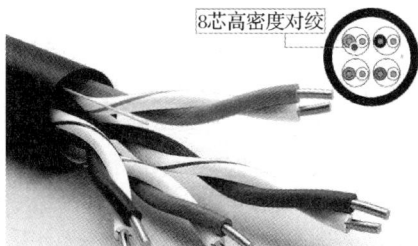

图 5.4　5e 类线

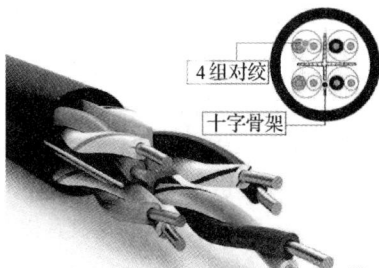

图 5.5　6 类线

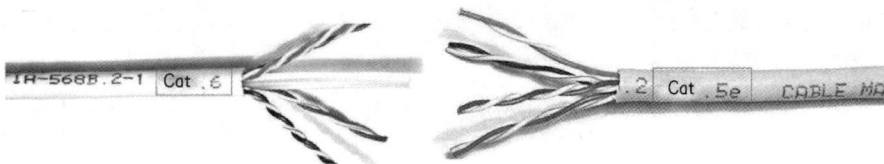

图 5.6 不同类型双绞线的标注示例

2005 年以前主要使用 5 类线和 5e 类线，自 2006 年主要使用 5e 类线和 6 类线，也有重要项目使用 6e 类线和 7 类线。

h. 6A 类线（Cat 6A）。

6A 类线（又称超 6 类线、增强型 6 类线）的概念最早是由厂家提出的。由于 6 类线标准规定线缆频率带宽为 250MHz，有的厂家的 6 类线频率带宽超过了 250MHz，如 300MHz 或 350MHz，于是自定义了"超 6 类线""Cat 6A""Cat 6E"等类别名称，表明产品性能超过了 6 类线。ISO、IEC 定义其为 E_A 级线。

IEEE 802.3an 10Gbit/s BASE-T 标准的发布，将万兆铜缆布线时代正式推到人们面前，布线标准组织正式提出了增强型 6 类线的概念。已颁发的 10Gbit/s BASE-T 标准包含传输要求等指标，而这对线缆的选择来说造成了一定的困扰，因为 10Gbit/s BASE-T 标准中的传输要求超过了 Cat 6/Class E 的要求指标，10Gbit/s BASE-T 在 Cat 6/Class E 线缆上仅能支持不大于 55m 的距离。

为突破距离的限制，在 TIA/EIA 568-B.2-10 标准中规定了 6A 类布线系统，其支持的频率带宽为 500MHz，传输距离为 100m，线缆及连接类型为 UTP 或铝箔屏蔽双绞线（Foiled Twisted Pair，FTP）。

i. 7 类线（Cat 7）。

7 类线是一种 8 芯屏蔽线，每对线都有一个屏蔽层（一般为金属箔屏蔽层），8 根芯外还有一个屏蔽层（一般为金属编织丝网屏蔽层），接口与 RJ-45 接口相同，如图 5.7 所示。7 类线的带宽最高为 600MHz，超 7 类线的带宽为 1000MHz。

6 类线和 7 类线有很多显著的差别，最明显的就是带宽。6 类线提供至少 200MHz 的综合衰减对串扰比及 250MHz 的整体带宽。7 类线可以提供至少 500MHz 的综合衰减对串扰比和 600MHz 的整体带宽。借助于单独的线对金属箔屏蔽层和整个线缆的金属编织丝网屏蔽层，7 类线可以有非常优异的屏蔽效果。

j. 7A 类线（Cat 7A）。

7A 类线是更高等级的线缆，其实现带宽频率为 1000MHz，对应的连接模块的结构与目前的 RJ-45 模块完全不兼容，目前市面上能看到 GG-45 模块（向下兼容 RJ-45 模块）和 Tear 模块（可完成 1200 MHz 频率带宽的传输）。7A 类线只有屏蔽线缆，因频率提升而必须采用线对金属箔屏蔽层加外层金属编织丝网屏蔽层，7A 类线是为 40Gbit/s 网络和 100Gbit/s 网络而准备的线缆。

k. 8 类线（Cat 8）。

8 类线是目前最高等级的传输线缆，如图 5.8 所示，8 类线采用双屏蔽网线，可支持 2000MHz 带宽频率且传输速率高达 40Gbit/s，但传输距离需在 30m 以内才能保证其最佳性能。因此，8 类线常用于短距离的数据中心的服务器、交换机、配线架等设备连接。

8 类线可应用于高速宽带环境，如数据中心和带宽密集的环境。虽然 8 类线传输距离短，但是它在其他方面的优势较大。8 类线可以共享 RJ-45 接口，这就意味着它可以轻松地将网络传输速率从 1Gbit/s 升级至 10Gbit/s、25Gbit/s 和 40Gbit/s。除此之外，8 类线支持即插即用，与其他类型的线缆一样可现场端接，非常易于部署。同时，由于线缆的成本较低，双绞线一直是以太网中最经济的解决方案之一，8 类双绞线也不例外。在实际中部署 25Gbit/s、40Gbit/s BASE-T 网络时，当传输距离小于 30m 时，使用 8 类线比使用光纤跳线更加方便。

图 5.7　7 类线

图 5.8　8 类线

下面对比 6A 类线、7 类线、8 类线，如表 5.5 所示。

表 5.5　6A 类线、7 类线、8 类线的对比

类别	6A 类线	7 类线	8 类线
传输速率/（Gbit/s）	10	10	40
频率带宽/MHz	500	600	2000
传输距离/m	100	100	30
导体/对	4	4	4
线缆类型	屏蔽/非屏蔽	双屏蔽	双屏蔽

② 大对数电缆。

大对数电缆即大对数干线电缆，如图 5.9 所示。大对数电缆为 25 线对（或 50 线对、100 线对等）成束的电缆，从外观上看，为直径更大的单根电缆。大对数电缆只有 UTP。

图 5.9　大对数电缆

为方便安装和管理，大对数电缆采用 25 对国际工业标准彩色编码，电缆色谱共由 10 种颜色组成，有 5 种主色和 5 种辅色，5 种主色和 5 种辅色组成 25 种色谱。不管通信电缆对数多大，通常大对数电缆是按 25 对色为一组进行标识的。每个线对束都有不同的颜色编码，同一线对束内的每个线对又有不同的颜色编码，其颜色顺序如下。

01	02	03	04	05	06	07	08	09	10	11	12	13	14	15	16	17	18	19	20	21	22	23	24	25
白					红					黑					黄					紫				
蓝	橙	绿	棕	灰	蓝	橙	绿	棕	灰	蓝	橙	绿	棕	灰	蓝	橙	绿	棕	灰	蓝	橙	绿	棕	灰

线缆主色为白、红、黑、黄、紫。

线缆辅色为蓝、橙、绿、棕、灰。

一组线缆以色带来分组，共 5 组，具体如下。

a. 白蓝、白橙、白绿、白棕、白灰。

b. 红蓝、红橙、红绿、红棕、红灰。

c. 黑蓝、黑橙、黑绿、黑棕、黑灰。

d. 黄蓝、黄橙、黄绿、黄棕、黄灰。

e. 紫蓝、紫橙、紫绿、紫棕、紫灰。

任何布线系统，如果使用的线对数量超过规定上限，则应该按顺序在 25 个线对中进行分配，不能随意分配线对。

大对数电缆按双绞线类型（屏蔽型 4 对 8 芯线缆）可分成 3 类线、5 类线、5e 类线、6 类线等。

大对数电缆按屏蔽层类型可分成 UTP（非屏蔽双绞线）、FTP（金属箔屏蔽双绞线）、SFTP（双总屏蔽层双绞线）、STP（线对屏蔽和总屏蔽双绞线）。

大对数电缆产品主要用于干线子系统。应根据工程对综合布线系统带宽和传输距离的要求选择线缆（3 类线、5e 类线、6 类线）。

③ 双绞线的线序标准与连接方法。

国际上较有影响力的 3 家综合布线组织是 ANSI、TIA、EIA。双绞线标准中应用得较广的是 TIA/EIA 568-A（简称 T568A）和 TIA/EIA 568-B（简称 T568B），它们最大的不同就是芯线序列不同。

a. 双绞线的线序标准。

TIA/EIA 布线标准中规定了两种双绞线的接线标准，为 T568A 与 T568B，如图 5.10 所示。

T568A 标准：白绿——1，绿——2，白橙——3，蓝——4，白蓝——5，橙——6，白棕——7，棕——8。

T568B 标准：白橙——1，橙——2，白绿——3，蓝——4，白蓝——5，绿——6，白棕——7，棕——8。

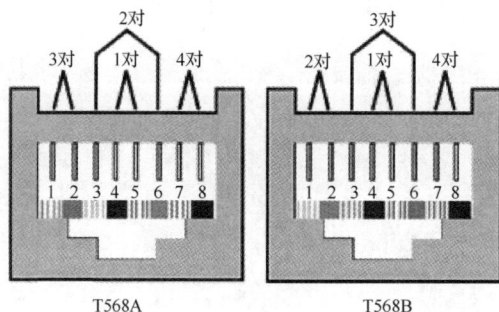

图 5.10　双绞线的线序标准

b. 双绞线的连接方法。

双绞线的连接方法分为直连互联法和交叉互联法，因此对应的网线通常称为直连网线和交叉网线。网线 RJ-45 接头排线示意如图 5.11 所示。

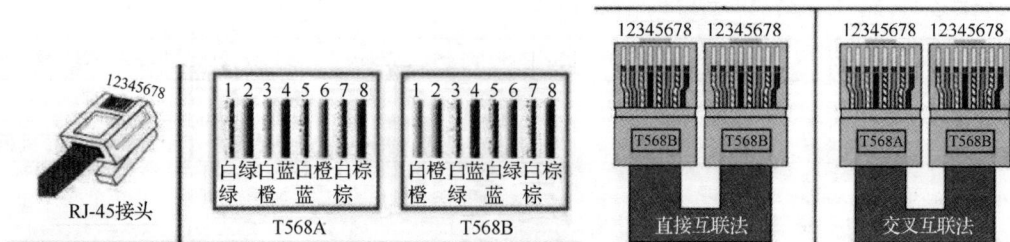

图 5.11　网线 RJ-45 接头排线示意

（a）直连网线。

直线网线的 RJ-45 接头两端都按照 T568B 标准制作，用于不同设备之间的连接，如交换机连接路由器、交换机连接计算机。

（b）交叉网线。

交叉网线的 RJ-45 接头一端遵循 T568B 标准制作，另一端遵循 T568A 标准制作，用于相同设备之间的连接，如计算机连接计算机、交换机连接交换机。

目前，通信设备的 RJ-45 接头基本都能自适应，遇到网线不匹配的情况时，可以自动翻转端口的接收功能和发射功能。所以，当前一般只使用直连网线。

④ 信息插座。

GB 50311—2016 对工作区信息插座的安装工艺提出了具体要求。暗装在地面上的信息插座盒应满足防水和抗压要求；暗装或明装在墙体或柱子上的信息插座盒底距地面高度宜为 300mm，如图 5.12 所示；安装在工作台侧隔板面及临近墙面上的信息插座盒底距地面高度宜为 1m。

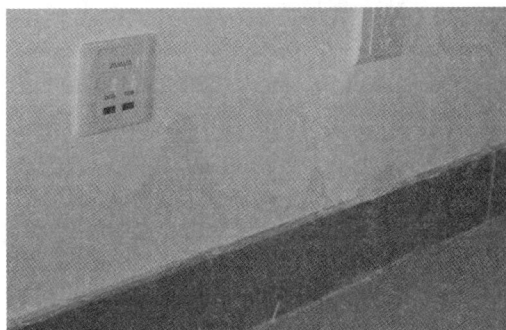

微课

V5-4　信息插座

图 5.12　安装在墙体上的信息插座

每一个工作区的信息模块（电模块、光模块）数量不宜少于 2 个，并能满足各种业务的需求。因此，在通常情况下，宜采用双口面板底盒，数量应按插座盒面板设置的开口数来确定，每一个底盒支持安装的信息点数量不宜多于 2 个。工作区的信息模块应支持不同的终端设备接入，每一个 8 位信息模块通用插座应连接一根 4 对双绞线电缆。

信息插座通常由底盒、面板和信息模块 3 部分组成，一般安装在墙上，也有桌面型和地面型，主要是为了方便计算机等设备的移动，并保持整体布线的美观。

a. 底盒：按材料组成一般分为金属底盒和塑料底盒；按安装方式一般分为明装底盒和暗装底盒，如图 5.13 所示。

（a）明装底盒　　　　　（b）暗装塑料底盒　　　　（c）暗装金属底盒

图 5.13　底盒

b. 面板：必须具有防水、抗压和防尘功能，根据 GB 50311—2016，信息模块宜采用标准 86 系列面板，如图 5.14 所示。

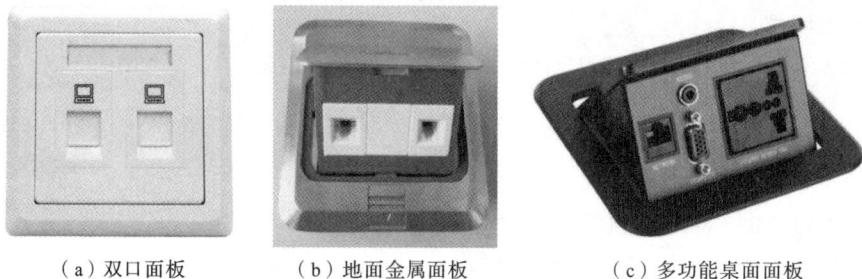

（a）双口面板　　　　　（b）地面金属面板　　　　（c）多功能桌面面板

图 5.14　面板

c. 信息模块：综合布线系统中极其重要的部件，它主要通过端接（也称卡接）来实现设备区和工作区的物理连接。信息模块固定在面板背面，完成线缆的压接，如图 5.15 所示。

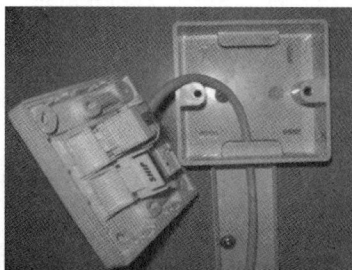

图 5.15　固定在面板背面的信息模块

信息模块按分类标准分为超 5 类信息模块、6 类信息模块、超 6 类信息模块、7 类信息模块、8 类信息模块；按使用场合分为非屏蔽信息模块、屏蔽信息模块，如图 5.16 所示。

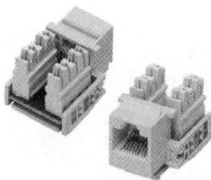

（a）超 5 类非屏蔽信息模块　　　（b）超 5 类屏蔽信息模块　　　（c）6 类信息模块

（d）超 6 类信息模块　　　（e）7 类信息模块　　　（f）8 类信息模块

图 5.16　信息模块

⑤ 跳线。

跳线又称跳接软线。跳线一般用于配线架、理线器、交换机之间的跳接，配线设备与配线设备或配线设备与通信设备之间的连接，如信息插座连接计算机、数据交换机连接配线设备、配线子系统连接干线子系统、干线子系统连接建筑群子系统等。跳线的路径有较多弯曲、打扭，为了方便跳线在复杂路径中"从容"布设而不损坏跳线本身结构，只能使跳线本身变得更柔软，而用多股细铜丝制作而成的跳线柔软度远远大于用单股硬线制成的"硬跳线",这也是用多股细铜丝制作跳线的优势之一。跳线的外观如图 5.17 所示,跳线主要由线缆导体、水晶头、护套组成。

图 5.17　跳线的外观

有 RJ-45-RJ-45、RJ-45-110、110-100 等不同接口的跳线。RJ-45-RJ-45 跳线用于配线设备和通信设备之间的连接;RJ-45-110 跳线用于配线子系统(RJ-45 接口配线架)与语音干线子系统(110 配线架)之间的连接;110-110 跳线用于语音干线子系统和建筑群语音子系统(两端都是 110 配线架)之间的连接。

(2)同轴电缆

同轴电缆的屏蔽性比双绞线更好,因此可以将电信号传输得更远。它以硬铜线(铜导体)为芯,外包一层绝缘材料(绝缘层,通常为聚乙烯),这层绝缘材料被密织的网状导体(编织铜网)环绕,形成屏蔽层,其外覆盖一层保护性材料(塑料护套),如图 5.18 所示。同轴电缆的这种结构使它具有更高的带宽和极好的噪声抑制特性。同轴电缆可分为基带同轴电缆(细缆)和宽带同轴电缆(粗缆)。常用的有 75Ω 和 50Ω 的同轴电缆,75Ω 的同轴电缆用于有线电视(Cable Television,CATV)网,总线型拓扑结构的以太网使用的是 50Ω 的同轴电缆。

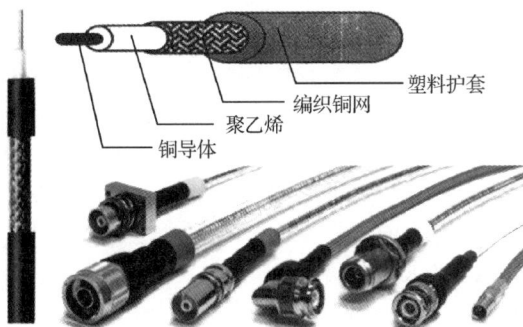

图 5.18　同轴电缆

同轴电缆的相关特性如下。

- 物理特性:单根同轴电缆的直径为 1.02～2.54cm,可在较大频率范围内工作。
- 传输特性:基带同轴电缆仅用于数字传输,并使用曼彻斯特编码,数据传输速率最高可达 10Mbit/s。基带同轴电缆被广泛用于局域网中。为保持同轴电缆正确的电气特性,电缆必须接地,同时两头要有端接设备来削弱信号的反射。宽带同轴电缆可用于模拟信号和数字信号的传输。
- 连通性:可用于点到点或点到多点的连接。
- 传输距离:基带同轴电缆的最大传输距离限制在 185m,可采用 4 个中继器,连接 5 个网段,网络的最大长度为 925m,每个网络支持的最大节点数为 30;宽带同轴电缆的最大传输距离可达 500m,网络的最大长度为 2500m,每个网络支持的最大节点数为 100。
- 抗干扰性:比双绞线强。

- 相对价格：比双绞线贵，比光纤便宜。

（3）光纤

光纤是光导纤维的简称，它是一种传输光信号的细而柔韧的介质，也是数据传输中十分高效的传输介质。光纤线缆由一捆光纤组成，简称光缆（Optical Fiber Cable）。

光纤自 20 世纪 70 年代开始应用以来，已经从长途干线发展到用户接入网和局域网，如光纤到路边（Fiber To The Curb，FTTC）、光纤到大楼（Fiber To The Building，FTTB）、光纤到户（Fiber To The Home，FTTH）、光纤到桌面（Fiber To The Desk，FTTD）、光纤到办公室（Fiber To The Office，FTTO）等。局域网中的光纤产品主要包括布线光缆、光纤跳线、光纤连接器、光纤配线架/箱/盒等。

光纤广泛应用于计算机网络的主干网中，通常可分为单模光纤和多模光纤，如图 5.19 和图 5.20 所示。单模光纤具有更大的通信容量和更远的传输距离。光纤是由纯石英玻璃或塑料制成的，纤芯外面包裹着一层折射率比纤芯低的包层，包层外是一层塑料护套。光纤通常被扎成束，外面有外壳保护，光纤的传输速率可达 100Gbit/s。

图 5.19　单模光纤　　　　　　　　　　　　图 5.20　多模光纤

光纤具有带宽大、数据传输速率高、抗干扰能力强、传输距离远等优点，其相关特性如下。

- 物理特性：在计算机网络中均采用两根光纤组成传输系统，单模光纤为 9μm 芯/125μm 外壳，多模光纤为 62.5μm 芯/125μm 外壳（市场主流产品）。
- 传输特性：在光纤中，包层较纤芯有较低的折射率。当光信号从高折射率的介质射向低折射率的介质时，其折射角将大于入射角。如果入射角足够大，则会出现全反射，此时光信号碰到包层会折射回纤芯，这个过程不断重复，光信号会沿着纤芯传输下去。

只要射到光纤截面的光信号的入射角大于某一临界角度，就会产生全反射。当有许多条从不同角度入射的光信号在一条光纤中传输时，这条光纤就称为多模光纤。

当光纤的直径小到与光信号的波长在同一数量级时，光信号以平行于光纤中轴线的形式直线传播，这样的光纤称为单模光纤。

光纤通过内部的全反射来传输经过编码的光信号，实际上光纤是频率范围为 1014～1015Hz 的波导管，这一范围覆盖了可见光谱和部分红外光谱。光纤的数据传输速率可达吉比特每秒级，传输距离可达数十千米。

- 连通性：采用点到点或点到多点连接。
- 传输距离：可以在 6～8km 的距离内不用中继器传输，因此光纤适用于在几栋建筑物之间通过点到点的链路连接局域网。
- 抗干扰性：不受噪声或电磁波影响，适用于在长距离内保持较高的数据传输速率，而且具有良好的安全性。
- 相对价格：目前价格比同轴电缆和双绞线都贵。

8. 无线传输介质

利用无线电波在自由空间进行传播可以实现多种无线通信。无线网突破了有线网的限制，能够穿透墙体，布局机动性强，适用于不宜布线的环境（如酒店、宾馆等），可为网络用户提供移动通信服务。

无线传输介质有无线电波、微波、红外线和激光。在局域网中，通常只使用无线电波和红外线作为传输介质。无线传输介质通常用于广域网的广域链路的连接。无线通信的优点在于设备的安装、移动及变更都比较容易，不会受到环境的限制；缺点在于信号在传输过程中容易受到干扰且信息易被窃取，其初期的设备安装费用比较高。

（1）无线电波

无线电波通信主要靠大气层的电离层反射，电离层会随季节、昼夜，以及太阳活动的情况而变化，这会导致电离层不稳定，从而产生传输信号衰弱的现象。电离层反射会产生多径效应。多径效应是指同一个信号经不同的反射路径到达同一个接收点，其强度和时延都不相同，使得最后得到的信号失真度很大。

利用无线电波进行数据通信在技术上是可行的，但短波信道的通信质量较差，一般利用短波进行几十兆位每秒到几百兆位每秒的低速数据传输。

（2）微波

微波广泛应用于长距离的电话干线（有些微波干线目前已被光纤代替）、移动电话通信和电视节目转播。

微波通信主要有两种方式：地面微波接力通信和卫星通信。

① 地面微波接力通信。

由于地球表面是有弧度的，信号沿直线传输的距离有限，增加天线高度虽可以延长传输距离，但更远的距离必须通过微波中继站来"接力"。一般来说，微波中继站建在山顶上，两个微波中继站之间大约相隔 50km，中间不能有障碍物。

地面微波接力通信可有效地传输电报、电话、图像、数据等信息。微波波段频率高、频段范围很宽，因此其通信信道的容量很大且传输质量及可靠性较高。微波通信与相同容量和长度的电缆载波通信相比，建设投资少、见效快。

地面微波接力通信也存在一些缺点，如相邻微波中继站必须"直视"彼此，中间不能有障碍物，有时一个天线发出的信号会通过几条略有差别的路径先后到达接收天线，造成一定的失真；微波的传播有时也会受到恶劣气候、环境的影响，如雨雪天气会对微波产生吸收损耗；与电缆通信相比，微波通信可被窃听，安全性和保密性较差；另外，大量微波中继站的使用和维护要耗费一定的人力和物力，高可靠性的无人微波中继站目前还不容易实现。

② 卫星通信。

卫星通信就是利用位于约 36000km 高空的人造地球同步卫星作为太空无人微波中继站的一种特殊形式的微波接力通信。

卫星通信可以克服地面微波接力通信的距离限制，其最大特点就是通信距离远，通信费用与通信距离无关。人造地球同步卫星发射出的电磁波可以辐射到地球表面积的 1/3 以上。只要在地球赤道上空的同步轨道上等距离地放置 3 颗卫星，就能基本实现全球通信。卫星通信的频带比地面微波接力通信的频带更宽，通信容量更大，信号所受的干扰较小，误码率也较小，通信比较稳定、可靠。

（3）红外线和激光

红外线通信和激光通信是指把要传输的信号分别转换成红外线信号和激光信号，使它们直接在自由空间沿直线传播。红外线通信比微波通信具有更强的方向性，难以窃听、不相互干扰，但红外线和激光对雨雾等的干扰特别敏感。

红外线因对环境、气候较为敏感，一般用于室内通信，如组建室内的无线局域网，用于便携机之间相互通信，但便携机和室内必须安装全方向的红外线发送和接收装置。在建筑物顶上安装激光收发器后，就可以利用激光连接两栋建筑物中的局域网，但因激光硬件会发出少量射线，故必须经过特许才能安装。

9. 网络机柜

网络机柜用于组合安装面板、插件、插箱、电子元器件和机械零件与部件，使其构成一个整体的安装箱，如图 5.21 所示。

（1）网络机柜的分类

网络机柜的分类如下。

① 按安装位置分类：室内机柜和室外机柜。

② 按机柜用途分类：服务器机柜、配线机柜、电源机柜、无源机柜（用来安装光纤配线架、主配线架等）。

③ 按安装方式分类：落地式机柜、壁挂式机柜、抱杆式机柜。

④ 按材质分类：铝型材机柜、冷轧钢板机柜、热轧钢板机柜。

⑤ 按加工工艺分类：九折型材机柜和十六折型材机柜等。

在各类型站点都能看到各种类型的网络机柜。随着信息与通信技术（Information and Communication Technology，ICT）产业的不断进步，网络机柜的功能越来越强大，一般用于楼层配线间、中心机房、监控中心、方舱、室外站等。

常见网络机柜的颜色有白色、黑色和灰色。

网络机柜包括顶盖、风扇、安装梁、可拆卸侧门、铝合金框架等，如图 5.22 所示。

图 5.21　网络机柜

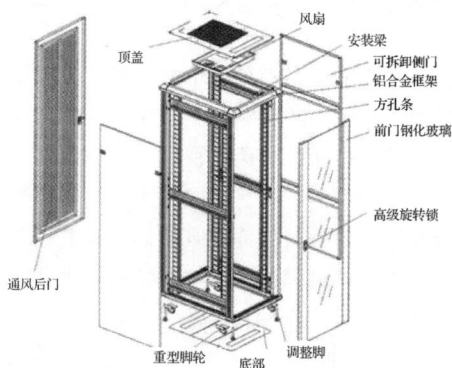

图 5.22　网络机柜的基本结构

（2）标准 U 机柜

在认识各种类型的网络机柜前，首先要了解描述机柜尺寸的常用单位——U。

U 是一种描述服务器外部尺寸（高度或厚度）的单位，是 Unit 的缩写，详细的尺寸由 EIA 决定。其厚度以 4.445cm 为基本单位，1U 即 4.445cm，2U 则为 8.89cm。所谓"1U 服务器"，就是指外形符合 EIA 标准、厚度为 4.445cm 的服务器，如图 5.23 所示。

图 5.23　1U 服务器

标准 U 机柜广泛应用于计算机网络设备、有线通信器材、无线通信器材、电子设备、无源物料的叠放，具有增强电磁屏蔽、削弱设备工作噪声、减少设备占地面积的功能，一些高档机柜还具有空气过滤功能，能改善精密设备的工作环境。

工程级设备的面板宽度大多为 19 英寸（约 48cm）、21 英寸（约 53cm）、23 英寸（约 58cm）等（注：1 英寸=2.54cm），相应的机柜有 19 英寸标准机柜、21 英寸标准机柜、23 英寸标准机柜等，其中 19 英寸标准机柜（简称 19 英寸机柜）较为常见。一些非标准设备大多可以通过附加适配挡板装入标准机柜并固定。

机柜外形有 3 个常规指标，分别是宽度、高度、深度。

① 宽度：标准机柜的宽度有 600mm 和 800mm。服务器机柜的宽度以 600mm 为主。网络机柜由于线缆比较多，为了便于两侧布线，宽度以 800mm 为主。19 英寸机柜内部安装设备的宽度为 482.6mm。

② 高度：一般按 nU（n 表示数量）的规格制造，容量值为 2～42U。考虑到散热问题，服务器之间需要有间距，因此不能满配。例如，42U 的机柜一般可容纳 10～20 个标准 1U 服务器。标准机柜的高度为 0.7～2.4m，根据柜内设备的数量和统一格调而定。通常，厂商可以定制特殊高度的产品，常见的成品 19 英寸机柜的高度为 1.6m 或 2m。

③ 深度：标准 U 机柜的深度为 400～800mm，根据柜内设备的尺寸而定。通常，厂商可以定制特殊深度的产品，常见的成品 19 英寸机柜的深度为 500mm、600mm、800mm。

（3）服务器机柜

服务器机柜通常是以机架式服务器为标准制作的，有特定的行业标准规格。下面通过与网络机柜进行对比来介绍服务器机柜。

① 功能与内部组成。

网络机柜一般是用户安装的，即对面板、插箱、插件、器件或者电子元器件、机械零件等进行安装，使其构成一个统一的整体的安装箱。根据目前的类型来看，其容量一般为 2～42U。

服务器机柜是互联网数据中心（Internet Data Center，IDC）机房内机柜的统称，一般是安装服务器、不间断电源（Uninterruptible Power Supply，UPS）或者显示器等一系列 19 英寸标准设备的专用型机柜，用于组合安装插件、面板、电子元器件等。服务器机柜为电子设备的正常工作提供相应的环境和安全防护能力。

② 机柜常规尺寸。

网络机柜的一般宽度为 800mm，机柜立柱两边为方便走线，要求增加布线设备，如垂直走线槽、水平走线槽、走线板等。

服务器机柜的常规宽度为 600mm、800mm，高度为 18U、22U、32U、37U、42U，如图 5.24 所示，深度为 800mm、900mm、960mm、1000mm、1100mm、1200mm。

③ 承重、散热能力要求。

由于网络机柜中的设备发热量偏小且重量比较轻，故对承重和散热方面的能力要求不高，如 850kg 的承重能力、60% 的通孔率即可满足需求。

由于服务器发热量大，故服务器机柜对散热能力要求偏高，如前后门通孔率要求为 65%～75%，还要额外增加散热单元。服务器机柜对承重能力要求偏高，如 1300kg 的承重能力。

服务器机柜可以配置专用固定托盘、专用滑动托盘、电源插排、脚轮、支撑地脚、理线环、理线器、L 支架、横梁、立梁、风扇单元，机柜框架、上框、下框、前门、后门、左侧门、右侧门可以快速拆装。服务器机柜常见内部布局如图 5.25 所示。

137

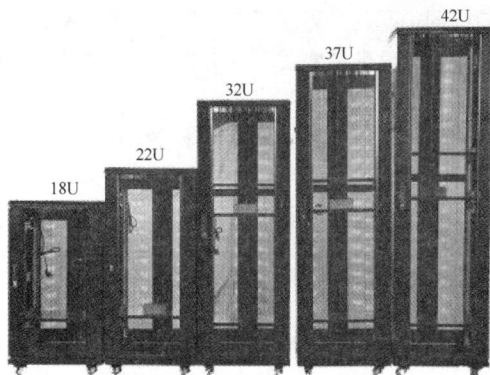

图 5.24 服务器机柜

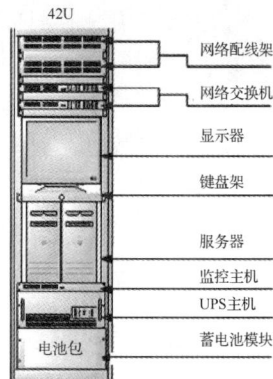

图 5.25 服务器机柜常见内部布局

（4）配线机柜

配线机柜是为综合布线系统特殊定制的机柜，其特殊之处在于增添了布线系统特有的一些附件。常见的配线机柜如图 5.26 所示。

配线机柜可根据需要灵活安装数字配线单元、光纤配线单元、电源分配单元、综合布线单元和其他有源/无源设备及附件等，其常见内部布局如图 5.27 所示。

图 5.26 常见的配线机柜

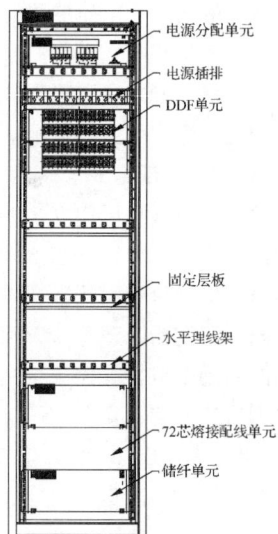

图 5.27 配线机柜常见内部布局

配线单元是管理子系统中最重要的组件之一，是实现干线子系统和配线子系统交叉连接的枢纽，是线缆与设备之间连接的"桥梁"。其优点是方便管理线缆，可减少故障的发生，使布线环境整洁又美观。

（5）壁挂式机柜

壁挂式机柜又称挂墙式机柜，可通过不同的安装方式固定在墙体上。壁挂式机柜广泛安装于空间较小的配线间、楼道中，因具有体积小、安装和拆卸方便、易于管理和防盗等特点而被广泛使用。壁挂式机柜一般会在后部开 2~4 个挂墙孔，安装人员可利用膨胀螺钉将其固定在墙上或直接嵌入墙体进行安装，如图 5.28 所示。

壁挂式机柜分为标准壁挂式机柜、非标准壁挂式机柜、嵌入式壁挂式机柜。壁挂式机柜常用规格：高度为 6U、9U、12U、15U；宽度为 530mm、600mm；深度为 450mm、600mm。

图 5.28 壁挂式机柜

（6）机柜螺钉配件

在机柜中安装网络设备时，常用到 M6×16 机柜专用螺钉配件，其中包括螺钉、螺母、垫片，如图 5.29 所示。

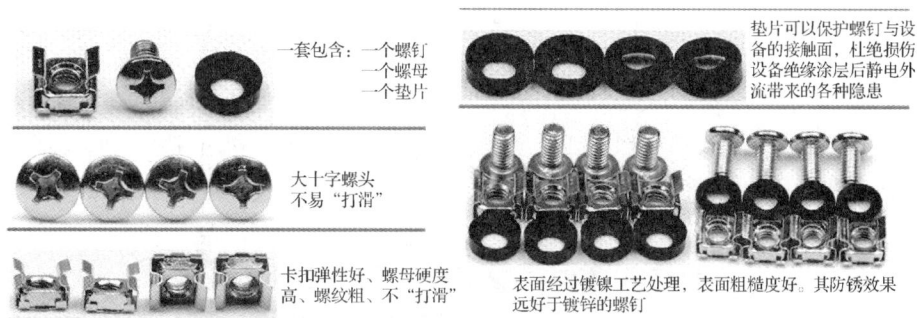

一套包含：一个螺钉
　　　　　一个螺母
　　　　　一个垫片

垫片可以保护螺钉与设备的接触面，杜绝损伤设备绝缘涂层后静电外流带来的各种隐患

大十字螺头
不易"打滑"

卡扣弹性好、螺母硬度高、螺纹粗、不"打滑"

表面经过镀镍工艺处理，表面粗糙度好。其防锈效果远好于镀锌的螺钉

图 5.29 M6×16 机柜专用螺钉配件

10. 配线架

配线架是电缆或光缆进行端接和连接的装置，在配线架上可进行互联或交接操作。建筑群配线架是端接建筑群干线电缆、干线光缆的装置；建筑物配线架是端接建筑物干线电缆、干线光缆并可连接建筑群干线电缆、干线光缆的装置；楼层配线架是水平电缆、水平光缆与其他布线子系统或设备相连接的装置。下面介绍几款常见的配线架。

（1）双绞线配线架

网络综合布线工程中较常用的配线架是双绞线配线架，即 RJ-45 标准配线架。配线架主要用于局端对前端信息点进行管理的模块化设备中。前端的信息点线缆（超 5 类线或者 6 类线）进入设备间后先进入铜缆电子配线架 B，将线打在铜缆电子配线架 B 的模块上，再用跳线（通过 RJ-45 接口）连接铜缆电子配线架 A 与交换机，如图 5.30 所示。

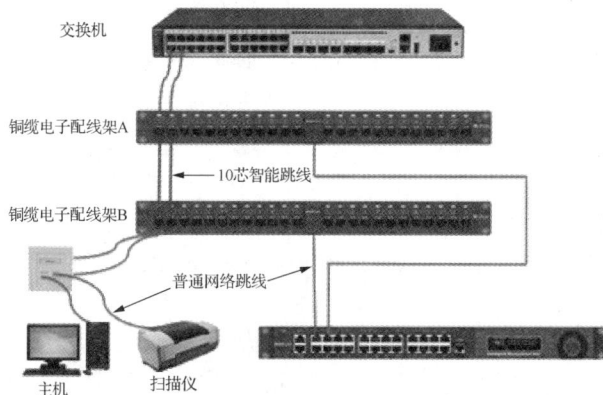

交换机

铜缆电子配线架A

10芯智能跳线

铜缆电子配线架B

普通网络跳线

主机　　扫描仪

图 5.30 双绞线配线架系统的连接

目前，常见的双绞线配线架是超 5 类或者 6 类配线架，也有较新的 7 类配线架。双绞线配线架的外观如图 5.31 所示。

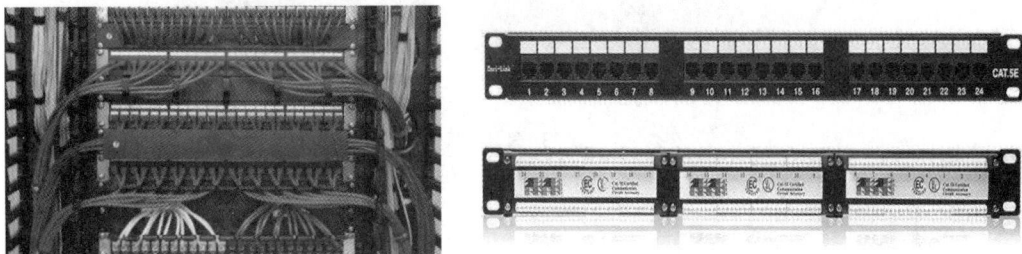

图 5.31 双绞线配线架的外观

根据数据通信和语音通信的区别，配线架一般分为数据配线架和 110 配线架两种。

① 数据配线架。

数据配线架都是安装在 19 英寸机柜上的，主要有 24 口和 48 口两种规格，用于端接水平布线的 4 对双绞线电缆，如图 5.32 所示。如果是数据链路，则用 RJ-45 跳线跳接到网络设备上；如果是语音链路，则用 RJ-45-110 跳线跳接到 110 配线架上（连接语音主干电缆）。

图 5.32 数据配线架

目前流行的是模块化配线架，配线架上的模块都可以向前翻转，从而便于进行线缆端接和维护。配线架内置的水平线缆理线环既可以进行跳线管理，又可在施工时临时安放管理模块便于进行线对端接。这种独特的模块化技术和跳线管理方式可以自由组合各类铜缆信息端口和各类光纤端口，在未来用户进行系统升级时，可以很方便地将其中的铜缆模块更换成光纤模块，便于网络系统管理人员进行灵活的铜缆和光纤混合管理。

② 110 配线架。

110 型连接管理系统的基本部件是 110 配线架、连接块、跳线和标签，这种配线架有 25 对、50 对、100 对、300 对等多种规格。110 配线架上装有若干齿形条，沿配线架正面从左到右均有色标，以区分各条输入线。这些线放入齿形条的槽缝里，再与连接块接合，利用网络模块打线刀工具（见图 5.33）就可将理线环的连线"冲压"到 110 配线架连接块上。110 配线架有多种结构，下面介绍 110A 型配线架和 110D 型配线架。

a. 110A 型配线架。

110A 型配线架配有若干引脚，俗称"带腿的 110 配线架"，如图 5.34

图 5.33 网络模块打线刀工具

所示。110A 型配线架可以应用于所有场合，特别是大型电话应用场合，通常直接安装在二级交接间、配线间的墙壁上。

b. 110D 型配线架。

110D 型配线架俗称"不带引脚的 110 配线架"，适用于标准机柜，如图 5.35 所示。

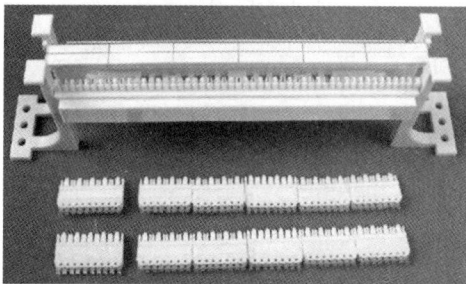

图 5.34　110A 型配线架

图 5.35　110D 型配线架

（2）光纤配线架

光纤配线架（Optical Distribution Frame，ODF）又分为单元式光纤配线架、抽屉式光纤配线架和模块式光纤配线架 3 种。光纤配线架一般由标识部分、光纤耦合器、光纤固定装置、熔接单元等构成，能很好地方便光纤的跳接、固定和保护。光纤配线架的外观如图 5.36 所示。

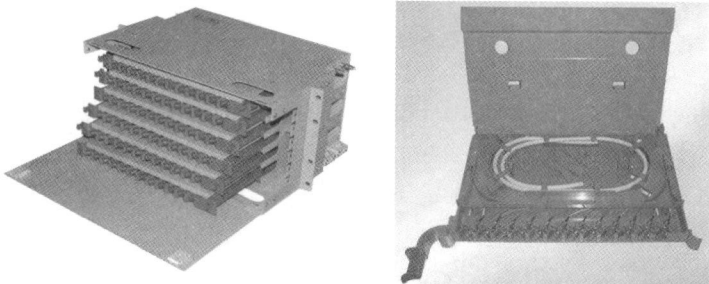

图 5.36　光纤配线架的外观

（3）数字配线架

数字配线架（Digital Distribution Frame，DDF）又称高频配线架，以系统为单位，有 8 系统、10 系统、16 系统、20 系统等。它能使数字通信设备的数字码流连接成一个整体，在数字通信中越来越有优越性，传输速率为 2～155 Mbit/s 的输入、输出都可终接在数字配线架上，提高了配线、调线、转接、扩容等的灵活性和方便性。数字配线架的外观如图 5.37 所示。

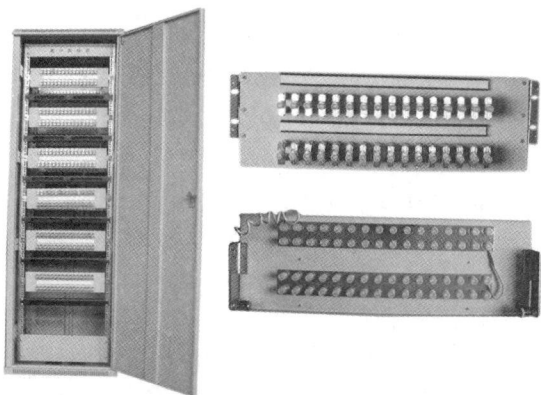

图 5.37　数字配线架的外观

（4）总配线架

总配线架（Main Distribution Frame，MDF）即一侧连接交换机外线，另一侧连接交换机入口和出口的内部电缆布放的配线架，其外观如图 5.38 所示。总配线架的作用是连接普通电缆、传输低频音频信号或 xDSL 信号，并可以测试以上信号，进行过电压、过电流防护，从而保护交换机且可以通过声光报警通知值班人员。

图 5.38　总配线架的外观

（5）分配线架

分配线架即中间配线架（Intermediate Distribution Frame，IDF），是大楼中利用星形网络拓扑的二级通信室。分配线架依赖于总配线架，总配线架代表主机房，而分配线架代表辅机房，即一些较为偏远的分线房间。分配线架和总配线架的区别只在于它们的放置位置不同。

11．认识线管与线槽

线管、线槽是构建综合布线系统线缆通道的元件，用于隐藏、保护和引导线缆；机柜（机架）用于配线设备、网络设备和终端设备等的叠放。它们都是综合布线系统工程中必不可少的基础设施。下面介绍综合布线工程用到的各种辅助材料（线管、线槽、桥架和机柜等）及其性能和选用方法。

线管是指圆形的线缆支撑保护材料，用于构建线缆的敷设通道。综合布线工程中使用的线管主要有塑料管和金属管（钢管）两种。一般要求线管具有一定的抗压强度，可明敷于墙外或暗敷于混凝土内；具有耐一般酸碱腐蚀的能力，能防虫蛀、鼠咬；具有阻燃性，能避免火势蔓延；表面光滑、壁厚均匀。

（1）塑料管

塑料管是由树脂、稳定剂、润滑剂及添加剂配制、挤塑成型的。目前用于综合布线线缆保护的塑料管主要有 PVC 管、PVC 蜂窝管、双壁波纹管、子管、铝塑复合管、硅芯管等。

① PVC 管。

PVC 管是综合布线工程中使用得较多的一种塑料管，管长通常为 4m、5.5m 或 6m，具有优异的耐酸、耐碱、耐腐蚀性能，耐外压强度和耐冲击强度等都非常高，还具有优异的电气绝缘性能，适用于各种条件下的线缆保护。PVC 管有 D16、D20、D25、D30、D40、D50、D75、D90、D110 等规格。PVC 管及管件如图 5.39 所示。

② PVC 蜂窝管。

PVC 蜂窝管是一种新型光缆护套管，如图 5.40 所示，采用一体多孔蜂窝结构，便于光缆的穿入、隔离及保护，具有提高功效、节约成本、安装方便、可靠等优点。PVC 蜂窝管有 3 孔、4 孔、5 孔、6 孔、7 孔等规格。

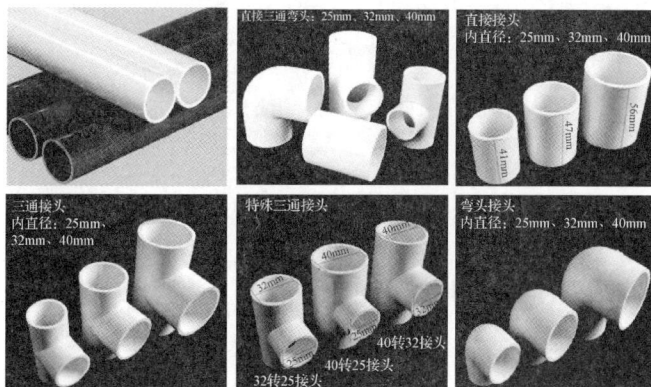

图 5.39　PVC 管及管件

③ 双壁波纹管。

双壁波纹管是一种内壁光滑、外壁呈波纹状并具有密封胶圈的新型塑料管，如图 5.41 所示。外壁波纹增加了管材本身的惯性矩，提高了管材的刚性和承压能力，因此具有一定的纵向柔性。

双壁波纹管结构先进，除具有普通塑料管的耐腐蚀、绝缘、内壁光滑、使用寿命长等优点外，还具有以下独特的优点。

a. 刚性大，耐压强度高于同规格普通塑料管。

b. 重量是同规格普通塑料管的一半，从而方便施工，减轻了工人的劳动强度。

c. 密封性好，在地下水位高的地方使用更能显示其优越性。

d. 波纹结构能加强管材对土壤负荷的抗压能力，便于连续敷设在凹凸不平的作业面上。

e. 成本是普通塑料管的 2/3。

图 5.40　PVC 蜂窝管

图 5.41　双壁波纹管

④ 子管。

子管口径小、材质软，具有柔韧性能好、可小角度弯曲使用、敷设和安装灵活方便等特点，用于对光缆、电缆的直接保护，如图 5.42 所示。当光缆、电缆同槽敷设时，光缆一定要穿放在子管中。

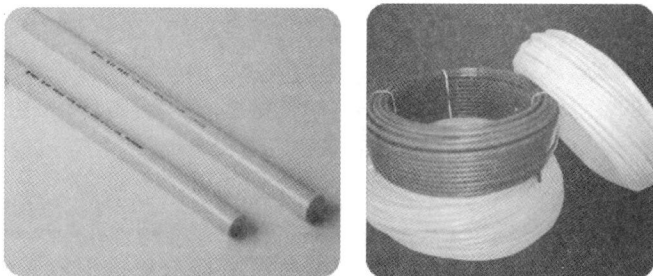

图 5.42　子管

⑤ 铝塑复合管。

如图 5.43 所示，铝塑复合管的内外层均为聚乙烯，中间层为薄铝管，用高分子热熔胶将聚乙烯和薄铝管黏合，经高温、高压、拉拔形成 5 层结构。铝塑复合管综合了塑料管和金属管的优点，是性能良好的屏蔽材料。

图 5.43　铝塑复合管

⑥ 硅芯管。

硅芯管由高密度聚乙烯和硅胶混合物经复合挤出而成，如图 5.44 所示。其内壁预置永久润滑内衬（硅胶），摩擦系数很小，用气吹法布放光缆，敷管快速，一次性穿缆长度为 500～2000m，沿线接头、入孔、手孔可相应减少，从而降低施工成本。

图 5.44　硅芯管

（2）金属管

金属管（钢管）具有屏蔽电磁干扰能力强、机械强度高、密封性能好，以及抗弯、抗压和抗拉伸能力好等优点，但抗腐蚀能力差、施工难度大。为了提高其抗腐蚀能力，在其内外表面全部采用镀锌处理，要求表面光滑、无毛刺，防止在施工过程中划伤线缆。

钢管按壁厚不同分为普通钢管（水压实验中可承受压力为 2.5MPa）、加厚钢管（水压实验中可承受压力为 3MPa）和薄壁钢管（水压实验中可承受压力为 2MPa）3 种。

普通钢管和加厚钢管统称为水管，具有较强的抗压能力，在综合布线系统中主要用于房屋底层。

薄壁钢管简称薄管或电管，因为管壁较薄，承受压力不能太大，常用于建筑物天花板内外部受力较小的暗敷管路。

综合布线工程中常用的金属管有 D16、D20、D25、D30、D40、D50、D63 等规格，以及一种较软的金属管，叫作软管（俗称蛇皮管），可用于弯曲的地方，如图 5.45 所示。

图 5.45 金属管

（3）线管的选择

选择布线用管材时应根据具体要求，以满足需要和经济性为原则，主要考虑机械（抗压、抗拉伸或抗剪切）性能、抗腐蚀能力、电磁屏蔽特性、布线规模、敷设路径、现场加工是否方便及环保特性等因素。

① 在一些较潮湿甚至过酸或过碱的环境中敷设管道时，应首先考虑抗腐蚀能力。在这种环境下，PVC 管更加适用，但应注意选用合适的防水、抗酸碱性密封涂料。

② 在强电磁干扰的空间（如机场、医院、微波站等）中布线时，金属管占有明显的优势。因为金属管具有更好的屏蔽能力，外界的电磁场及其突变信号不会干扰管道内的线缆，内部线缆的电磁场也不会对外界形成污染。

③ 布线规模决定了线缆束的口径，必须根据实际需要，分别选用不同口径的布线线管。

④ PVC 管和布线线缆在生产中需加入一定比例的氟和氯，因此在发生火灾或爆炸等时，某些PVC 管和线缆燃烧所释放出的有害气体往往更严重。

（4）认识线槽

线槽又名走线槽、配线槽、行线槽，是用来将电源线、数据线等线材规范整理，固定在墙上或者天花板上的布线工具。

常见的线槽种类如下：绝缘配线槽、拔开式配线槽、迷你型配线槽、分隔型配线槽、室内装潢配线槽、一体式绝缘配线槽、电话配线槽、日式电话配线槽、明线配线槽、圆形配线管、展览会用隔板配线槽、圆形地板配线槽、软式圆形地板配线槽、盖式配线槽。

通常，线槽是指方形（非圆形）的线缆支撑保护材料。线槽有金属线槽和 PVC 线槽两种。其中，金属线槽又称槽式桥架，而 PVC 线槽是综合布线工程中明敷管路时广泛使用的一种材料。PVC线槽是一种带盖板的、封闭式线槽，盖板和槽体通过卡槽合紧。从型号上讲，有 PVC-20 系列、PVC-25系列、PVC-30 系列、PVC-40 系列等；从规格上讲，有 20mm×12mm、25mm×12.5mm、25mm×25mm、30mm×15mm、40mm×20mm 等。一般使用的金属线槽的规格有 50mm×100mm、100mm×100mm、100mm×200mm、100mm×300mm、200mm×400mm 等。常用金属线槽与 PVC 线槽如图 5.46 所示。与 PVC 线槽配套的连接器件有阳角、阴角、平弯、三通、接头、堵头（终端头）等，如图 5.47 所示。

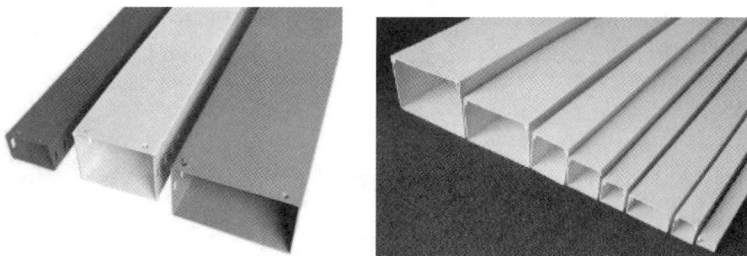

图 5.46 常用金属线槽与 PVC 线槽

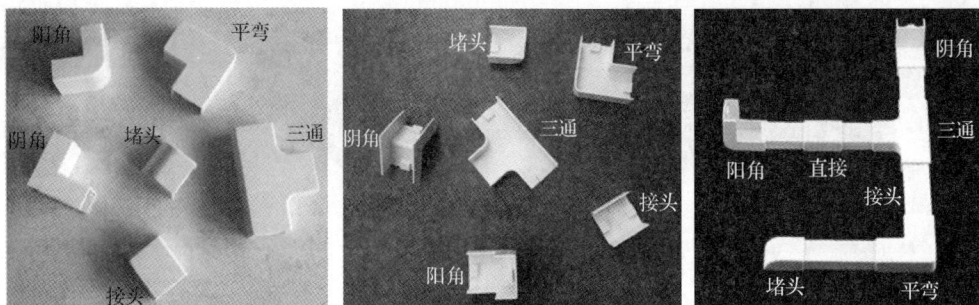

图 5.47　与 PVC 线槽配套的连接器件

PVC 线槽布线一般用于原有的项目改造工程，一般在能采用暗铺的情况下不推荐采用明铺。但在装修或者施工已对墙面、地板造成较大影响的情况下，一般采用明铺。金属线槽一般应用于地板上、一些需要经常受力的环境或者需要进行一定程度屏蔽的环境。金属线槽有较大的硬度，因此相比 PVC 线槽，施工难度要大一些。

12．认识桥架

桥架是支撑和放电缆的支架，在工程上应用得很普遍，只要敷设电缆就要用到桥架。桥架作为布线工程的一个配套项目，目前尚无专门规范标准，生产厂商规格、程序缺乏通用性。因此，设计、选型过程中应根据各个系统线缆的类型、数量，合理选定适用的桥架。根据材质的不同，桥架分为金属桥架和复合玻璃钢桥架两类。综合布线常用金属桥架，其全部零件均需进行镀锌或喷塑处理。桥架具有结构简单、造价低、施工方便、配线灵活，以及方便扩充、维护、检修等特点，广泛应用于建筑物主干通道的安装施工。

桥架有槽式、托盘式、梯级式、网格式、组合式等结构，由支架、吊杆、托臂、安装附件等组成。选型时应注意桥架的所有零部件是否符合系列化、通用化、标准化的成套要求。

桥架的安装应因地制宜，在建筑物内，桥架可以独立架设，也可以敷设于建筑墙体和廊柱上，桥架应体现结构简单、造型美观、配置灵活和维修方便等特点；可以调高、调宽或变径；可以安装成悬吊式（楼板和梁下）、直立式、侧壁式、单边式、双边式、多层式等形式；可以水平或垂直敷设。安装在建筑物外露天的桥架，如果邻近海边或位于腐蚀区，则材质必须具有防腐蚀、耐潮气、附着力好、耐冲击强度高的物性特点，桥架可在墙壁、露天立柱和支墩、电缆沟壁上侧装。

（1）槽式桥架

槽式桥架是全封闭的线缆桥架，适用于敷设计算机电缆、通信电缆、热电偶电缆及其他高灵敏系统的控制电缆等，对控制电缆屏蔽干扰和重腐蚀环境中电缆的防护都有较好的效果，适用于室内外和需要屏蔽的场所。图 5.48 所示为槽式桥架空间布置示意，槽与槽连接时，使用相应尺寸的连接板（铁板）和螺钉固定。

在综合布线工程中，常用槽式桥架的规格有 50mm×25mm、100mm×25mm、100mm×50mm、200mm×100mm、300mm×150mm、400mm×200mm 等。

（2）托盘式桥架

托盘式桥架是在化工、电信等方面应用广泛的一种桥架，具有重量轻、载荷大、造型美观、结构简单、安装方便、散热性和透气性好等优点，既适用于动力电缆的安装，又适用于控制电缆的敷设，如图 5.49 所示。

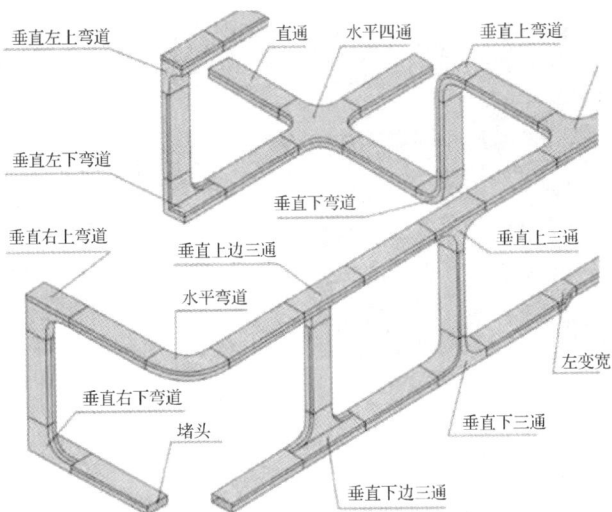

图 5.48　槽式桥架空间布置示意

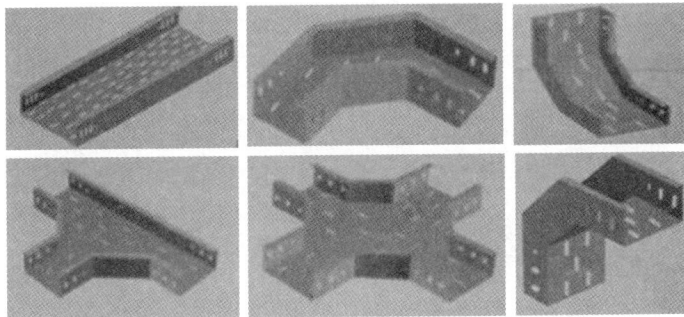

图 5.49　托盘式桥架

（3）梯级式桥架

梯级式桥架具有重量轻、成本低、造型别致、通风散热性好等优点，既适用于直径较大的电缆的敷设，又适用于地下层、竖井、设备间的线缆敷设，如图 5.50 所示。

图 5.50　梯级式桥架

（4）网格式桥架

网格式桥架作为一种新型桥架，不但具有重量轻、载荷大、散热性好、透气性好、安装方便等优点，而且在环保节能及方便线缆管理等方面表现较为出色，如图 5.51 所示。

图 5.51　网格式桥架

（5）组合式桥架

组合式桥架是桥架系列的第二代产品，适用于各种电缆的敷设，具有结构简单、配置灵活、安装方便、样式新颖等优点，如图 5.52 所示。

组合式桥架可以组装成所需尺寸的线缆桥架，无须使用弯头、三通等配件就可以根据现场安装需要任意转向、变宽、分支、引上、引下，在任意部位，不需要打孔、焊接即可用管引出。组合式桥架既方便工程设计，又方便生产运输，更方便安装施工，是目前桥架中最灵活的产品之一。

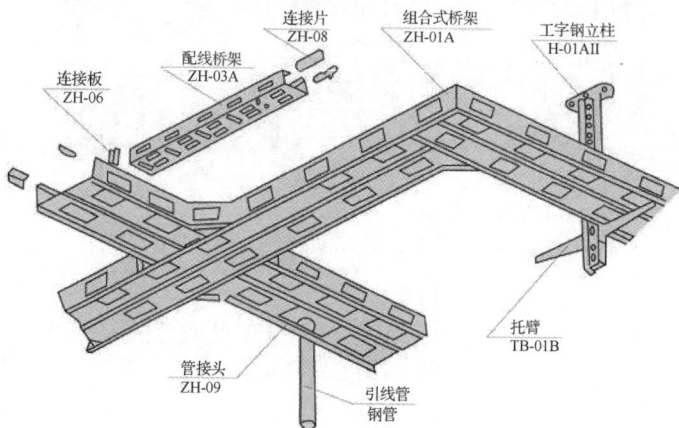

图 5.52　组合式桥架

13. 认识网络系统硬件

完整的网络系统通常包括硬件系统和软件系统。其中，软件系统主要包括操作系统和通信协议等；而硬件系统指的是完成数据处理和信息传输的网络通路，包括网络中的终端/服务器、通信介质、网络设备等。

一般的园区网络的硬件组成除了通信介质之外，还涉及交换机、路由器、防火墙、接入控制器（Access Controller，AC）、无线 AP 等网络设备，以及各种终端及服务器。

目前市场上主流的网络设备厂商包括华为、H3C、思科、中兴、锐捷、深信服等。华为作为全球领先的信息与通信解决方案供应商，产品覆盖电信运营商、企业及消费者，可在电信网络、终端和云计算等领域提供端到端的解决方案。

（1）交换机

交换机是计算机网络中的重要设备，这里的交换机是指以太网交换机。早期的以太网是共享总线型半双工网络。交换机出现之后，以太网可以实现全双工通信，同时交换机具有 MAC 地址的自动学习功能，可大大提高数据的转发效率。早期的交换机在 TCP/IP 参考模型的数据链路层工作，因此被称为二层交换机，后来出现的三层交换机可以实现数据的跨网段转发。随着技术的发展，交换机的功能越来越强大，支持无线、支持 IPv6、可编程等功能的交换机已经出现在市场上。

交换机的种类繁多，各个厂商的产品类型非常丰富。一般来说，按网络构成方式，交换机可以分为接入层交换机、汇聚层交换机和核心层交换机；按照工作在 TCP/IP 参考模型的层次，交换机可以分为二层交换机和三层交换机；按照交换机的外观，交换机可以分为盒式交换机和框式交换机等。目前主流的交换机厂商包括思科、H3C 和华为等。H3C 的 S5800-56C-EI-M 交换机是盒式交换机，S10500X 系列交换机为框式交换机，如图 5.53 所示。

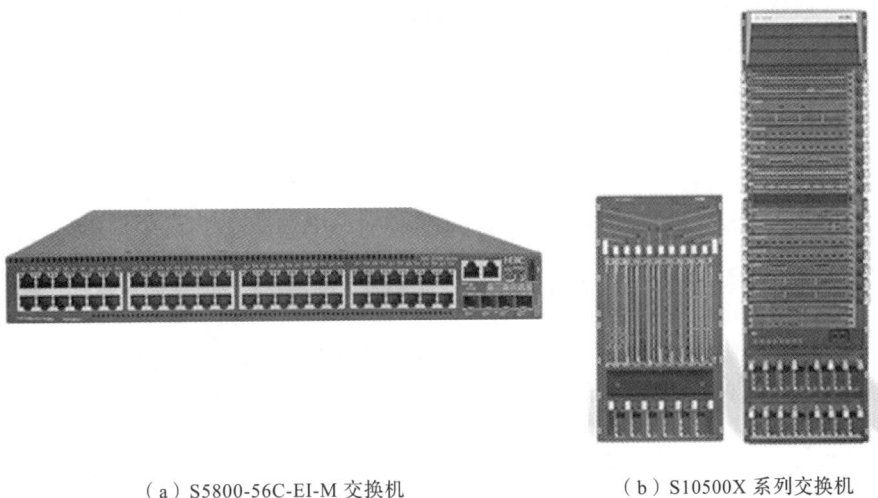

（a）S5800-56C-EI-M 交换机　　　　　　（b）S10500X 系列交换机

图 5.53　H3C 的交换机

华为的交换机类型非常齐全，包括各种层次和类型的交换机，下面进行详细介绍。

① 盒式交换机。

华为的盒式交换机以 S 系列交换机为代表。华为 CloudEngine S5731-S 系列交换机属于盒式交换机，如图 5.54 所示。它们是华为推出的新一代吉比特接入交换机，基于华为统一的通用路由平台（Versatile Routing Platform，VRP），具有增强的三层特性、简易的运行维护、智能的 iStack 堆叠、灵活的以太组网、成熟的 IPv6 特性等特点，广泛应用于企业园区接入和汇聚、数据中心接入等多种场景。

图 5.54　华为 CloudEngine S5731-S 系列交换机

② 框式交换机。

华为 CloudEngine S12700E 系列交换机属于框式交换机，如图 5.55 所示。它们是华为智简园区网络的旗舰级核心交换机，具有高品质海量交换能力，可提供有线/无线深度融合网络体验，支持全栈开放、平滑升级功能，能够帮助客户网络从传统园区向以业务体验为中心的智简园区转型，并能够提供 4、8、12 这 3 种不同业务槽位数量的类型，可以满足不同用户规模的园区网络部署需求。

图 5.55　华为 CloudEngine S12700E 系列交换机

（2）路由器

路由器在 TCP/IP 参考模型中负责网络层的数据交换与传输。在网络通信中，路由器具有判断网络地址及选择 IP 路径的作用，可以在多个网络环境中构建灵活的连接系统，通过不同的数据分组及介质访问方式对各个子网进行连接。作为不同网络之间互相连接的枢纽，路由器系统构成了基于 TCP/IP 的 Internet 的主体脉络，也可以说，路由器构成了 Internet 的"骨架"。路由器的处理速度是网络通信的主要瓶颈之一，它的可靠性直接影响网络互联的质量。因此，在园区网、地区网乃至整个 Internet 研究领域中，路由器技术始终处于核心地位，其发展历程和方向成为整个 Internet 研究的缩影。

路由器在市场上的种类非常丰富。按照网络部署位置和业务功能，路由器大致可分为接入层路由器、汇聚层路由器、核心层路由器等；按照外形样式和体积大小，路由器可分为盒式路由器和框式路由器，如图 5.56 所示。

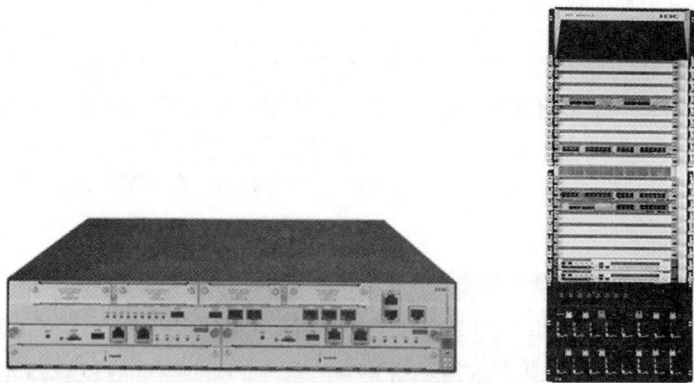

图 5.56　盒式路由器与框式路由器

目前主流的路由器厂商包括思科、H3C 和华为等。其中，思科 RV260 VPN 路由器专为中小型企业而设计，属于接入层路由器；H3C MSR 5600 路由器采用无阻塞交换架构，属于汇聚层路由器，它可以提升多业务并发处理能力；H3C SR8800 系列路由器可以对多槽位进行灵活扩展，以满足不同网络位置的需求。接下来详细介绍种类和功能多样的华为路由器。

① 盒式路由器。

盒式路由器以 AR 系列路由器为例，它们是华为面向大中型企业、家庭办公室、公寓式办公楼（Small Office Home Office，SOHO）所开发的路由器。其中，AR1200 系列路由器位于企业网络中内部网络与外部网络的连接处，是内部网络与外部网络之间数据流的唯一出入口，能将多种业务部署在同一设备上，极大地降低了企业网络建设的初期投资与长期运维成本，如图 5.57 所示。

图 5.57 华为 AR1200 系列路由器

② 框式路由器。

华为 NetEngine 8000 M8 框式路由器是华为推出的一款框式路由器，如图 5.58 所示，它是专注于城域以太网业务的接入、汇聚和传送的高端以太网产品。它基于硬件的转发机制和无阻塞交换技术，采用了华为自主研发的 VRP，具有电信级的可靠性、全线速的转发能力、完善的 QoS 管理机制、强大的业务处理能力和良好的可扩展性等特点。同时，其具有强大的网络接入、二层交换和适合以太网标准的多协议标签交换(Ethernet over Multi-Protocol Label Switching, EoMPLS)传输能力，支持丰富的接口类型，能够接入宽带，提供固定电话网络语音、视频、数据的三网融合(Triple-Play) 服务，以及 IP 专线和 VPN 业务。其可以与华为开发的 NE、CX、ME 系列产品组合使用，共同构建层次分明的城域以太网，以提供更丰富的业务功能。

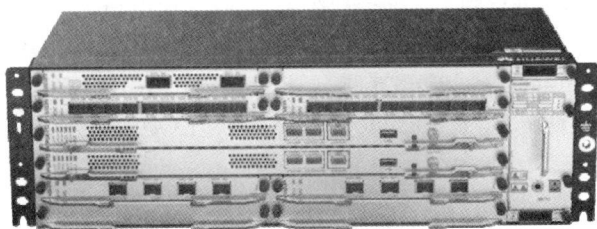

图 5.58 华为 NetEngine 8000 M8 框式路由器

（3）防火墙

随着网络的发展，层出不穷的新应用虽然给人们的网络生活带来了很多的便利，但同时带来了更多的安全风险。为了应对各种安全风险，各厂商的防火墙产品应运而生。如图 5.59 所示，H3C SecPath F1000-AI 系列防火墙是面向行业市场的高性能多千兆（吉比特）和超万兆（10Gbit）防火墙 VPN 集成网关产品，硬件上基于多核处理器架构，为 1U 的独立盒式防火墙，具有丰富的接口扩展能力。

图 5.59 H3C SecPath F1000-AI 系列防火墙

华为 USG6300 系列防火墙如图 5.60 所示。它是为小型企业、行业分支、连锁商业机构设计、开发的安全网关产品，集多种安全功能于一身，全面支持 IPv4/IPv6 下的多种路由协议，适用于各种网络接入场景。

前视图

固定接口板　　　　扩展插槽

后视图

硬盘组合（选配）　　　电源模块　　选配电源模块槽位

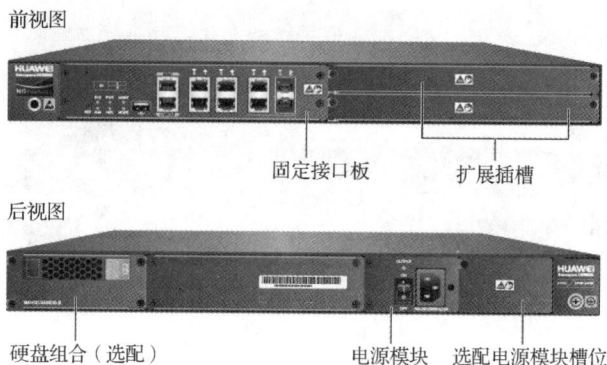

图 5.60　华为 USG6300 系列防火墙

（4）无线局域网设备

无线局域网（Wireless Local Area Network，WLAN）是指应用无线通信技术将计算机设备互联，构成可以互相通信和实现资源共享的网络体系。WLAN 的特点是不再使用通信线缆将计算机与网络连接起来，而是通过无线的方式连接，从而使网络的构建和终端的移动更加灵活。它利用射频（Radio Frequency，RF）技术，在短距离内，以无线电波替代传统的线缆构建本地 WLAN。华为 WLAN 设备通过简单的存储架构，让用户体验到"信息随身化、便利走天下"的理想境界。WLAN 系统一般由 AC 设备和 AP 设备组成。

① AC 设备。

WLAN 的 AC 设备负责将来自不同 AP 的数据汇聚并接入 Internet，同时完成 AP 设备的配置、管理和无线用户的认证、管理，以及宽带访问、安全等。H3C WX2500H 系列的 AC 产品是网关型无线控制器，如图 5.61 所示。其业务类型丰富，可以集精细的用户控制管理、完善的射频资源管理、无线安全管控、二三层快速漫游、灵活的 QoS 控制、IPv4/IPv6 双栈等功能于一体，具有强大的有线、无线一体化接入能力。

图 5.61　H3C WX2500H 系列的 AC 产品

如图 5.62 所示，锐捷 RG-WS7208-A 多业务无线 AC 可针对无线网络实施强大的集中式、可视化管理和控制，显著地简化了原本实施困难、部署复杂的无线网络。它可通过与锐捷网络有线、无线设备统一集中管理平台 RG-SNC 及无线 AP 配合，灵活地控制无线 AP 的配置，优化射频覆盖效果和性能，同时可实现集群化管理，减少网络中设备部署的工作量。

图 5.62　锐捷 RG-WS7208-A 多业务无线 AC

② AP 设备。

AP 设备是无线网和有线网之间通信的"桥梁",是组建 WLAN 的核心设备。无线 AP 主要用于无线工作站(即无线可移动终端设备)和有线局域网之间的互相访问,它在 WLAN 中相当于发射基站在移动通信网络中扮演的角色,在 AP 信号覆盖范围内的无线工作站可以通过它相互通信。

锐捷 RG-AP320-I 无线 AP 如图 5.63 所示,它采用双路双频设计,可支持同时在 IEEE 802.11a/n 和 IEEE 802.11b/g/n 协议下工作。该产品呈壁挂式,可安全、方便地安装于墙壁、天花板等各种位置。RG-AP320-I 无线 AP 支持本地供电与远程以太网供电模式,用户可根据现场的供电环境灵活选择,特别适合部署在大型校园、企业、医院等场所中。

TP-LINK TL-AP301C 无线 AP 如图 5.64 所示。它支持 11N 无线技术,可提供 300Mbit/s 无线传输速率,体积小,部署方便,可吸顶、壁挂、摆放于桌面,安装灵活、简便,被动 PoE(Passive PoE),"胖瘦一体",在不同环境下可选择不同工作模式。其无线发射功率线性可调,用户可根据需求调整信号覆盖范围,有独立硬件保护电路,可自动恢复工作异常 AP,支持使用 TP-LINK 商云 App 进行远程查看/管理。

图 5.63 锐捷 RG-AP320-I 无线 AP

图 5.64 TP-LINK TL-AP301C 无线 AP

(5)服务器

当前主流的服务器厂商包括惠普(HP)、联想、浪潮、华为等,各厂商的服务器如图 5.65 所示。可以根据网管软件的配置要求选择相应的服务器。

(a) HP ProLiant DL388 Gen9

(b)联想 ThinkSystem SR550

(c)浪潮英信 NX8480M4

(d)华为 Huawei 5885h v5 服务器

图 5.65 各厂商的服务器

14．综合布线工程常用工具

在综合布线工程中会用到相关的工具。下面以西元综合布线工具箱（KYGJX-12）和西元光纤工具箱（KYGJX-31）为例分别进行说明。

（1）通信电缆工具箱

下面以西元综合布线工具箱为例，说明通信电缆工具箱的组成，如图 5.66 和图 5.67 所示。

图 5.66　西元综合布线工具箱

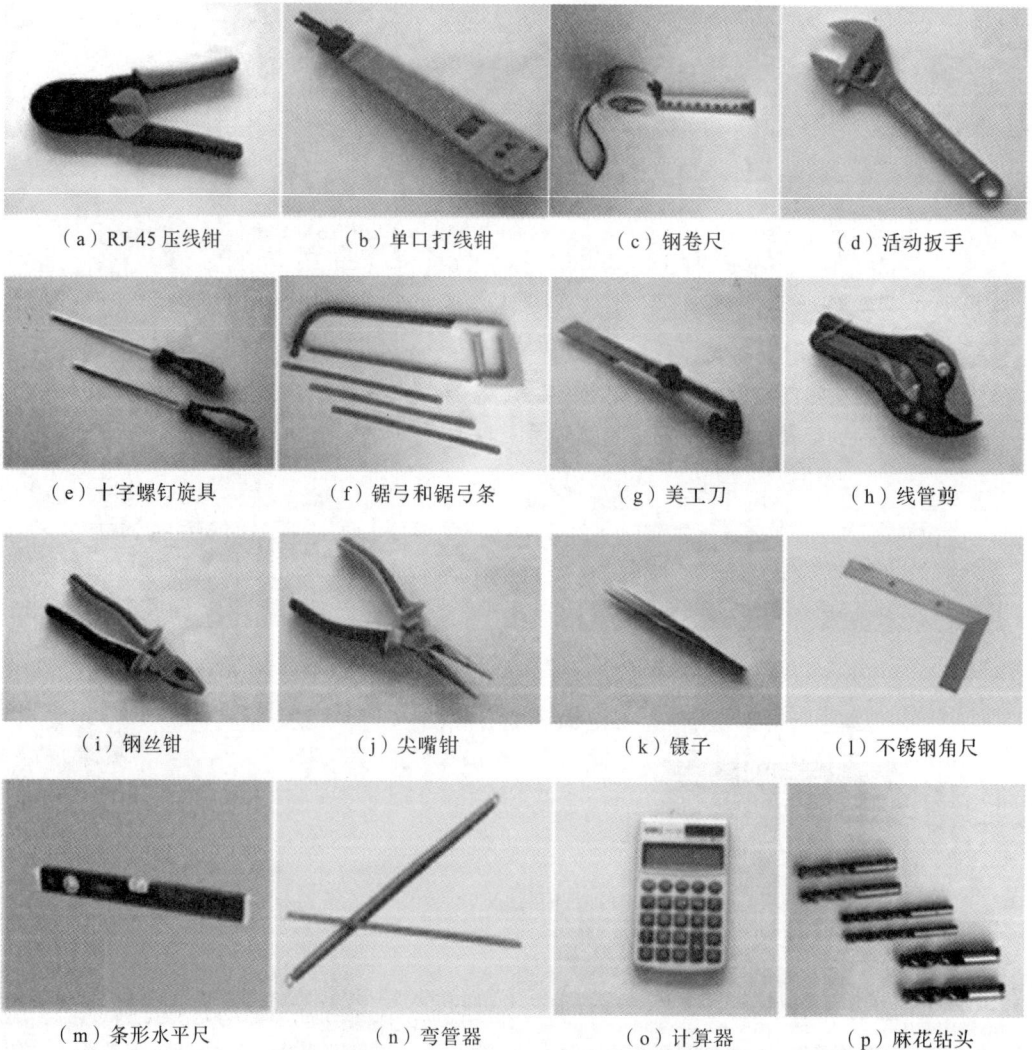

| （a）RJ-45 压线钳 | （b）单口打线钳 | （c）钢卷尺 | （d）活动扳手 |

| （e）十字螺钉旋具 | （f）锯弓和锯弓条 | （g）美工刀 | （h）线管剪 |

| （i）钢丝钳 | （j）尖嘴钳 | （k）镊子 | （l）不锈钢角尺 |

| （m）条形水平尺 | （n）弯管器 | （o）计算器 | （p）麻花钻头 |

图 5.67　西元综合布线工具箱配套工具

| （q）M6 丝锥 | （r）十字批头 | （s）RJ-45 水晶头 | （t）M6×15 螺钉 |

| （u）线槽剪 | （v）弯头模具 | （w）旋转网络剥线钳 | （x）丝锥架 |

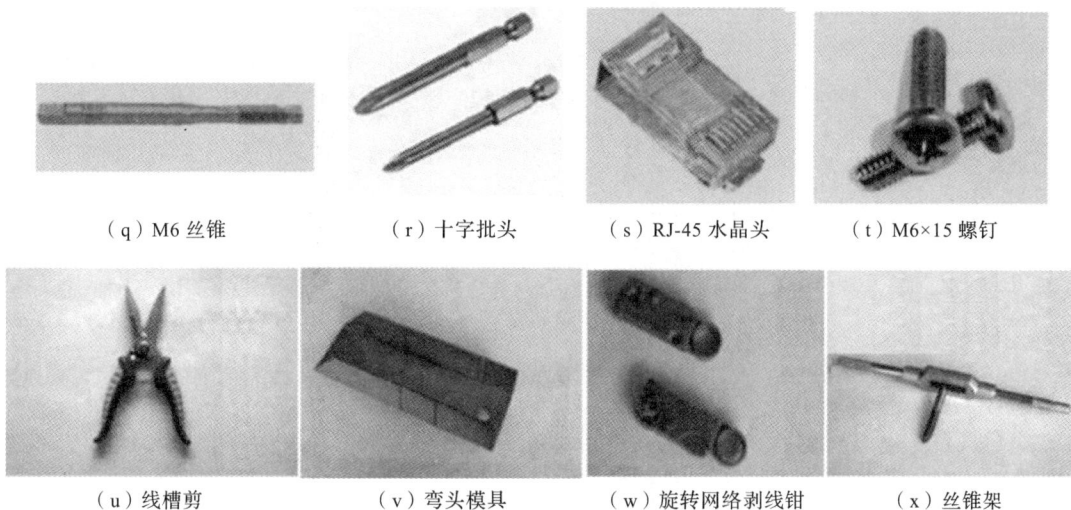

图 5.67　西元综合布线工具箱配套工具（续）

① RJ-45 压线钳：主要用于压接 RJ-45 水晶头，辅助作用是剥线。

② 单口打线钳：主要用于跳线架打线。打线时应先仔细观察，如观察打线刀头状态是否良好，再对正模块快速打下，注意用力适当。打线刀头属于易耗品，打线次数不能超过 1000，超过打线次数后须及时更换。

③ 钢卷尺（2m）：主要用于测量耗材、布线长度，属于易耗品。

④ 活动扳手（150mm）：主要用于紧固螺母，使用时应调整钳口开合与螺母规格相适应，并且适当用力，防止扳手滑脱。

⑤ 十字螺钉旋具（150mm）：主要用于十字螺钉的拆装，使用时应将十字螺钉旋具十字卡紧螺钉槽，并且适当用力。

⑥ 锯弓和锯弓条：主要用于锯切 PVC 管槽。

⑦ 美工刀：主要用于切割材料或剥开线皮。

⑧ 线管剪：主要用于剪切 PVC 管。

⑨ 钢丝钳（8 英寸，约 20cm）：主要用于插拔连接块、夹持线缆等器材、剪断钢丝等。

⑩ 尖嘴钳（6 英寸，约 15cm）：主要用于夹持线缆等器材、剪断线缆等。

⑪ 镊子：主要用于夹取较小的物品，使用时注意防止尖头伤人。

⑫ 不锈钢角尺（300mm）：主要用于测量尺寸、绘制直角线等。

⑬ 条形水平尺（400mm）：主要用于测量线槽、线管布线是否水平等。

⑭ 弯管器（20mm）：主要用于弯制 PVC 冷弯管。

⑮ 计算器：主要用于施工过程中的数值计算。

⑯ 麻花钻头（10mm、8mm、6mm）：主要用于在需要开孔的材料上钻孔，使用时应根据钻孔尺寸选用合适规格的钻头；钻孔时应使钻夹头夹紧钻头，保持电钻垂直于钻孔表面，并且适当用力，防止钻头滑脱。

⑰ M6 丝锥：主要用于螺纹孔的过丝。

⑱ 十字批头：与电动螺钉旋具配合，用于十字螺钉的拆装，使用时应确认十字批头安装良好。

⑲ RJ-45 水晶头：耗材。

⑳ M6×15 螺钉：耗材。

㉑ 线槽剪：主要用于剪切 PVC 线槽，也适用于剪切软线、牵引线，使用时，手应远离刀口，

将要切断时注意适当用力。

㉒ 弯头模具：主要用于锯切一定角度的线管、线槽，使用时将线槽水平放入弯头模具内槽。

㉓ 旋转网络剥线钳：主要用于剥取网线外皮，使用时顺时针旋转工具进行剥线。

㉔ 丝锥架：与丝锥配合，用于螺纹孔的过丝。

（2）通信光缆工具箱

下面以西元光纤工具箱为例，说明通信光缆工具箱的组成，如图 5.68 和图 5.69 所示。

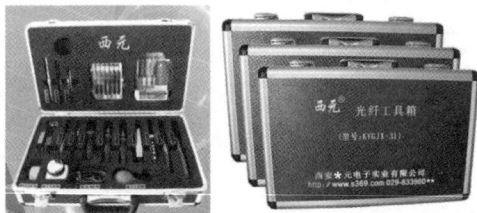

图 5.68　西元光纤工具箱

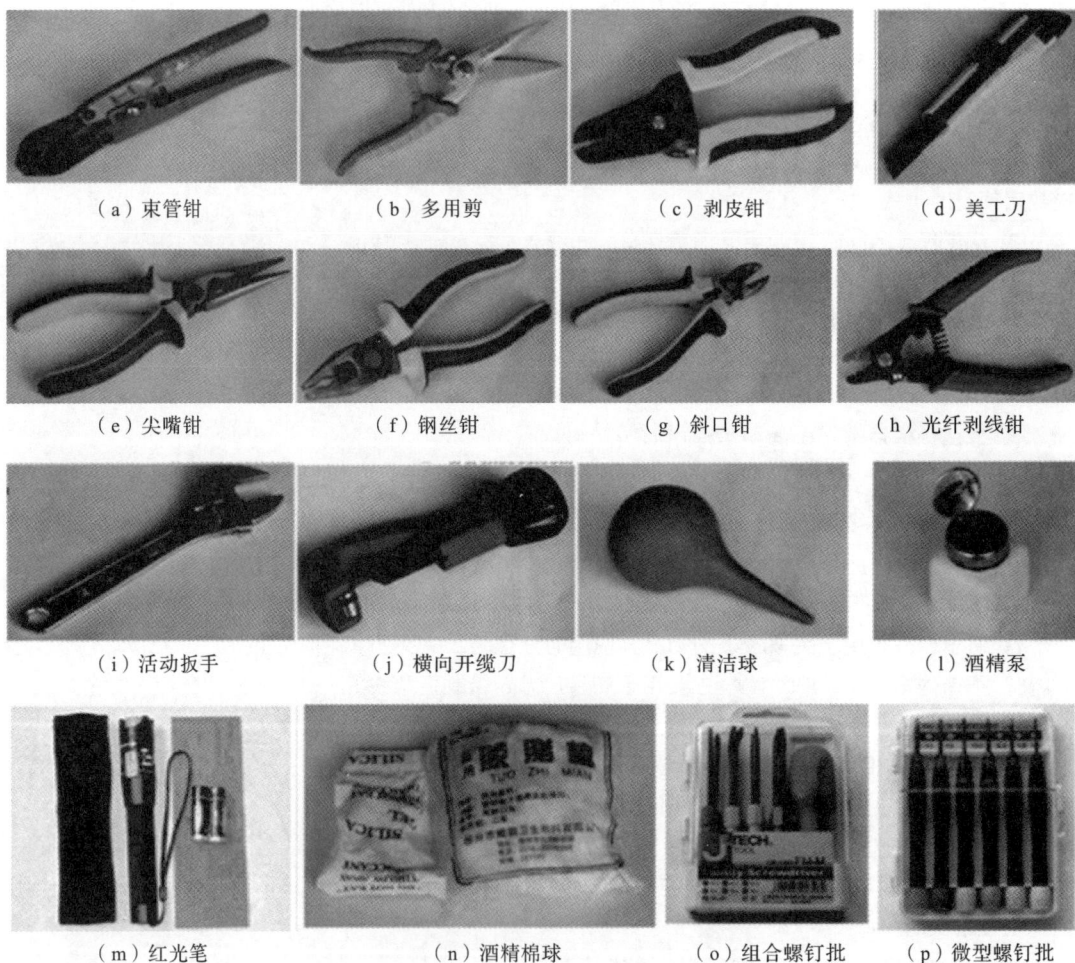

（a）束管钳　　　　　　（b）多用剪　　　　　　（c）剥皮钳　　　　　　（d）美工刀

（e）尖嘴钳　　　　　　（f）钢丝钳　　　　　　（g）斜口钳　　　　　　（h）光纤剥线钳

（i）活动扳手　　　　　（j）横向开缆刀　　　　（k）清洁球　　　　　　（l）酒精泵

（m）红光笔　　　　　　（n）酒精棉球　　　　　（o）组合螺钉批　　　　（p）微型螺钉批

图 5.69　西元光纤工具箱配套工具

① 束管钳：主要用于剪切光缆中的钢丝。

② 多用剪（8 英寸）：主要用于剪切相对柔软的物件，如牵引线等，不宜用于剪切硬物。

③ 剥皮钳：主要用于剪剥光缆或尾纤的护套，不适合剪切室外光缆中的钢丝。剪剥时要注意剪

口的选择。

④ 美工刀：主要用于剪切跳线、双绞线内部牵引线等，不可用于剪切硬物。

⑤ 尖嘴钳（6 英寸）：主要用于拉开光缆外皮或夹持小件物品。

⑥ 钢丝钳（6 英寸）：主要用于夹持物件、剪断钢丝。

⑦ 斜口钳（6 英寸）：主要用于剪切光缆外皮，不适合剪切钢丝。

⑧ 光纤剥线钳：主要用于剪剥光纤的各层护套，有 3 个剪口，可分别用于剪剥尾纤的外皮、中层护套和树脂保护膜。剪剥时要注意剪口的选择。

⑨ 活动扳手（150mm）：用于紧固螺母。

⑩ 横向开缆刀：用于切割室外光缆的黑色外皮。

⑪ 清洁球：用于清洁灰尘。

⑫ 酒精泵：用于盛放酒精，不可倾斜放置，盖子不能打开，以防止挥发。

⑬ 红光笔：用于简单检查光纤的通断。

⑭ 酒精棉球：用于蘸取酒精擦拭裸纤，平时应保持棉球的干燥。

⑮ 组合螺钉批：即组合螺钉旋具，用于紧固相应的螺钉。

⑯ 微型螺钉批：即微型螺钉旋具，用于紧固相应的螺钉。

⑰ 钢卷尺（2m）：主要用于测量耗材、布线的长度，属于易耗品（图 5.69 中略）。

⑱ 镊子：主要用于夹取较小的物品，使用时注意防止尖头伤人（图 5.69 中略）。

⑲ 背带：便于携带工具箱（图 5.69 中略）。

⑳ 记号笔：用于标记（图 5.69 中略）。

15. 系统布线常用仪表

在设备安装、布线施工、故障排查、检验测试、工程验收中，都需要用到一些专用的测试仪表。下面简要介绍一些常用仪表，如能手网络测试仪与寻线仪、双绞线网络测试仪、光纤打光笔、光功率计、光时域反射计、光纤熔接机等。

（1）能手网络测试仪与寻线仪

① 能手网络测线仪。

能手网络测线仪是一种网线测试仪，适用于比较简单的链路测试，如 8 芯的网线和 4 芯的电话线的测试。它有两个单元：一个是发送单元，即主机，采用一块 9V 叠层电池进行供电，并有电源开关和绿色的电源指示灯；另一个是接收单元，即远端机，由指示灯显示网线连接状态。网线接口是 RJ-45 接口，电话线接口是 RJ-11 接口。能手网络测试仪的外观如图 5.70 所示。

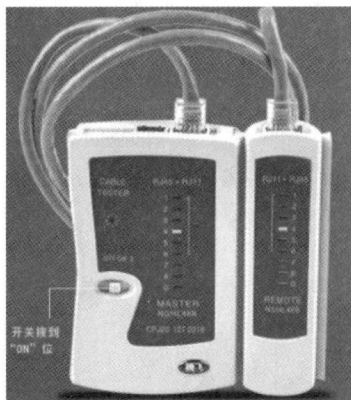

图 5.70 能手网络测试仪

在测量时，先将测试仪的电源关闭，再将网线的一端接入测试仪主机的网线接口，将另一端接入测试仪远端机的网线接口。打开主机电源，观察主机和远端机两排指示灯上的数字是否同时对称地从 1 到 8 逐个闪亮。若对称闪亮，则代表网线状况良好；若不对称闪亮或个别灯不亮，则代表网线断开或制作网线头时线芯排列错误。

② 寻线仪。

寻线仪分为两个部分，即发射器和接收器，如图 5.71 所示。发射器上有两种接口，分别是电话接口（即 RJ-11 接口）、网线接口（即 RJ-45 接口）。如果寻找电话线，则用 RJ-11 接口；如果寻找网线，则用 RJ-45 接口。

图 5.71 寻线仪

在使用寻线仪寻找网线的时候，将网线的水晶头插入发射器的 RJ-45 接口之后，先调节发射器的功能按钮，让它指向寻线仪，此时指示灯会闪烁，说明寻线仪是可以正常工作的。再将接收器在网线尾部逐条接入，探头靠近网线时，如果产生警报，则说明网线头部和尾部是同一条，否则不是。寻找电话线的方法是将一端插入发射器的 RJ-11 接口，将另外一端的探头靠近电话线尾部即可，可将功能切换为双音频，这样更容易辨识。

（2）双绞线网络测试仪

网络测试仪也称专业网络测试仪或网络检测仪，是一种可以检测 OSI 参考模型定义的物理层、数据链路层、网络层运行状况的便携、可视的智能检测设备，主要用于局域网故障检测、维护和综合布线施工。

随着网络的普及化和复杂化，保障网络的合理构建和正常运行变得越来越重要，而保障网络的正常运行必须从两个方面着手。其一，施工质量直接影响网络的后续使用，所以施工质量不容忽视，必须严格要求、认真检查，以防患于未然；其二，网络故障的排查至关重要，网络故障会直接影响网络的运行效率，必须追求高效率、短时间排查。因此，网络检测辅助设备在网络施工和网络维护工作中变得越来越重要。使用网络测试仪可以极大地减少网络管理员排查网络故障的时间，提高综合布线施工人员的工作效率，加快工程进度、提高工程质量。

网络测试仪厂商既有福禄克、安捷伦、理想等国外公司，又有信而泰、中创信测、奈图尔等国内公司。下面以福禄克网络测试仪 DSX2-5000 CableAnalyzer 为例进行简要介绍。

根据有线传输介质的不同，福禄克网络测试仪分为光纤网络测试仪和双绞线网络测试仪，如图 5.72 所示。光纤网络测试仪并不常用，所以通常所说的网络测试仪指的是双绞线网络测试仪。

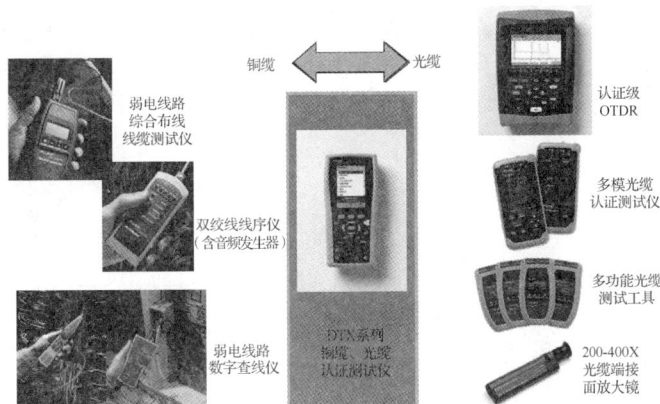

图 5.72　福禄克网络测试仪

福禄克网络测试仪 DSX2-5000 CableAnalyzer 如图 5.73 所示，已通过 Intertek（ETL）认证，该认证是根据 IEC 61935-1 标准的 Ⅳ 级精度和草案 Ⅴ 级精度规定，以及 ANSI/TIA-1152 标准的规定实施的。DSX2-5000 CableAnalyzer 认证 5e、6、6A 和 Class FA 双绞线，最高带宽频率为 1000MHz，可提高线缆测试的速度，6A 和 Class FA 测试速度无可比拟且符合更严苛的 IEC 草案 Ⅴ 级精度要求。

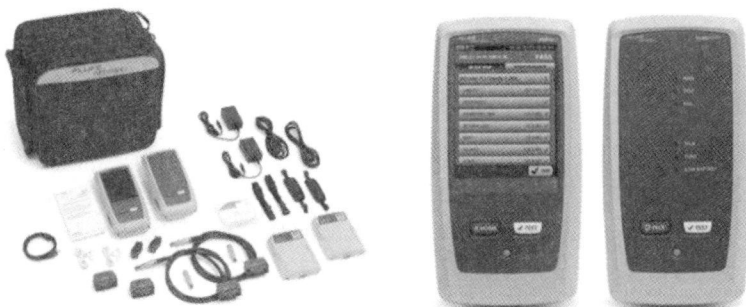

图 5.73　福禄克网络测试仪 DSX2-5000 CableAnalyzer

ProjX 管理系统有助于确保再次操作时能正确完成项目设置，并且有助于跟踪从项目设置到系统验收过程的进度。Vertiv 平台支持光纤测试，以及 Wi-Fi 分析和以太网故障排除。该平台易于升级，以支持未来标准。使用 Taptive 用户界面能更快速地进行故障排除，该界面以图形形式显示故障源，包括串扰、回波损耗和屏蔽故障的准确位置。最后，福禄克网络测试仪可以分析测试结果，使用 LinkWare 管理软件来创建专业的测试报告。

（3）光纤打光笔

光纤打光笔又称光纤故障定位仪、光纤故障检测器、可视红光源、通光笔、红光笔、光纤笔、激光笔，如图 5.74 所示。其以 650nm 半导体激光器为发光器件，经恒流源驱动，发射出稳定的红光，与光接口连接后进入多模光纤或单模光纤，实现光纤故障检测功能。

光纤打光笔是一种专门为现场施工人员进行光纤寻障、光纤连接器检查、光纤寻迹等设计的笔式红光源。它具有输出功率稳定、检测距离长、结构坚固可靠、使用时间长、功能多样等多种优点，是现场施工人员的理想选择。按最短检测距离分类，光纤打光笔可分为 5km、10km、15km、20km、25km、30km、35km、40km 等类型，最短检测距离越远，价格越贵。

（4）光功率计

随着光纤通信技术的迅速发展，光纤通信逐渐成为主要的通信方式。光功率是光纤通信系统中最基本的测量参数之一，是评价光端设备性能、评估光纤传输质量的重要参数之一。光功率计是专门用于测量绝对光功率或通过一段光纤的光功率相对损耗的仪器，广泛应用于通信干线敷设、设备维护、科研和生产当中，如图 5.75 所示。

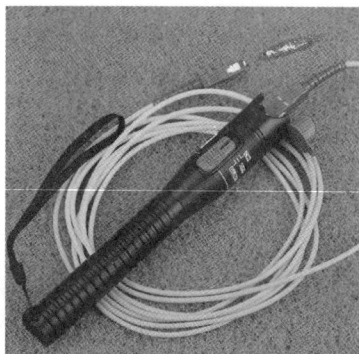

图 5.74　光纤打光笔

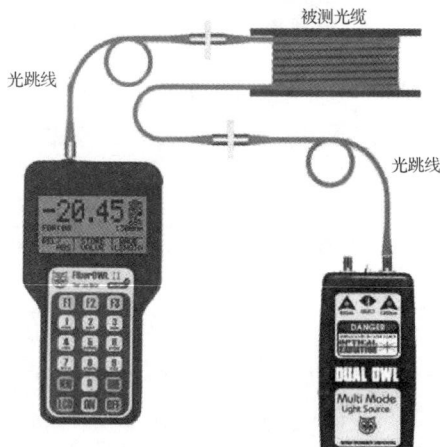

图 5.75　光功率计

在光功率测量中，光功率计是重负荷常用表。通过测量发射端或光网络的绝对功率，能够评价光端设备的性能。组合使用光功率计与稳定光源，能够测量连接损耗，检验连续性，并帮助评估光纤链路传输质量。

（5）光时域反射计

光时域反射计（Optical Time-Domain Reflectometer，OTDR）是通过对测量曲线进行分析，了解光纤的均匀性、缺陷、断裂、接头耦合等若干性能的仪器，如图 5.76 所示。它根据光的后向散射与菲涅耳反向原理制作而成，利用光在光纤中传播时产生的后向散射光来获取衰减的信息，可用于测量光纤衰减、接头损耗和定位光纤故障点，以及了解光纤沿长度的损耗分布情况等，是光缆施工、维护及监测中必不可少的工具。

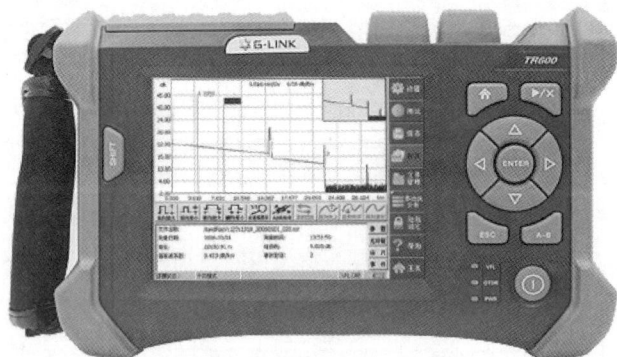

图 5.76　光时域反射计

光时域反射计是用于确定光纤与光网络特性的光纤测试仪，它的作用是检测、定位与测量光纤链路任何位置上的事件。光时域反射计的一个主要优点是它能够作为一维的雷达，仅测试光纤的一端就能获得完整的光纤特性，光时域反射计的分辨范围为 4～40 cm。

使用光时域反射计进行测试是检修光纤线路非常有效的手段，光时域反射计的基本工作原理是利用导入光与反射光的时间差来测定距离,如此可以准确地判定故障的位置。光时域反射计将探测脉冲注入光纤,在反射光的基础上估计光纤长度。光时域反射计测试适用于故障定位,特别适用于确定光缆断开或损坏的位置。光时域反射计测试文档能够为技术人员提供图形化光纤特性,为网络诊断和网络扩展提供重要数据。

（6）光纤熔接机

光纤熔接机的工作原理是利用高压电弧放电产生 2000℃以上的高温将两个光纤断面熔化,同时用高精度运动机构平缓推进,让两根光纤融合成一根,以实现光纤的耦合。光纤熔接是光纤工程中使用较为广泛的一种接续方式。光纤熔接机主要应用于电信运营商、工程公司和事业单位的光纤线路工程施工,线路维护,应急抢修,光纤器件的生产、测试,以及科研院所的研究与教学,如图 5.77 所示。

完成光纤熔接必备的工具为光纤熔接机、切割刀、剥纤钳、酒精泵（含纯度为 99%的工业酒精）、棉球、热缩套管。从剥纤、清洁、切割再到最后的熔接,这些工具能帮助用户完成合格的光纤熔接。光纤熔接机工具箱如图 5.78 所示。

图 5.77　光纤熔接机

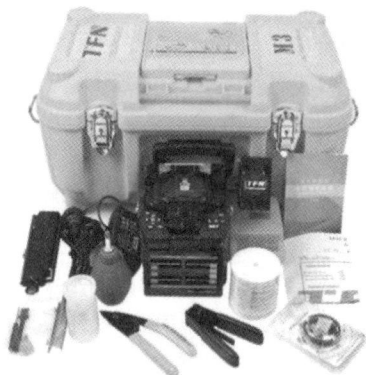

图 5.78　光纤熔接机工具箱

5.2.2　工作区子系统设计与实施

工作区是指从信息插座延伸到终端设备的整个区域,即独立的需要设置终端设备的区域。工作区可支持电话机、数据终端、计算机、电视机、监视器及传感器等终端设备。它含有信息插座、信息模块、网卡和连接所需的跳线,并在终端设备和输入输出（Input/Output, I/O）设备之间进行搭接,相当于电话配线系统中连接电话机的用户线及终端部分。典型的工作区子系统如图 5.79 所示。

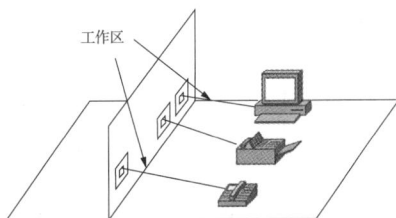

图 5.79　典型的工作区子系统

1. 工作区适配器的选用原则

工作区适配器的选用原则如下。

（1）当在设备连接器处采用不同信息插座的连接器时,可以选用专用适配器。

（2）当在单一信息插座上进行两项服务时，可在标准范围内选用"Y"型适配器。

（3）当在配线子系统中选用的电缆类别（介质）与设备所需的电缆类别（介质）不同时，应选用适配器。

（4）在连接使用不同信号的数模转换器或数据传输速率转换器等相应的装置时，应选用适配器。

（5）为了实现网络的兼容性，可选用协议转换适配器，特别是在楼宇自控的项目中，楼宇自控系统的信息采集点和控制点一般采用模拟信号。为了通过网络传输，需要将多个采集点连接至控制点（专用协议转换器），再由控制点通过局域网连接上位机控制平台。

2．信息插座的要求

信息插座是终端（工作站）与配线子系统连接的接口，较常用的为 RJ-45 信息插座与光纤信息插座。信息插座的要求如下。

（1）每一个工作区信息插座的模块（电模块、光模块）数量不宜少于 2 个，以满足各种业务的需求。

（2）底盒数量应由插座盒面板设置的开口数确定，每一个底盒支持安装的信息点数量不宜多于 2 个。底盒的选择应考虑到信息模块的长度。对于平面的信息插座面板，信息模块端接完线缆后，其长度一般会达到 30mm 以上，明装底盒的深度最好在 36mm 以上，留有足够的盘线空间。对于 6 类以上的布线系统，明装布线时建议采用斜口面板，以提高底盒的空间兼容性。

（3）光纤信息插座安装的底盒大小应充分考虑到水平光缆（2 芯或 4 芯）终接处的光缆盘留有空间和满足光缆对弯曲半径的要求。

（4）工作区的信息插座应支持不同的终端设备接入，每一个 8 位模块通用插座应连接 1 根 4 对双绞线电缆；每一个双工或两个单工光纤连接器件及适配器应连接 1 根双芯光缆。

（5）电信间至每一个工作区的水平光缆宜按双芯光缆配置。

（6）安装在地面上的信息插座应采用防水和抗压的接线盒。

（7）信息插座需求量的计算方式如下。

$$m=n+n\times 3\%$$

其中，m 表示总需求量，n 表示信息点的总量，$n\times 3\%$ 表示富余量。

3．跳线的要求

跳线的要求如下。

（1）工作区连接信息插座和计算机间的跳线长度应小于 5m。

（2）跳线可订购，也可现场压接。一条链路需要两条跳线，一条从配线架跳接到交换设备，另一条从信息插座连接到计算机。

（3）现场统计 RJ-45 接头跳线所需的数量。RJ-45 接头跳线需求量计算方式如下。

$$m=n\times 4+n\times 4\times 5\%$$

其中，m 表示总需求量，n 表示信息点的总量，$n\times 4\times 5\%$ 表示富余量。

当然，当语音链路需要从水平数据配线架跳接到语音干线 110 配线架时，还需要 1 对 RJ-45-110 跳线。

4．用电配置要求

在综合布线工程中设计工作区子系统时，要同时考虑终端设备的用电需求。每组信息插座附近宜配备 220V 电源（三孔插座）为设备供电，暗装信息插座（RJ-45 信息插座）与其旁边的电源插座应保持 20cm 以上的距离，信息插座盒底部应距离地面 30cm 以上，如图 5.80 所示，工作区的电源插座应选用带保护接地线的单相电源插座，保护接地线与中性线应严格分开。

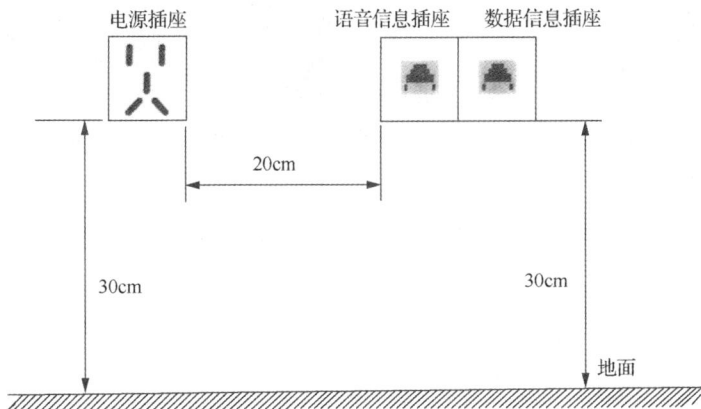

图 5.80 工作区信息插座与电源插座布局

5．工作区子系统的设计原则

国家标准 GB 50311—2016 对工作区子系统的设计提出了明确要求，结合实际项目设计案例，得出设计工作区子系统时一般应遵守下列设计原则。

（1）设备的连接插座应与连接电缆的插头匹配，不同的插座与插头之间互通时应加装适配器。

（2）在连接使用信号的数模转换器、光电转换器、数据传输速率转换器等相应的装置时，应采用适配器。

（3）对于网络规程的兼容，应采用协议转换适配器。

（4）终端设备与适配器应安装在适当位置。各种不同的终端设备或适配器均应安装在工作区的适当位置，并应考虑现场的电源与接地。

（5）每个工作区的面积应按不同的应用功能确定。例如，单独办公室、集体办公室、会议室等的面积应按照实际应用功能进行确定。

（6）优先选用双口插座。在一般情况下，信息插座宜选用双口插座。不建议选用三口插座或者四口插座，因为长 86mm、宽 86mm 的插座底盒内部空间很小，无法容纳和保证更多双绞线电缆的弯曲半径。

（7）信息插座盒底部距离地面高度在 30cm 以上。在墙面上安装的信息插座盒底部距离地面高度宜在 30cm 以上。在地面上安装的信息插座必须选用金属面板，并且具有抗压、防水、防尘等功能。在学生宿舍等特殊应用情景下，信息插座也可以设置在写字台以上位置。

（8）信息插座与终端设备相距 5m 以内。信息插座与计算机等终端设备的距离宜保持在 5m 范围内，这样能够保证传输速率，减少明装布线，保持美观。

（9）信息插座中的模块与终端设备网络接口类型应一致。信息插座中的模块必须与计算机、打印机、电话机等终端设备中的模块类型一致。例如，当计算机中的模块为光模块时，信息插座内必须安装对应的光模块；当计算机中的模块为 RJ-45 模块时，信息插座内必须安装对应的 RJ-45 模块。

（10）优先选用墙装信息插座。在设计中尽量优先选用墙装信息插座。一般墙面采用 86×86 系列信息插座底盒和塑料面板，其成本低、免维护、安装简单快捷。地面一般选择 120×120 系列钢制信息插座底盒和铜制地弹面板，其成本高，为塑料面板价格的 10~20 倍，安装要求高，维护工作量大。

（11）数量配套的原则。一般工程中普遍使用双口面板，也会少量使用单口面板。因此，在设

微课

V5-5　工作区子系统的设计原则

计时必须准确计算信息模块数量、信息插座数量、面板数量等。

（12）配置软跳线的原则。信息插座到计算机等终端设备之间的跳线一般使用软跳线，软跳线的线芯由多股铜线组成，不宜使用线芯直径在 0.5mm 以上的单芯跳线，长度一般小于 5m。

（13）配置专用跳线。工作区子系统的跳线宜使用工厂专业化生产的跳线，尽量少在现场制作跳线，这是因为在现场制作跳线时，往往会使用工程剩余的短线，而这些短线一般已经在施工过程中承受了较大拉力和进行了多次折弯，网线结构可能已经发生了很大的改变。另外，实际工程经验表明，在信道测试中影响最大的就是跳线，这在 6 类、7 类布线系统中尤为明显，信道测试不合格往往是两端的跳线造成的。

（14）配置同类跳线。跳线必须与布线系统的等级和类型相配套。例如，6 类布线系统必须使用 6 类跳线，不能使用 5 类跳线；屏蔽布线系统不能使用非屏蔽跳线；光缆布线系统必须使用配套的光缆跳线。光缆跳线为室内光纤，没有铠装层和钢丝，比较柔软。国际电信联盟的标准对光缆跳线的规定是橙色表示多模跳线、黄色表示单模跳线。

6．工作区子系统的设计流程

工作区子系统的设计流程如下。

阅读委托书→进行需求分析→进行技术交流→阅读建筑物图纸和工作区信息点命名及编号→制定初步设计方案→进行工程概算→确认初步设计方案→正式设计→进行工程预算。

（1）阅读委托书

工程的项目设计需要按照用户提供的设计委托书来进行，在设计前，必须认真研究和阅读委托书，应重点了解网络综合布线项目的内容，如强电与水暖的布线路由和位置、建筑物用途、数据量的大小、人员构成及数量等。在智能建筑项目设计委托书中，对综合布线系统的要求描述较少，这就要求设计者把与综合布线系统有关的问题整理出来，对用户需求进行分析。

（2）进行需求分析

需求分析主要用于掌握用户的当前需求和未来扩展需求，目的是把设计对象归类，如按照写字楼、宾馆、综合办公室、生产车间、会议室、商场等类别进行归类，为后续设计确定方向和重点。

首先对整栋建筑物进行分析，了解建筑物的用途；然后分析各个楼层，掌握每个楼层的用途；最后进一步掌握每个房间及每个工作区的功能和用途，并分析工作区的信息点的数量和位置。

（3）进行技术交流

在进行需求分析后，要与用户进行技术交流，特别是与行政负责人进行交流，这是十分有必要的，这样可以进一步充分和广泛地了解用户的需求。在交流中，重点了解每个房间或者工作区的用途、工作区域、工作台位置、工作台尺寸、设备安装位置等详细信息，并且一定要涉及未来的发展需求。在交流过程中必须进行详细的书面记录，每次交流结束后要及时整理书面记录，这些书面记录是进行初步设计的依据。

（4）阅读建筑物图纸和工作区信息点命名及编号

通过阅读建筑物图纸，可掌握综合布线路径上的电气设备、电源插座、暗埋管线等。

工作区信息点命名和编号是非常重要的一项工作。名称首先必须准确表达信息点的位置或者用途，要与工作区的名称相对应，这个名称从项目设计开始到竣工验收及后续维护最好保持一致。如果出现项目投入使用后，用户改变工作区信息点名称或者编号的情况，则必须及时制作名称/编号变更对应表，将其作为竣工资料保存。

（5）制定初步设计方案

建筑物大体上可以分为商业、媒体、体育、医院、文化、学校、交通、住宅、通用工业等类型。

建筑物的功能具有多样性和复杂性，因此，对工作区面积的划分应根据应用的场合做具体的分析后确定。工作区子系统是办公室、写字间、作业间、技术室等需使用电话、计算机、电视机等设备的区域和相应设备的统称。

① 工作区面积的确定。

按照国家标准 GB 50311—2016 的规定，工作区应由水平布线系统的信息插座延伸到终端设备处的连接电缆及适配器。工作区面积可按 5～10m² 估算，也可按不同的应用环境调整大小。工作区面积划分如表 5.6 所示。但当出现终端设备的安装位置和数量无法确定并考虑自行设置计算机网络等情况时，工作区面积可按区域（租用场地）面积确定，而对于 IDC 机房，可按生产机房每个配线架的设置区域考虑工作区面积。

表 5.6　工作区面积划分

工作区	工作区面积/m²
网管中心、呼叫中心、信息中心等终端设备较为密集的场地	3～5
办公区	5～10
会议区、会展区	10～60
商场、生产机房、娱乐场所	20～60
体育场馆、候机室、公共设施区	20～100
工业生产区	60～200

一般来讲，工作区的电话和计算机等终端设备可用跳线直接与工作区的信息插座相连接，但当信息插座与终端连接电缆不匹配时，需要选择适配器或平衡/非平衡转换器进行转换，这样才能连接到信息插座上。信息插座属于配线子系统的连接器件，因为它位于工作区，所以在工作区来讨论它的设计要求。工作区中的信息插座、跳线和适配器（选用）都有具体的要求。

② 工作区信息点的配置。

独立的需要设置终端设备的区域宜划分为工作区。每个工作区需要设置一个计算机网络数据点或者语音电话点，或按用户需要设置。每个工作区的信息点数量可按用户的数量、网络构成和需求来确定。

③ 工作区信息点点数统计表。

工作区信息点点数统计表简称为点数表或点数统计表，是设计和统计信息点数量的基本工具。初步设计的主要工作是完成点数统计表的制作。初步设计的程序是在需求分析和技术交流的基础上，先确定每个房间或工作区的信息点位置和数量，再制作点数统计表。

先按照楼层，再按照房间或工作区逐层、逐房间或工作区地规划和设计网络数据点、语音信息点数量；把每个房间或工作区规划的信息点数量填写到点数统计表对应的位置。每层填写完毕后，就能够统计出每层的信息点数量；全部楼层填写完毕后，就能够统计出建筑物的信息点数量。

点数统计表能够准确和清楚地表示及统计出建筑物的信息点数量。点数统计表利用 Microsoft Excel 软件制作而成，一般常用的表格格式为房间或工作区按列表示、楼层按行表示。

在点数统计表中，第一行为设计项目或对象的名称，第二行为房间或工作区的名称，第三行为数据或语音类别，其余行为每个房间或工作区的数据或语音点数量。为了清楚和方便统计，一般为每个房间或工作区设置两行，一行为数据，另一行为语音。最后一行为合计数量。在点数统计表中，房间或工作区编号由大到小按照从左到右的顺序填写。

在点数统计表中，第一列为楼层编号，中间列为楼层或工作区的房间或工作区号。为了清楚和方便统计，一般为每个房间或工作区设置两列，一列为数据，另一列为语音。最后一列为合计数量。在点数统计表中，楼层编号由大到小按照从上往下的顺序填写。

（6）进行工程概算

在初步设计的基础上要给出工程概算，这个概算是指整个综合布线系统工程的造价概算，包括工作区子系统的造价。工程概算的计算公式如下。

$$工程概算 = 信息点数量 \times 信息点的概算价格$$

例如，信息点数量为 520 个，每个信息点的概算价格为 200 元，则工程概算 $= 520 \times 200 = 104000$ 元。

每个信息点的概算应该包括材料费、工程费、运输费、管理费、税金等全部费用。材料应该包括机柜、配线架、配线模块、跳线架、理线环、网线、模块、底盒、面板、桥架、线槽、线管等全部材料及配件。

（7）确认初步设计方案

初步设计方案主要包括点数统计表和工程概算表两个文件。因为工作区子系统信息点数量直接决定了综合布线系统工程的造价，所以信息点数量越多，工程造价越大。工程概算的多少与选用产品的品牌和质量有直接关系，一般选用高质量的知名品牌时，工程概算较多，选用区域知名品牌时，工程概算较少。点数统计表和工程概算表也是综合布线系统工程设计的依据和基本文件，因此必须经过用户确认。

用户确认的一般流程如下。

整理点数统计表→准备用户确认签字文件→与用户交流和沟通→用户确认签字和盖章→设计方签字和盖章→双方存档。

用户确认签字文件至少一式四份，双方各两份。设计单位将一份存档，将另一份作为设计资料。

（8）正式设计

用户确认初步设计方案后，开始进行正式设计。正式设计的主要工作为准确设计每个信息点的位置，确认每个信息点的名称或编号，核对点数统计表，最终确认信息点数量，为整个综合布线工程系统设计奠定基础。

（9）进行工程预算

正式设计完毕后，所有方案已确定。可按照工程概算的公式进行工程概算。同样，工程概算中每个信息点的概算应该包括材料费、工程费、运输费、管理费、税金等全部费用。材料应该包括机柜、配线架、配线模块、跳线架、理线环、网线、模块、底盒、面板、桥架、线槽、线管等全部材料及配件。

在一般综合布线系统工程设计中，不会单独设计工作区信息点布局图，而是将其设计在综合网络系统图纸中。

7．工作区子系统实施

综合布线系统工作区的应用在智能建筑中随处可见，即安装在建筑物墙面或者地面上的各种信息插座，有单口插座，也有双口插座。在实际应用中，一个网络插口为一个独立的工作区，也就是说，一个信息模块对应一个工作区，而不是一个房间为一个工作区，一个房间中往往会有多个工作区，如图 5.81 所示。如果插座底盒上安装了一个双口面板和两个信息插座，则按标准规定，信息插座为"多用户信息插座"。在实际应用中，为了降低工程造价，通常使用双口插座，有时为由双口信息模块组成的多用户信息插座，有时为由双口语音模块组成的多用户信息插座，有时为由单口信息模块和单口语音模块组成的多用户信息插座。

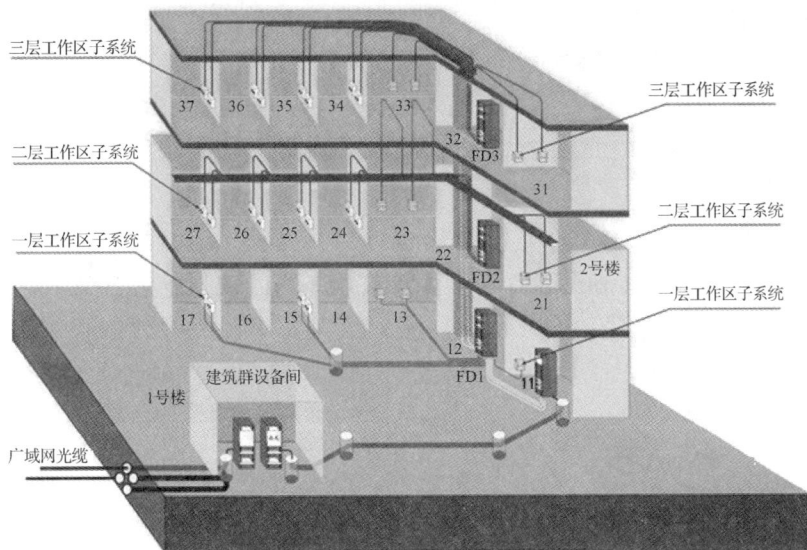

图 5.81　工作区子系统实际应用案例

（1）工作区信息插座的安装规定

工作区信息插座的安装应符合下列规定。

① 暗装在地面上的信息插座盒应满足防水和抗压要求。

② 工业环境中的信息插座可带有保护壳体。

③ 暗装或明装在墙体或柱子上的信息插座盒底部距地面高度宜为 300mm。

④ 安装在工作台侧隔板面及临近墙面上的信息插座盒底部距地面高度宜为 1m。

⑤ 信息插座模块宜采用标准 86 系列面板安装，安装光纤模块的底盒深度不应小于 60mm。

⑥ 集合点箱体、多用户信息插座箱体宜安装在导管的引入侧与便于维护的柱子及承重墙上等处，箱体底部距地面高度宜为 500mm，当在墙体、柱子的上部或吊顶内安装时，箱体底部距地面高度不宜小于 1800mm。

（2）工作区电源的安装规定

工作区电源的安装应符合下列规定。

① 每个工作区宜配置不少于 2 个单相交流 220V/10A 电源插座盒。

② 电源插座应选用带保护接地的单相电源插座。

③ 工作区电源插座宜嵌墙暗装，高度应与信息插座一致。

④ 每个用户单元信息配线箱附近水平 70～150mm 处，宜预留设置 2 个单相交流 220V/10A 电源插座。每个电源插座的配电线路应装设保护电器，电源插座宜嵌墙暗装，插座盒底部距地面高度应与信息配线箱一致。用户单元信息配线箱内应引入单相交流 220V 电源。

（3）信息插座的安装

工作区与水平线缆连接的信息模块就是信息插座。信息插座面板用于在信息出口位置安装信息模块。

① 信息插座的类型。

信息插座按安装方式可分为墙面式信息插座、地弹式信息插座。

墙面式信息插座面板一般由塑料制成，只适合在墙面上安装，一般具有防尘功能，使用时打开防尘盖，不使用时关闭防尘盖。我国普遍采用的是 86mm×86mm 规格的正方形面板，常见的有单口、双口型号，也有四口型号，如图 5.82 所示。

地弹式信息插座面板一般由黄铜制成，只适合在地面上安装。地弹式信息插座面板一般具有防水、防尘、抗压功能，使用时打开盖板，不使用时盖好盖板后与地面齐平，如图 5.83 所示。

图 5.82　墙面式信息插座面板

图 5.83　地弹式信息插座面板

② 信息插座的安装规定。

信息插座的安装应符合下列规定。

a. 信息插座模块、多用户信息插座、集合点配线模块的安装位置和高度应符合设计要求。

b. 安装在活动地板内或地面上时，应固定在接线盒内，信息插座面板采用直立和水平等形式；接线盒盖可开启，并应具有防水、防尘、抗压功能。接线盒盖面应与地面齐平。

c. 信息插座底盒同时安装信息插座模块和电源插座时，间距及采取的防护措施应符合设计要求。

d. 信息插座模块明装底盒的固定方法根据施工现场条件而定。固定螺钉须拧紧，不应产生松动现象。各种信息插座面板应有标识，以颜色、图形、文字表示所接终端设备类型。

e. 对于工作区内终接光缆的光纤连接器件及适配器，其安装底盒应具有足够的空间，并应符合设计要求。

③ 信息插座底盒的安装。

信息插座底盒按安装方式分为明装底盒和暗装底盒两种。

a. 明装底盒。

明装底盒经常在改建、扩建工程墙面明装方式布线时使用。常见的明装底盒有塑料底盒和金属底盒两种，其外形美观、表面光滑，外形尺寸比面板稍小一些，底板上有 2 个直径为 6mm 的安装孔，用于固定底座，正面有 2 个 M4 螺孔，用于固定面板，侧面预留有上下进线孔，如图 5.84 所示。

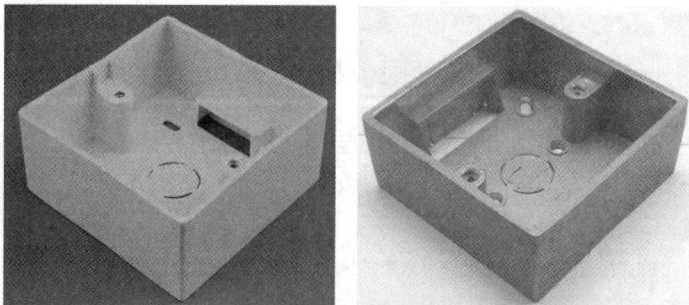

图 5.84　明装底盒

b. 暗装底盒。

暗装底盒一般在新建项目和装饰工程中使用。常见的暗装底盒有塑料底盒和金属底盒两种，如图 5.85 所示。

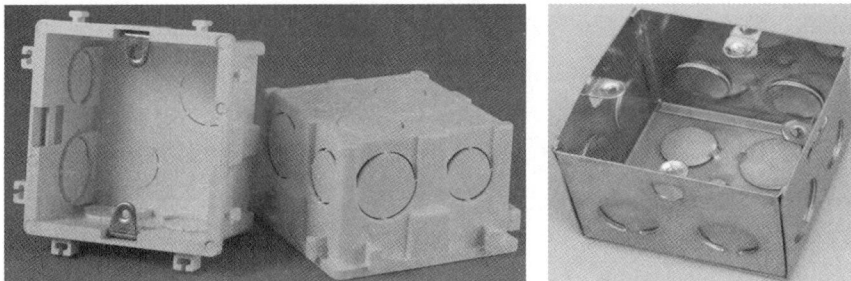

图 5.85 暗装底盒

塑料底盒一般为白色，一次注塑成型，表面比较粗糙，外形尺寸比面板稍小一些，常见尺寸为长 80mm、宽 80mm、深 50mm，5 面都预留有进出线孔，方便进出线，底板上有 2 个安装孔，用于固定底座，正面有 2 个 M4 螺孔，用于固定面板。

金属底盒一般一次冲压成型，表面会进行电镀处理，避免生锈，尺寸与塑料底盒基本相同。

暗装底盒只能安装在墙内或者装饰隔断内，安装面板后就隐蔽起来了。施工中不允许把暗装底盒明装在墙面上。

暗装底盒一般在土建工程施工时安装，安装时直接与线管端头连接、固定在建筑物墙内或者立柱内，外沿低于墙面 10mm，盒底部距地面高度为 300mm 或者按照施工图纸规定高度安装。底盒安装好以后，必须用螺钉或者水泥砂浆固定在墙内。

在地面上安装的信息插座，盖板必须具有防水、抗压和防尘功能，一般选用 120 系列金属面板，配套的底盒宜选用金属底盒。一般金属底盒比较大，常见规格为长 100mm、宽 100mm，中间有 2 个固定面板的螺孔，5 个面都预留有进出线孔，方便进出线。在地面安装的金属底盒后上边缘一般应低于地面 10~20mm，注意这里的地面是指装修后的地面。

在扩建、改建和装饰工程中安装信息插座面板时，为了美观，一般采用暗装底盒，必要时要在墙面或者地面上进行开槽安装。

④ 信息插座底盒的安装步骤。

安装各种底盒时，一般按照下列步骤进行。

a. 目视检查产品的外观是否合格。要特别注意检查底盒上的螺孔是否正常，如果有螺孔损坏，则坚决不能使用。

b. 取掉底盒挡板。根据进出线方向和位置，取掉底盒预设孔中的挡板。

c. 固定底盒。对明装底盒，可按照设计要求用膨胀螺钉直接固定在墙面上。对暗装底盒，要先使用专门的管接头把穿线管和底盒连接起来，这种专用接头的管口有圆弧，既方便穿线，又能保护线缆不被划伤或者损坏，再用螺钉或者水泥砂浆固定底盒。

d. 成品保护。安装暗装底盒一般在土建过程中进行，因此在底盒安装完毕后，必须进行成品保护，特别注意保护安装螺孔。如果需要使用水泥砂浆，则为了防止水泥砂浆灌入螺孔或者线管，一般的做法是在底盒螺孔和管口塞纸团，也可以用胶带纸保护螺孔。

（4）信息模块的安装

信息模块也称网络模块，主要用来连接设备，可以将各种低压电器插座或者接头安装到各种面板和接线板中。信息模块分为需打线型 RJ-45 信息模块和免打线型 RJ-45 信息模块。

① 需打线型 RJ-45 信息模块的安装。

a. 首先在距离双绞线末端约 4cm 处，用旋转网络剥线钳剥除其外皮，然后用剪刀剪去外皮，如图 5.86 所示。在剥剪线皮的过程中要注意，线头需要放在旋转网络剥线钳的钳口，将双绞线慢慢旋转，直至钳口将其外皮划开，再剪去外皮。

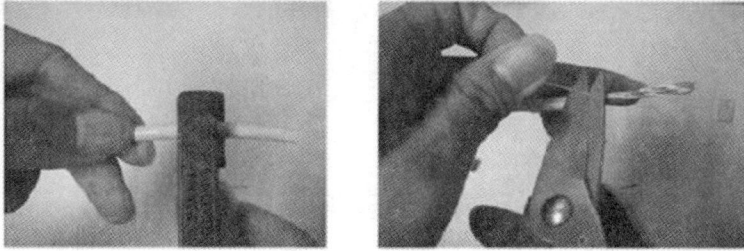

图 5.86　剥剪线皮

b. 将剥剪掉外皮的线芯放入信息模块的卡槽，此时有外皮部分需伸入槽内约 2mm。这里需要注意的是，一共有两种方式可以将线芯放入卡槽：一种是将两根绞在一起的线对分开并卡到槽位上；另一种是不开绞，从线头处挤开线对，将两根线芯同时卡入相邻槽位。可根据自己的习惯灵活选择将线芯放入卡槽的方式。卡槽一般会有色标和 A、B 标记，如图 5.87 所示，标记 A 表示按 T568A 标准打线，标记 B 表示按 T568B 标准打线。

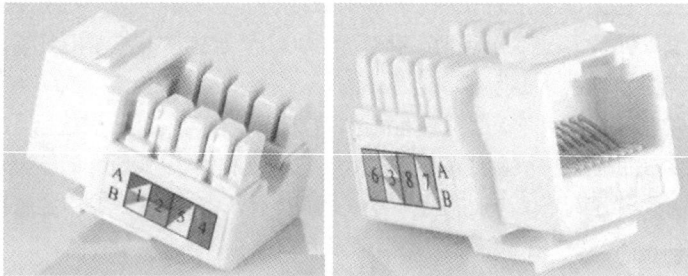

图 5.87　需打线型 RJ-45 信息模块

c. 以按 T568B 标准打线为例，首先根据模块上卡槽的标记，将线与卡槽一一对应。将绿线对与橙线对两边分开放入对应的打线端口并拉紧，然后用专用单对端接工具（打线刀）进行打线。棕色线对的扭矩较大，需绞紧一圈，避免头部线缆扳直后松开，把两对线按色标放好，再用打线刀进行打线，如图 5.88 所示。

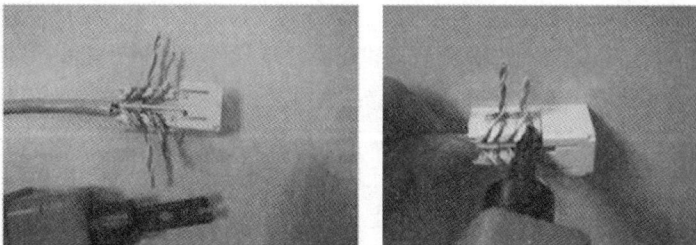

图 5.88　打线

d. 在将线对全部放入相对应的槽位后，仔细检查一遍线对的顺序是否正确。待确定无误后，再用打线刀打线。打线时，打线刀需要与模块垂直，刀口向外，将每一根线芯压入槽位后，将伸出槽位的多余线头切断。

打线时对操作手势有一定的要求，使用正确的操作手势既可以提高工作效率，又可以避免手受伤。正确的操作手势如下：把模块放在一张平整的工作台上，一只手紧握模块，并用手指把线压住，另一只手先把线芯按色标要求放到位并拉紧（可以放一对打一对，也可以把线芯全放好后再打），然后拿起打线刀，握住打线刀刀柄的中间，使手臂与打线刀之间呈直角，将打线刀顺势往下一压即可。打线时务必选用质量有保证的打线刀，否则一旦打线失败，就会对信息模块造成不必要的损伤，注意打线刀切线的刀片应该放在模块的外面，而不是里面。

e. 模块压接好后，打线工作就进入收尾阶段了。给模块安装上保护帽，并把线扳直卡入槽，这样信息模块就制作完成了，如图 5.89 所示。

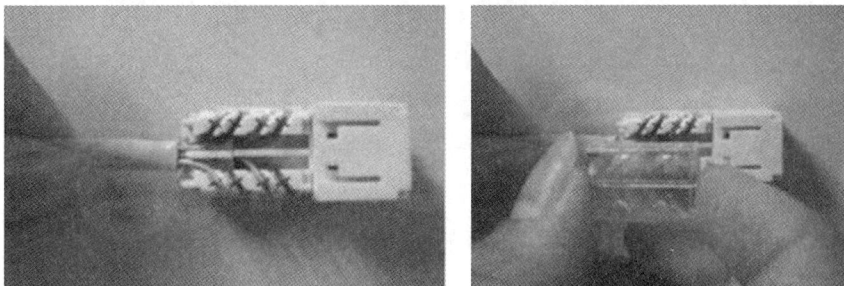

图 5.89　信息模块制作完成

注意事项如下。

打线要打到底，听到"咔嗒"声后方能放手，应启动旁边的切刀，在打线的同时切断线。不要使用美工刀打线，打完线后将盖子盖上，以保持长期可靠性。完整的信息模块打线步骤需要用到打线刀、旋转网络剥线钳等工具，而选择品质卓越、性价比高的工具对通信从业者来说非常重要。

f. 将制作好的信息模块安装到信息插座面板上，如图 5.90 所示。

图 5.90　将制作好的信息模块安装到信息插座面板上

② 免打线型 RJ-45 信息模块的安装。

一般情况下，布线会使用需打线型 RJ-45 信息模块，但是若布线结束后，在使用过程中出现信息模块损坏，导致公司员工无法上网的情况，公司也没有打线的工具，该怎么办呢？最好的办法就是使用免打线型 RJ-45 信息模块。

使用免打线型 RJ-45 信息模块，无须打线就能准确、快速地完成端接，该模块没有打线柱，有两列各 4 个金属夹子，锁扣机构集成在扣锁帽里，色标也标注在扣锁帽后端，如图 5.91 所示。端接时，用剪刀裁出约 4cm 的线，按色标将线芯放入相应的槽位并扣上，再用钳子压一下扣锁帽即可（有些可以用手压下并锁定）。扣锁帽能够确保铜线全部端接并防止滑动，多为透明的，以方便观察线与金属夹子的咬合情况。

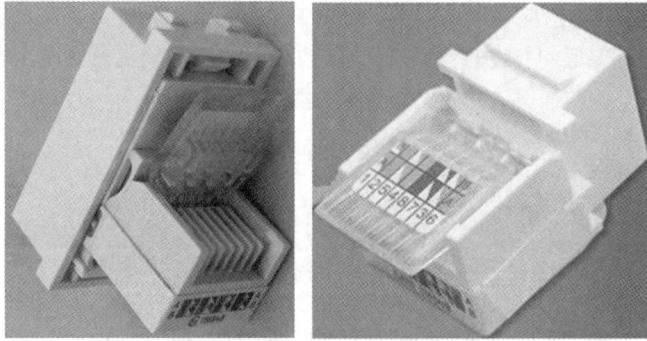

图 5.91 免打线型 RJ-45 信息模块

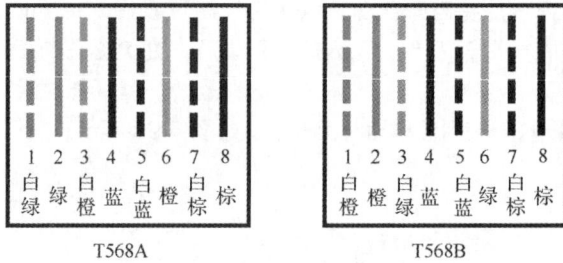

（5）网络跳线的制作

在综合布线系统工程中，经常需要制作网络跳线，一般常用的线序标准为 T568B，下面介绍如何制作网络跳线。

① T568A 与 T568B 标准。

TIA/EIA 布线标准中规定了两种双绞线的线序标准为 T568A 与 T568B，如图 5.92 所示。

图 5.92 T568A 与 T568B 标准

② 网线钳工具。

可以使用网线钳工具制作网络跳线，网线钳工具如图 5.93 所示。

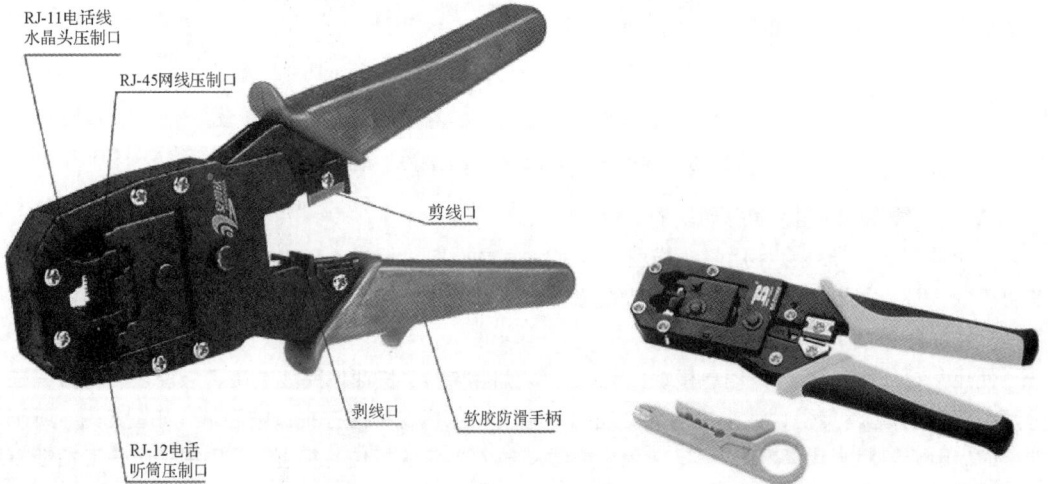

图 5.93 网线钳工具

③ 网络跳线测试工具。

可以使用测线器与寻线器对制作完成的网络跳线进行连通性测试，测试器与寻线器如图 5.94 所示。

图 5.94　测线器与寻线器

④ 网络跳线的制作过程。

a. 截取一段适宜长度（一般为 3～5m）的网线，或者按照需要的长度截取。用网线钳的剥线口剥去 3cm 左右的网线外皮，剥去网线外皮后，露出 4 对（共 8 根）双绞线，以及一个塑料白条（有的网线中是一根很细的塑料绳），如图 5.95 所示，这个塑料白条用不到，需要剪掉。

图 5.95　剥去网线外皮

b. 将 4 对双绞线分开，并按照 T568B 标准依次拉直并并排对齐。一定要注意线序，不能弄错，否则网线无法连通。将网线拉直、排好后，以 RJ-45 水晶头做对照，将水晶头卡槽的位置对齐网线有外皮的部分，然后看看需要剪去多少，如图 5.96 所示。剪去多余部分，确保将网线插入水晶头后，水晶头的卡槽可以卡住网线外皮。

c. 将对齐的网线插入 RJ-45 水晶头，注意一定要插紧，在水晶头金属片端可以清楚地看到每根线序的金属截面，这样可以确保每根网线都与水晶头金属片在压紧的时候能够压实，如图 5.97 所示。

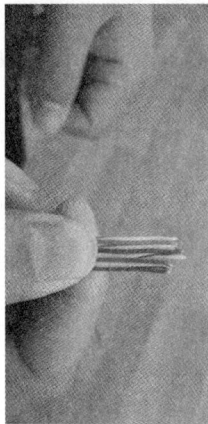

图 5.96　按照 T568B 标准制作网络跳线

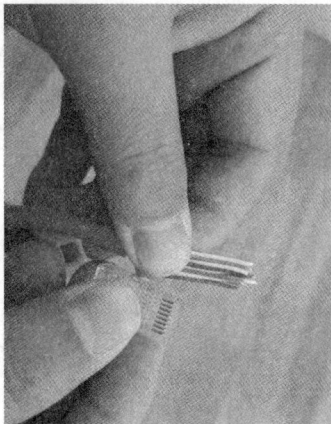

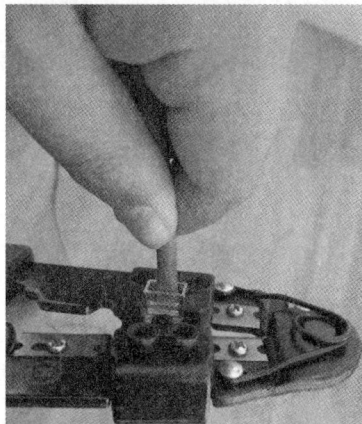

图 5.97　压实 RJ-45 水晶头

5.2.3　配线子系统设计与实施

综合布线系统的配线子系统是指从工作区的信息插座开始到电信间子系统的配线架，由用户信息插座、水平电缆、配线设备等组成，配线子系统的线缆通常沿楼层平面的地板或房间吊顶布设，如图 5.98 所示。

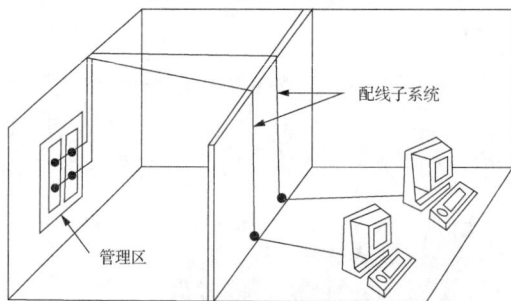

图 5.98　配线子系统

1. 配线子系统的概念

基于智能建筑对通信系统的要求，需要把通信系统设计得易于维护、更换和移动，以适应通信系统及设备未来发展的需要。配线子系统分布于智能建筑的各个角落，绝大部分通信电缆都包含在这个子系统中。

配线子系统的设计涉及配线子系统的拓扑结构、布线路由、管槽设计、线缆类型选择、线缆长度确定、线缆布放、设备配置等内容。在配线子系统中往往需要敷设大量线缆，因此如何配合建筑物装修进行配线、布线，以及布线后如何方便地进行线缆的维护工作，是设计过程中应注意的问题。

2. 配线子系统的设计规范

在整个综合布线系统中，配线子系统是事后最难维护的子系统之一（特别是采用埋入式布线方式时）。因此，在设计配线子系统时，应充分考虑到线路冗余、网络需求和网络技术的发展等因素。根据综合布线标准及规范，配线子系统应根据下列原则进行设计。

（1）确定用户需求

根据工程提出的近期和远期终端设备的设置要求、用户性质、网络构成及实际需求，确定建筑物各层需要安装信息插座模块的数量及其位置，应留有扩展余地。

微课

V5-7　配线子系统
的设计规范

（2）预埋管原则

根据建筑物的结构、用途，确定配线子系统路由设计方案。配线子系统线缆宜采用吊顶、墙体内穿管或设置金属密封线槽及开放式（电缆桥架、吊挂环等）等方式进行布放。当线缆在地面上布放时，应根据环境条件选用地板下线槽布线、网络地板布线、高架（活动）地板布线等方式。对于新建筑物，优先考虑在建筑物的梁和立柱中预埋线管，在旧楼改造或者装修时，考虑在墙面上刻槽埋管或者在墙面上明装线槽。

（3）线缆确定与布放原则

配线子系统应采用非屏蔽或屏蔽 4 对双绞线电缆，在有高传输速率应用的场合下，应采用室内多模或单模光缆。

1 条 4 对双绞线电缆应全部固定终接在 1 个信息插座上，不允许将 1 条 4 对双绞线电缆终接在 2 个或更多的信息插座上。一般对于基本型系统选用单个连接的 8 芯插座，对于增强型系统选用两个连接的 8 芯插座。

线缆布放在线管与线槽内的管径利用率与截面利用率，应根据不同类型的线缆做不同的选择，在管内穿放大对数电缆或 4 芯以上光缆时，直线管路的管径利用率应为 50%～60%。曲线管路的管径利用率应为 40%～50%。在管内布放 4 对双绞线电缆或 4 芯光缆时，截面利用率为 25%～30%。布放线缆在线槽内时，线槽的截面利用率应为 30%～50%。

（4）水平线缆最短原则

遵循水平线缆最短原则，一般把楼层电信间设置在信息点集中的房间。对于楼道长度超过 100m 或者信息点比较密集的楼层，可以设置多个电信间，这样既能节约成本，又能降低施工难度，因为布线距离短时，线管和电缆也短，拐弯减少，布线拉力也较小。

（5）线缆最长原则

按照国家标准 GB 50311—2016，铜缆双绞线电缆的信道长度不超过 100m，水平线缆长度一般不超过 90m。因此，在前期设计时，水平线缆最长不宜超过 90m，如图 5.99 所示。

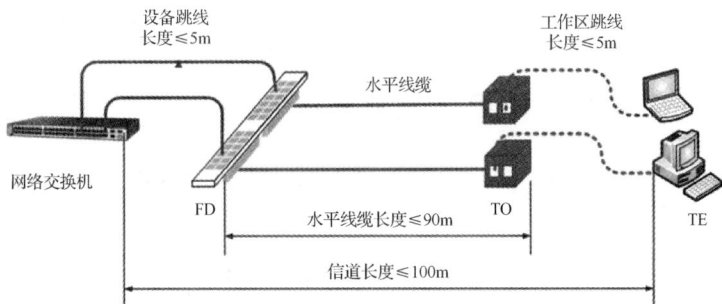

图 5.99 水平线缆和信道长度

（6）避免高温和电磁干扰原则

线缆应远离高温和有电磁干扰的场所。如果确实需要平行走线，则应保持一定的距离，一般 UTP 电缆与强电电缆的距离应大于 30cm，STP 电缆与强电电缆的距离应大于 7cm。

（7）地面无障碍原则

在系统设计和施工中，必须坚持地面无障碍原则。一般考虑在吊顶上布线、在楼板和墙面预埋布线等。对于电信间和设备间等需要在地面上进行大量布线的场所，可以增加防静电地板，在地板下布线。同时，为了方便以后的线路管理，在线缆布设过程中应在两端贴上标签，以标明线缆的起始地和目的地。

（8）避让强电的原则

一般尽量避免水平线缆与 36V 以上强电线路平行走线。在系统设计和施工中，一般原则为网络布线避让强电布线。

（9）配线子系统的结构设计原则

星形拓扑结构是配线子系统最常用的结构之一，每个信息点都必须通过一根独立的线缆与电信间的水平架连接起来。每层楼都有一个通信水平间为此楼层的各个工作区服务。为了使每种设备都连接到星形拓扑结构的配线子系统上，在信息点上可以使用外接适配器，这样有助于提高配线子系统的灵活性。图 5.100 所示为配线子系统的结构。

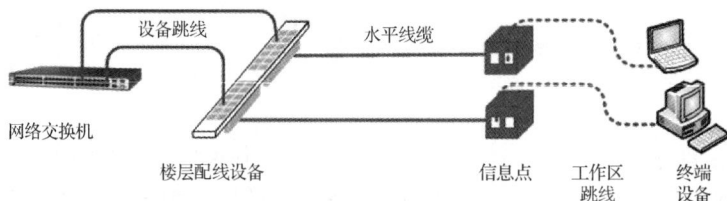

图 5.100　配线子系统的结构

（10）配线子系统的设计要点

对配线子系统，应根据楼层用户类别及工程提出的近、远期终端设备要求确定每层的信息点数量及位置。在确定信息点数量及位置时，应考虑终端设备将来可能发生的移动、修改、重新安排，以便一次性建设和分期建设方案的选定。

当工作区为开放式大密度办公环境时，宜采用区域式布线方法，即从楼层配线设备上将多对数电缆布放至办公区域。可以根据实际情况采用合适的布线方法，也可通过 CP 将电缆引至信息点。

水平电缆宜采用 8 芯 UTP，语音口和数据口宜采用 5 类、超 5 类或 6 类双绞线，以增强系统的灵活性。对于高传输速率应用场合，宜采用多模光纤或单模光纤，每个信息点的光纤宜为 4 芯光纤。

信息点应为标准的 RJ-45 信息插座，并与线缆类别相对应。多模光纤插座宜采用方型连接器（Square Connector，SC）插接形式，单模光纤插座宜采用金属套管连接器（Ferrule Connector，FC）插接形式。信息插座应在内部做固定连接，不得出现空线、空脚。在要求屏蔽的场合中，必须对信息插座采取屏蔽措施。

每个工作区的信息点数量可根据用户性质、网络构成和需求来确定，分类情况如表 5.7 所示，可供设计时参考。

表 5.7　信息点数量的确定

建筑物功能区	信息点数量（每个工作区）			备注
	电话	数据	光纤（双工端口）	
办公区（一般）	1 个	1 个		
办公区（重要）	1 个	2 个	1 个	对数据信息有较大需求
出租或大客户区域	2 个或以上	2 个或以上	1 个或以上	指整个区域的配置量
办公区（工程）	2~5 个	2~5 个	1 个或以上	涉及内、外部网络

3. 配线子系统的设计

根据国家标准 GB 50311—2016，配线子系统的设计步骤一般如下：进行需求分析→与用户进行充分的技术交流和了解建筑物用途→认真阅读建筑物图纸→根据点数统计表确认信息点的位置和数量→进行配线子系统线缆长度的规划和设计→确定每个信息点的配线布线路径→估算出所需线缆总长度。

（1）配线子系统的设计原则

配线子系统的设计原则如下。

① 配线子系统水平线缆采用的非屏蔽或屏蔽 4 对双绞线电缆、室内光缆应与各工作区光、电信息插座模块类型相适应。

② 每一个工作区的信息插座模块数量不宜少于 2 个，并应满足各种业务的需求。

③ 底盒数量应由插座盒面板设置的开口数确定，并应符合下列规定。

a. 每一个底盒支持安装的信息点（RJ-45 模块或光纤适配器）数量不宜多于 2 个。

b. 光纤信息插座模块安装的底盒大小与深度应充分考虑到水平光缆（2 芯或 4 芯）终接处的光缆预留长度的盘留空间和满足光缆对弯曲半径的要求。

c. 信息插座底盒不应作为过线盒使用。

④ 工作区的信息插座模块应支持不同的终端设备接入，每一个 8 位模块通用插座应连接 1 根 4 对双绞线电缆；每一个双工或 2 个单工光纤连接器件及适配器应连接 1 根双芯光缆。

⑤ 从电信间至每一个工作区的水平光缆宜按双芯光缆配置。至用户群或大客户使用的工作区域时，备份光纤芯数不应少于 2 芯，水平光缆宜按 4 芯光缆或 2 根双芯光缆配置。

⑥ 连接至电信间的每一根水平线缆均应终接于 FD 处相应的配线模块，配线模块应与线缆容量相适应。

⑦ 电信间 FD 主干侧各类配线模块应根据主干线缆所需容量要求、管理方式及模块类型和规格进行配置。

⑧ 电信间 FD 采用的设备线缆和各类跳线宜根据计算机网络设备的使用端口容量和电话交换系统的实装容量、业务的实际需求或信息点总数的比例进行配置，比例范围宜为 25%～50%。

（2）配线子系统线缆长度的规划和设计

配线子系统的拓扑结构通常为星形拓扑结构，FD 为主节点，各工作区信息插座为分节点，二者采用独立的线路相互连接，以 FD 为中心、向工作区信息点辐射。使用这种结构可以对楼层的线路进行集中管理，也可以通过电信间的水平设备进行线路的灵活调整，便于线路故障的隔离及故障的诊断。

按照国家标准 GB 50311—2016，配线子系统对线缆的长度做了统一规定。配线子系统各线缆长度的划分应符合下列要求。

① 配线子系统信道的最大长度不应大于 100m，其中，水平线缆长度不大于 90m，一端工作区设备线缆连接跳线长度不大于 5m，另一端工作区设备间（电信间）设备线缆的跳线长度不大于 5m。如果两端的跳线长度之和大于 10m，则水平线缆长度应适当减小，以保证配线子系统信道最大长度不大于 100m，如图 5.101 所示。

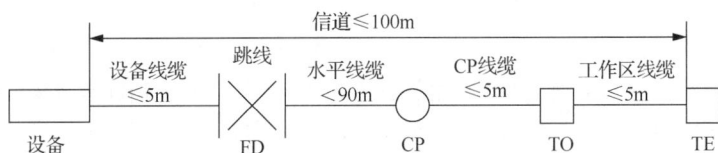

图 5.101 配线子系统线缆长度划分

微课

V5-8 配线子系统的设计原则

② 信道总长度不应大于 2000m。信道总长度包括综合布线系统水平线缆长度、建筑物主干线缆长度和建筑群主干线缆长度。

③ 建筑物或建筑群水平设备之间（FD 与 BD、FD 与 CD、BD 与 BD、BD 与 CD 之间）组成的信道出现 4 个连接器件时，主干线缆长度不应小于 15m。

（3）CP 的设置

如果需要在配线子系统施工中增加 CP，则同一个水平电缆上只允许有一个 CP，而且 CP 与 FD 之间水平线缆的长度应大于 15m。

CP 的端接模块或者水平设备应安装在墙体或柱子等建筑物固定的位置，不允许随意放置在线槽或者线管内，更不允许暴露在外边。

CP 只允许在实际布线施工中应用，并规范线缆端接方式，适合解决布线施工中个别线缆穿线困难时的中间接续问题，在实际施工中应尽量避免应用 CP。在前期项目设计中不允许应用 CP。

（4）管槽系统的设计

管槽系统（包括线管和线槽）是综合布线系统的基础设施之一，对于新建建筑物，要求与建筑设计和施工同步进行。因此，在综合布线系统总体方案确定后，对于管槽系统，需要预留管槽的位置和尺寸，并满足洞孔的规格和数量要求，以及其他特殊工艺要求（如防火要求或与其他管线的间距要求等）。这些资料要及早提供给建筑设计单位，以便在建筑设计中一并考虑，使管槽系统能满足综合布线系统线缆敷设和设备安装的需要。

管槽系统建成后与建筑物形成一个整体，属于永久性设施。因此，管槽系统的使用年限应与建筑物的使用年限一致，这意味着管槽系统的使用年限应大于综合布线系统线缆的使用年限。这样，管槽系统设计的规格和数量要依据建筑物的终期需要从整体和长远角度来考虑。

管槽系统由引入管路、电缆竖井和槽道、楼层管路（包括槽道和工作区管路）和联络管路等组成。它们的走向、路由、位置、管径和槽道的规格，以及与设备间、电信间等的连接，都要从整体和系统的角度来统一考虑。此外，对于引入管路和公用通信网的地下管路的连接，也要做到互相衔接、配合协调，不应产生脱节和矛盾等现象。

对于将原有建筑改造成智能建筑而增设综合布线系统的管槽系统设计，应仔细了解建筑物的结构，从而设计出合理的垂直和水平的管槽系统。

由于布线路由遍及整座建筑物，因此布线路由是影响综合布线系统美观程度的关键。水平管槽系统的敷设方式有明敷设和暗敷设两种，通常暗敷设是指沿楼层的地板、吊顶和墙体内预埋管槽布线，而明敷设是指沿墙面和无吊顶走廊布线。在新建的智能建筑中，应采用暗敷设方式，将原有建筑改造成智能建筑须增设综合布线系统时，可根据工程实际尽量创造条件并采用暗敷设方式，只有在不得已时，才允许采用明敷设方式。

布线是指将线缆从楼层水平间连接到工作区的信息插座上。综合布线工程施工的对象有新建建筑、扩建（包括改建）建筑和已建建筑等，有钢筋混凝土结构、砖混结构等不同的建筑结构。因此，设计配线子系统的路由时要根据建筑物的用途和结构特点，从布线规范、便于施工、路由最短、工程造价、隐蔽、美观和扩展方便等几个方面考虑。在设计中，往往存在一些矛盾，如考虑了布线规范却影响了建筑物的美观、考虑了路由长短却增加了施工难度。因此，设计配线子系统的路由时必须折中考虑，对于结构复杂的建筑物一般要设计多套路由方案，通过对比、分析选取一套较佳方案。

可根据建筑物的结构、用途，确定配线子系统的路由方案。对于新建建筑物，可依据建筑图纸来确定配线子系统的路由方案。改造旧式建筑物时，应到现场了解建筑物的结构、装修状况、管槽路由，然后确定合适的路由方案。档次比较高的建筑物一般会有吊顶，水平走线可在吊顶内进行。对于一般建筑物，配线子系统宜采用地板管道布线的方法。

（5）配线子系统中管道线缆的布放根数

在配线子系统中，线缆必须布放在线槽或者线管内。

在建筑物墙面或者地面内布线时，一般使用线管，不允许使用线槽。

在建筑物墙面上布线时，一般使用线槽，很少使用线管。

选择线槽时，建议宽高之比为 2∶1，这样布出的线槽较为美观。

选择线管时，建议使用满足布放根数需要的最小直径线管，这样能够降低布线成本。

线缆布放在线管与线槽内的管径利用率及截面利用率，应根据不同类型的线缆做不同的选择。在管内穿放大对数电缆或 4 芯以上的光缆时，直线管路的管径利用率应为 50%～60%，曲线管路的管径利用率应为 40%～50%。在管内穿放 4 对双绞线电缆或 4 芯光缆时，截面利用率应为 25%～35%。布放线缆的线槽的截面利用率应为 30%～50%。

常规通用线槽或桥架如表 5.8 所示。

表 5.8 常规通用线槽或桥架

线槽或桥架类型	线槽或桥架规格/mm	最多容纳双绞线条数	截面利用率/(%)
PVC	20×12	2	30
PVC	25×12.5	4	30
PVC	30×16	7	30
PVC	39×19	12	30
金属、PVC	50×25	18	30
金属、PVC	60×30	23	30
金属、PVC	75×50	40	30
金属、PVC	80×50	50	30
金属、PVC	100×50	60	30
金属、PVC	100×80	80	30
金属、PVC	150×75	100	30
金属、PVC	200×100	150	30

常规通用线管如表 5.9 所示。

表 5.9 常规通用线管

线管类型	线管规格/mm	最多容纳双绞线条数	截面利用率/(%)
金属、PVC	16	2	30
PVC	20	3	30
金属、PVC	25	5	30
金属、PVC	32	7	30
PVC	40	11	30
金属、PVC	50	15	30
金属、PVC	63	23	30
PVC	80	30	30
PVC	100	40	30

（6）布线弯曲半径的要求

在布线中，如果线缆不能满足最低弯曲半径的要求，则线缆的缠绕节距会发生变化。严重时，线缆可能会损坏，直接影响传输性能。线缆的弯曲半径应符合下列规定。

① 4 对非屏蔽电缆的弯曲半径应至少为电缆外径的 4 倍。

② 4 对屏蔽电缆的弯曲半径应至少为电缆外径的 8 倍。

③ 主干双绞线电缆的弯曲半径应至少为电缆外径的 10 倍。

④ 双芯或 4 芯水平光缆的弯曲半径应大于 25mm。

⑤ 其他芯数的水平光缆、主干光缆和室外光缆的弯曲半径应不小于光缆外径的 10 倍。

⑥ 光缆容许的最小弯曲半径在施工时应当不小于光缆外径的 20 倍，施工完毕后应当不小于光缆外径的 15 倍。

管线敷设允许的弯曲半径如表 5.10 所示。

表 5.10　管线敷设允许的弯曲半径

线缆类型	弯曲半径
4 对非屏蔽电缆	不小于电缆外径的 4 倍
4 对屏蔽电缆	不小于电缆外径的 8 倍
主干电缆	不小于电缆外径的 10 倍
双芯或 4 芯水平光缆	大于 25mm
其他芯数水平、主干和室内光缆	不小于光缆外径的 10 倍
光缆容许的最小弯曲半径	不小于光缆外径的 20 倍

（7）综合布线线缆与电力电缆的间距

在配线子系统中，经常出现综合布线线缆与电力电缆平行布放的情况。为了减少电力电缆电磁场对综合布线系统的影响，综合布线线缆与电力电缆接近布线时，必须保持一定的距离。在国家标准 GB 50311—2016 中，综合布线线缆与电力电缆的间距规定如表 5.11 所示。

表 5.11　综合布线线缆与电力电缆的间距规定

类别	与综合布线接近状况	最小间距/mm
380V 以下电力电缆＜2kV·A	与线缆平行敷设	130
	有一方在接地的金属线槽或钢管中	70
	双方都在接地的金属线槽或钢管中	10
380V 电力电缆=2～5kV·A	与线缆平行敷设	300
	有一方在接地的金属线槽或钢管中	150
	双方都在接地的金属线槽或钢管中	80
380V 电力电缆＞5kV·A	与线缆平行敷设	600
	有一方在接地的金属线槽或钢管中	300
	双方都在接地的金属线槽或钢管中	150

（8）综合布线线缆与电气设备的间距

综合布线线缆与附近可能产生高电平电磁干扰的电动机、电力变压器、射频应用设备等电气设备之间应保持必要的间距。为了减少电气设备电磁场对综合布线系统的影响，综合布线线缆与这些电气设备之间必须保持一定的距离。在国家标准 GB 50311—2016 中，综合布线线缆与电气设备之间的最小净距规定如表 5.12 所示。

表 5.12　综合布线线缆与电气设备之间的最小净距规定

名称	最小净距/m	名称	最小净距/m
配电箱	1	电梯机房	2
变电室	2	空调机房	2

当墙壁电缆敷设高度超过 6000mm 时，与避雷引下线的交叉间距应按下式计算。

$$S \geq 0.05L$$

其中，S 表示交叉间距；L 表示交叉处避雷引下线距地面的高度。

（9）综合布线线缆与其他管线的间距

墙上敷设的综合布线线缆及管线与其他管线的间距规定如表 5.13 所示。

表 5.13　墙上敷设的综合布线线缆及管线与其他管线的间距规定

其他管线	平行净距/mm	垂直交叉净距/mm
保护地线	50	20
给水管	150	20
压缩空气管	150	20
煤气管	300	20
防雷专设引下线	1000	300
热力管（包封）	300	300
热力管（不包封）	500	500

（10）电气防护和接地

电气防护和接地的设计原则如下。

① 综合布线系统应远离高温和有电磁干扰的场所，根据环境条件选用相应的线缆和配线设备或采取防护措施，并应符合下列规定。

a. 当综合布线区域内存在的电磁干扰场强低于 3V/m 时，宜采用非屏蔽电缆和非屏蔽配线设备。

b. 当综合布线区域内存在的电磁干扰场强高于或等于 3V/m，或者用户对电磁兼容性有较高要求时，可采用屏蔽布线设备和光缆布线设备。

c. 当综合布线路由上存在干扰源且线缆不能满足最小净距要求时，宜采用金属导管和金属槽盒敷设，或采用屏蔽布线系统及光缆布线系统。

d. 当局部地段与电力线或其他管线接近，或接近电动机、电力变压器等干扰源且线缆不能满足最小净距要求时，可采用金属导管或金属槽盒等局部措施进行屏蔽处理。

② 在建筑物电信间、设备间、进线间及各楼层通信竖井内均应设置局部等电位联结端子板。

③ 综合布线系统应采用建筑物共用接地的接地系统。当必须单独设置系统接地体时，其接地电阻不应大于 4Ω。当综合布线系统的接地系统中存在两个不同的接地体时，其接地电位差不应大于 1V。

④ 配线柜接地端子板应采用两根不等长度且截面积不小于 6mm² 的绝缘铜线接至就近的等电位联结端子板。

⑤ 屏蔽布线系统的屏蔽层应保持可靠连接、全程屏蔽，在屏蔽配线设备安装的位置应就近与等电位联结端子板可靠连接。

⑥ 综合布线线缆采用金属导管和金属槽盒敷设时，应保持连续的电气连接，并应有不少于两个点的良好接地。

⑦ 当将线缆从建筑物外引入建筑物时，电缆、光缆的金属护套或金属构件应在入口处就近与等电位联结端子板连接。

⑧ 当将线缆从建筑物外引入建筑物时，应选用适配的信号线路浪涌保护器。

（11）防火设计原则

防火设计原则如下。

① 根据建筑物的防火等级对线缆阻燃性能的要求，在线缆选用、布放方式及安装场地等方面应采取相应的措施。

② 为综合布线系统选用线缆时，应从建筑物的高度、面积、功能、重要性等方面综合考虑，选用相应等级的阻燃线缆。

（12）确定线缆的类型

要根据综合布线系统所包含的应用系统来确定线缆的类型。

对于计算机网络和电话语音系统，可以优先选择 4 对双绞线电缆；对于屏蔽要求较高的场合，可以选择 4 对 STP 电缆；对于屏蔽要求不高的场合，应尽量选择 4 对 UTP 电缆；对于有线电视系统，应选择 75Ω 的同轴电缆；对于要求传输速率高或保密性高的场合，应选择室内光缆。

（13）线缆的选择原则

线缆的选择原则如下。

① 线缆的系统应用原则。

a. 同一布线信道及链路的线缆和连接器件应保持系统等级与阻抗的一致性。

b. 综合布线系统工程的产品类别及链路、信道等级的确定应综合考虑建筑物的功能、应用网络、业务终端类型、业务的需求及发展、性能与价格、现场安装条件等因素。

c. 综合布线系统光纤信道应采用标称波长为 850nm 和 1300nm 的多模光纤及标称波长为 1310nm 和 1550nm 的单模光纤。

d. 单模光纤和多模光纤的选用应符合网络的构成方式、业务的互通互联方式及光纤在网络中的应用传输距离等的需求。楼内宜采用多模光纤，建筑物之间宜采用多模光纤或单模光纤，需直接与电信业务经营者相连时宜采用单模光纤。

e. 为保证传输质量，水平设备连接的跳线宜选用产业化制造的各类跳线，在电话应用中宜选用双芯双绞线电缆。

f. 工作区信息点为电端口时，宜采用 8 位模块通用插座（RJ-45）；为光端口时，宜采用 SFF 及适配器。

g. FD、BD、CD 水平设备应采用 8 位模块通用插座或卡接式水平模块（多对、25 对及回线型卡接模块）和光纤连接器件及光纤适配器（单工或双工的 ST、SC 及适配器）。

h. CP 安装的连接器件应选用卡接式水平模块，或 8 位模块通用插座，或各类光纤连接器件和适配器。

② 屏蔽布线系统设计原则。

a. 综合布线区域内存在的电磁干扰场强高于 3V/m 时，宜采用屏蔽布线系统。

b. 用户对电磁兼容性有较高的要求（防电磁干扰和防信息泄露）时，或出于网络安全保护的需要，宜采用屏蔽布线系统。

c. 当采用非屏蔽布线系统无法满足安装现场条件对线缆的间距要求时，宜采用屏蔽布线系统。

d. 屏蔽布线系统采用的电缆、连接器件、跳线、设备电缆都应是屏蔽的，并应保持屏蔽层的连续性。

（14）线缆的暗埋设计

配线子系统的线缆在新建建筑物中宜采取暗埋设计。暗管的转弯角度应大于 90°，路径上每根暗管的弯不得多于 2 个，并不应有 S 弯出现，有弯头的管段长度超过 20m 时，应设置过线盒；在有 2 个弯且有弯头的管段长度不超过 15m 时，应设置过线盒。

设置墙面的信息点布线路径时宜暗埋钢管或 PVC 管，对于信息点较少的区域，管线可以直接敷设到楼层的设备间机柜内；对于信息点较多的区域，可以先将每个信息点管线分别敷设到楼道或者吊顶上，然后集中在楼道或者吊顶上安装线槽或者桥架。

在新建公共建筑物墙面埋管一般有以下两种做法。

第一种做法是从墙面插座向上垂直埋管到横梁，然后在横梁内埋管到楼道本层墙面出口，如图 5.102 所示。

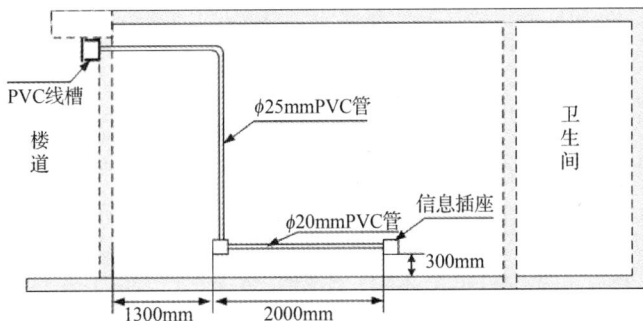

图 5.102　在同层配线子系统中埋管

第二种做法是从墙面插座向下垂直埋管到横梁，然后在横梁内埋管到楼道下层墙面出口，如图 5.103 所示。

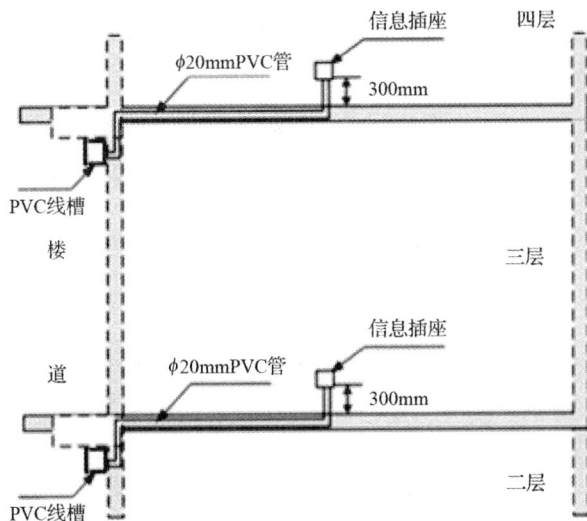

图 5.103　在不同层配线子系统中埋管

如果同一个墙面的单面或者两面插座比较多，则水平插座之间串联埋管。这两种做法管线拐弯少，不会出现 U 弯或者 S 弯，土建施工简单，土建中不允许沿墙面斜角埋管。

对于信息点比较密集的网络中心、运营商机房等区域，一般敷设防静电地板，在地板下安装线槽，布线到信息插座。

（15）线缆的明装设计

对住宅楼、老式办公楼、厂房进行改造或者需要增加布线时，一般采取明装布线方式。对学生公寓、教学楼、实验楼等信息点比较密集的建筑物，一般采取隔墙暗埋管线、楼道明装线槽的方式（工程上也称暗管明槽方式）或者利用桥架增加布线。

为住宅楼增加布线的常见做法如下：将机柜安装在每个单元的中间楼层，然后沿墙面安装 PVC 管或者线槽到每户入户门上方的墙面固定插座。使用线槽可使外表美观、施工方便，但是线槽的安全性比较差，线管的安全性比较好。

采取明装布线方式时，宜选择 PVC 线槽，线槽盖板边缘最好呈直角，特别是在北方地区，不宜选择斜角盖板，因为斜角盖板容易落灰且影响美观。

采取暗管明槽方式布线时，每个暗管在楼道的出口高度必须相同，这样暗管与明装线槽直接连接，布线方便且美观，如图 5.104 所示。

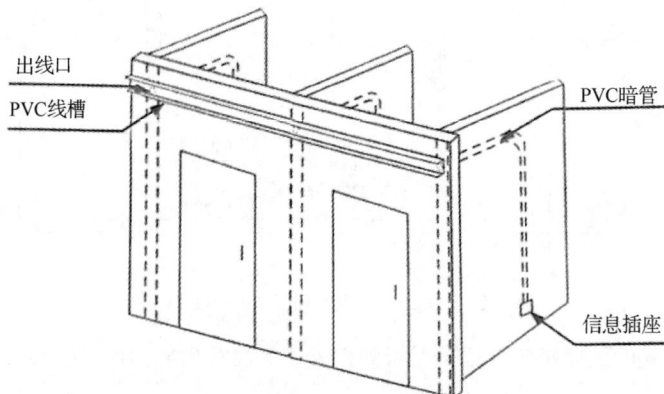

图 5.104　在楼道内明装 PVC 线槽

在楼道内利用桥架布线时，桥架应该紧靠墙面，高度低于墙面暗管口，直接将从墙面出来的线缆引入桥架，如图 5.105 所示。

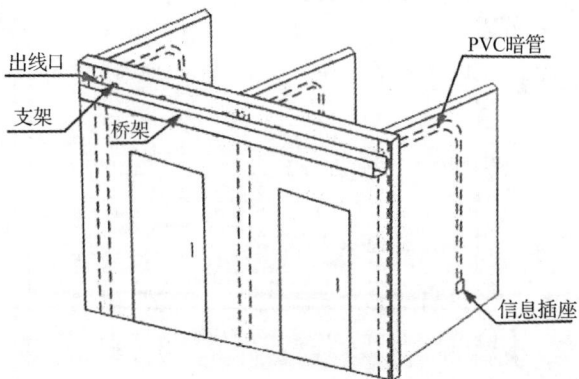

图 5.105　在楼道内利用桥架布线

（16）配线子系统的拓扑结构设计

配线子系统的拓扑结构一般为星形拓扑结构，分为传统系统拓扑结构和新型系统拓扑结构。

① 传统系统拓扑结构。

使用 110 配线架、语音配线架和网络配线架的传统系统拓扑结构，如图 5.106 所示。每个信息点过来的双绞线电缆，首先必须端接 110 配线架的模块下层，完成永久链路端接，然后从 110 配线架的模块上层，分别端接到 110 配线架或网络配线架，最后用跳线分别连接语音交换机或网络交换机。

配线子系统中专门增加的 110 配线架，能够实现数据信息点和语音信息点之间的快捷转换，不需要改变永久链路，只需要在电信间改变跳线的端接位置。

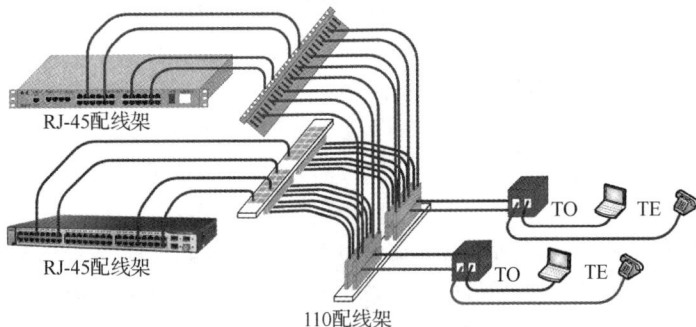

图 5.106　使用 110 配线架、语音配线架和网络配线架的传统系统拓扑结构

② 新型系统拓扑结构。

近年来发达国家普遍使用的配线子系统的拓扑结构也是星形拓扑结构，使用网络配线架的新型系统拓扑结构，如图 5.107 所示。其不再使用 110 配线架，而是全部使用网络配线架，每个信息点过来的 4 对双绞线电缆全部端接到第 1 个网络配线架，然后分别端接到第 2 个网络配线架，分别用网络跳线连接网络交换机或语音交换机，当然，采用这种方式的语音交换机必须是 RJ-45 接口的。

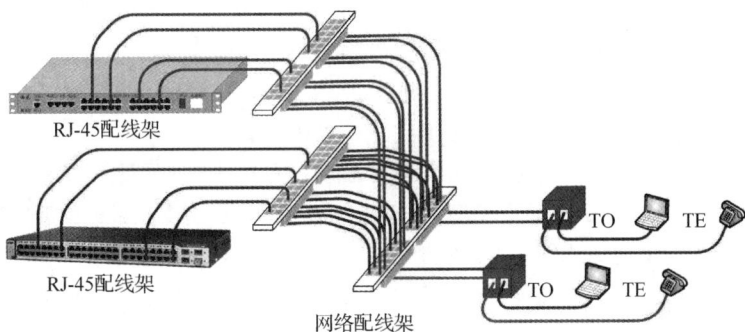

图 5.107　使用网络配线架的新型系统拓扑结构

4. 配线子系统的实施

国家标准 GB 50311—2016 对配线子系统线缆的布放工艺提出了具体要求。该标准规定，配线子系统永久链路的长度不能超过 90m，只有个别信息点的布线长度会接近这个最大长度，一般设计的平均长度都在 60m 左右。在实际应用中，因为拐弯、中间预留、线缆缠绕、强电避让等原因，布线长度往往会超过设计长度。例如，土建墙面的埋管一般直角拐弯，实际布线长度比斜边长度要长一些，因此在计算工程用线总长度时，要考虑一定的余量。

（1）配线子系统的 PVC 管施工

建筑设计院提供的综合布线系统工程设计图只会规定基本的安装施工布线的路由和要求，一般不会把每条管路的直径和准确位置标记出来。这就要求在现场实际工作中，根据信息点的具体位置和数量，确定线管直径和准确位置。

在预埋线管和穿线时一般遵守以下原则。

① 埋管最大外径原则。

预埋在墙体中的暗管的最大管外径不宜超过 50mm，预埋在楼板中的暗管的最大管外径不宜超过 25mm，室外管道进入建筑物的最大管外径不宜超过 100mm。

② 穿线数量原则。

不同规格的线管，根据拐弯的多少和穿线长度的不同，管内最大穿线数量也不同。如果线管内穿线太多，则会造成拉线困难；如果线管内穿线太少，则会增加布线成本，这就需要根据现场实际情况确定穿线数量。

③ 保证管口光滑和安装护套原则。

在钢管现场截断和安装施工中，对接两根钢管时必须保证同轴度和管口整齐，没有错位，焊接时不要焊透管壁，避免管内形成焊渣。钢管内的毛刺、错口必须处理得当，管内的焊渣、垃圾等必须清理干净，否则会影响穿线，甚至损伤线缆的护套或内部结构。

暗管一般会在现场用切割机截断，如果截断得太快，则管口会出现大量毛刺，这些毛刺非常容易划破电缆的护套，因此必须对管口进行去毛刺处理，保持截断端面的光滑。

在与插座底盒连接的钢管出口需要安装专用的护套，保护穿线时顺畅，不会划破线缆。这一点非常重要，在施工中要特别注意。

④ 保证弯曲半径原则。

暗管一般使用 ϕ16mm 或 ϕ20mm 的线管，ϕ16mm 管内最多穿 2 条双绞线，ϕ20mm 管内最多穿 3 条双绞线。金属管一般使用专门的弯管器成型，拐弯半径比较大，能够满足双绞线对弯曲半径的要求。墙内暗埋 ϕ16mm、ϕ20mmPVC 布线管时，要特别注意拐弯处的弯曲半径。宜用弯管器现场制作大弧度拐弯的弯头连接，这样既能保证线缆的弯曲半径，又能方便、轻松地拉线，降低布线成本，保护线缆结构。

布线施工中穿线和拉线时，线缆拐弯弯曲半径往往是最小的，不符合弯曲半径原则的拐弯经常会破坏整段线缆的内部物理结构，甚至严重影响永久链路的传输性能，使得竣工测试中永久链路的多项测试指标不合格且这种影响经常是永久性的、无法恢复的。

在布线施工拉线过程中，线缆应与管中心线尽量保持方向一致，如图 5.108 所示。以现场允许的最小角度按照 A 方向或者 B 方向拉线，保证线缆没有拐弯，保持整段线缆的弯曲半径比较大，这样不仅施工轻松，还能够避免线缆护套和内部结构被破坏。

在布线施工拉线过程中，线缆不可与管口形成 90°拉线，如图 5.109 中的 C 所示，否则会在管口形成 1 个 90°的拐弯，这样不仅会使施工拉线困难、费力，还容易破坏线缆护套和其内部结构。

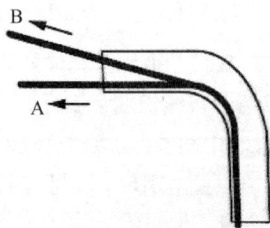

图 5.108　正确拉线　　　　　　　　　　图 5.109　不正确拉线

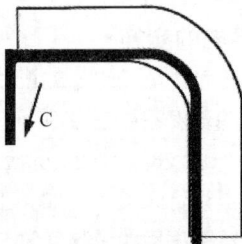

在布线施工拉线过程中，必须坚持直接手持拉线，不允许将线缆缠绕在手中或者工具上拉线，也不允许用钳子夹住线缆中间拉线，这样操作时缠绕部分的弯曲半径会非常小，夹持部分结构也会变形，会直接破坏夹持部分线缆的内部结构或者护套。

如果遇到线缆距离很长或拐弯很多，直接手持拉线非常困难的情况，则可以将线缆的端头绑扎在穿线器端头或铁丝上，用力拉穿线器或铁丝。穿好线缆后将受过绑扎部分的线缆剪掉。

穿线时，一般从信息点向楼道或楼层机柜穿线，一端拉线，另一端必须有专人放线和护线。保持线缆在管入口处的弯曲半径比较大，避免线缆在管入口或箱内弯折形成死结或者弯曲半径很小。

⑤ 横平竖直原则。

土建预埋管一般在隔墙和楼板中，为了垒砌隔墙方便，一般按照横平竖直原则安装线管，不允许将线管倾斜放置。如果要在隔墙中倾斜放置线管，则需要使用异型砖，否则会影响施工进度。

⑥ 平行布管原则。

平行布管是指同一走向的线管应遵循平行原则，不允许出现交叉或者重叠，如图 5.110 所示。

因为智能建筑的工作区信息点非常密集，楼板和隔墙中有许多线管，所以必须合理布局这些线管，避免出现线管重叠。

图 5.110　平行布管

⑦ 线管连续原则。

线管连续原则是指从插座底盒至楼层电信间之间的整个布线路由的线管必须连续，如果出现一处不连续，则无法穿线。特别是在用 PVC 管布线时，要保证管接头处的线管连续、管内光滑，以方便穿线，如图 5.111 所示。如果 PVC 管有较大的间隙，管内有台阶，则将来穿线会很困难，如图 5.112 所示。

⑧ 拉力均匀原则。

配线子系统路由的暗管比较长，大部分为 20～50m，有时可能有 80～90m，其间还有许多拐弯，布线时需要用较大的拉力才能把线缆从插座底盒拉到电信间。穿线时应该缓慢而又平稳地拉线，拉力太大会破坏双绞线电缆的结构和一致性，导致线缆传输性能下降。此外，拉力过大会使线缆内的扭绞线对层数发生变化，严重影响线缆的抗噪声能力，从而导致线对扭绞松开，甚至可能对导体造成破坏。

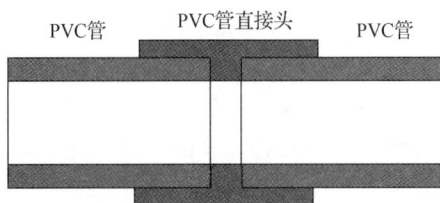

图 5.111　线管连续

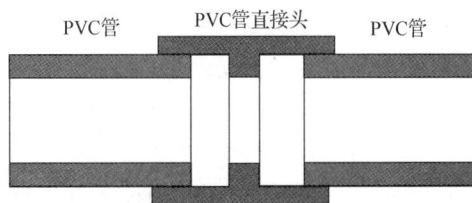

图 5.112　PVC 管有较大间隙

187

4 对双绞线允许的最大拉力为一根 100N，2 根 150N，3 根 200N，n 根（$n \times 5 + 50$）N，不管有多少根线对的电缆，最大拉力均不能超过 400N。

⑨ 预留长度合适原则。

布放线缆时应该考虑两端的预留，方便理线和端接。电信间的电缆预留长度一般为 3～6m，工作区的电缆预留长度一般为 0.3～0.6m；光缆在设备端的预留长度一般为 5～10m。有特殊要求的应按设计要求预留长度。

⑩ 规避强电原则。

在配线子系统布线施工中，必须考虑与电力电缆之间的距离，不仅要考虑在墙面上明装的电力电缆，还要考虑在墙内暗装的电力电缆。

⑪ 穿牵引钢丝原则。

土建埋管后，必须穿牵引钢丝，以方便后续穿线。

穿牵引钢丝的步骤如下：把钢丝一端用尖嘴钳弯曲成 ϕ10mm 左右的小圈，这样做是为了防止钢丝在 PVC 管内弯曲或者在接头处被顶住；把钢丝从插座底盒内的 PVC 管端往里面送，一直到从另一端出来；把钢丝两端折弯，防止钢丝缩回管内；穿线时用钢丝把电缆拉出来。

⑫ 管口保护原则。

在敷设钢管或者 PVC 管时，应该采取措施保护管口，防止水泥砂浆或者垃圾进入管口堵塞管道，一般用塞头封住管口，并用胶布绑扎牢固。

（2）配线子系统的 PVC 线槽施工

在一般小型工程中，有时采取暗管明槽布线方式，在楼道内使用较大的 PVC 线槽代替金属桥架，这样不仅成本低，还比较美观。配线子系统在楼道墙面宜安装比较大的塑料线槽，如宽度为60mm、100mm 或 150mm 的白色 PVC 线槽，具体线槽高度必须按照需要容纳双绞线的数量来确定。要选择常用的标准线槽规格，不要选择非标准线槽规格。安装方法如下：首先根据各个房间信息点管出口在楼道内的高度，确定楼道大线槽安装高度并画线，其次按照每米 1 或 2 处将线槽固定在墙面上，楼道线槽宜遮盖墙面管出口，并在线槽遮盖的管出口处开孔，如图 5.113 所示。如果各个信息点管出口在楼道高度上偏差太大，则宜将线槽安装在管出口的下方，将双绞线通过弯头引入线槽，这样施工方便、外形美观，如图 5.114 所示。

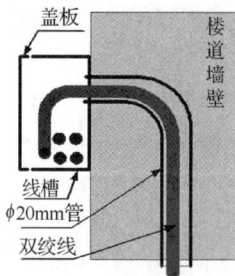

图 5.113　线槽安装方式一　　　　图 5.114　线槽安装方式二

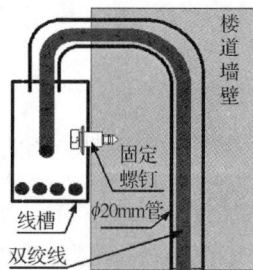

① PVC 线槽的固定要求。

安装线槽前，首先在墙面测量并标出线槽的位置，在建工程以 1m 线为基准，保证水平安装的线槽与地面或楼板平行、垂直安装的线槽与地面或楼板垂直，没有可见的偏差。

采用托架时，一般相隔 1m 左右安装一个托架。固定线槽时，一般相隔 1m 左右安装固定点。

固定点是指在线槽内固定的地方，有直接向水泥中钉螺钉和先打塑料膨胀管、再钉螺钉两种固定方式。根据线槽规格，建议如下。

a. 长×宽（25mm×20～30mm）规格的线槽，一个固定点应有 2 或 3 个固定螺钉，并水平排列。

b. 长×宽（25mm×30mm）以上规格的线槽，一个固定点应有 3 或 4 个固定螺钉，螺钉呈梯形，使线槽受力点分散分布。

除固定点外，应每隔 1m 左右钻 2 个孔，用双绞线穿入，待布线结束后，把所布双绞线绑扎起来。

② 线槽的弯曲半径。

在线槽拐弯处需考虑弯曲半径。直径为 6mm 的双绞线电缆在线槽中最大弯曲半径和布线最大弯曲半径值为 45mm（直径为 90mm），布线弯曲半径与双绞线弯曲外径的最大倍数为 45/6 = 7.5 倍。这就要求在安装双绞线电缆时靠线槽外沿，保持最大的弯曲半径，如图 5.115 所示。

特别强调，在线槽中安装双绞线电缆时必须在水平部分预留一定的余量且不能再拉伸电缆。如果没有余量，那么拉伸电缆后，会改变拐弯处的弯曲半径，如图 5.116 所示。

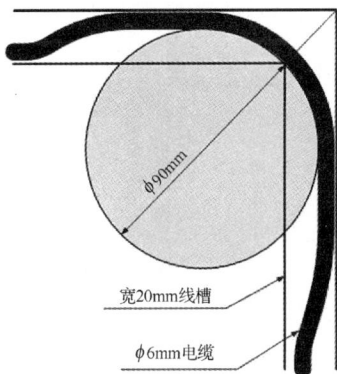

图 5.115　双绞线电缆靠线槽外沿

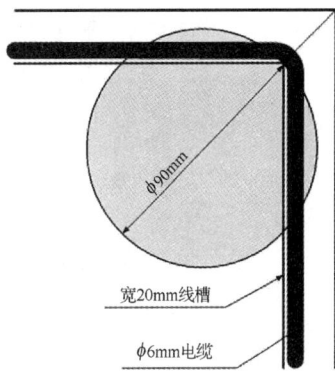

图 5.116　改变拐弯处的弯曲半径

③ PVC 线槽的配件。

在施工过程中，一般在现场自制弯头，但在线槽拐弯处的盖板一般使用成品弯头，一般有阳角、阴角、平弯、三通、堵头、接头等配件，如图 5.117 所示。

图 5.117　PVC 线槽的配件

④ PVC 线槽安装。

为 PVC 线槽布线时，先将线缆放到线槽中，边布线边装盖板，在拐弯处保持线缆有比较大的弯曲半径。在转弯处使用盖板时，需使用 PVC 线槽弯头。图 5.118 所示为弯头和三通安装示意。完成盖板安装后，不要再拉线，否则会改变线槽拐弯处的线缆弯曲半径。

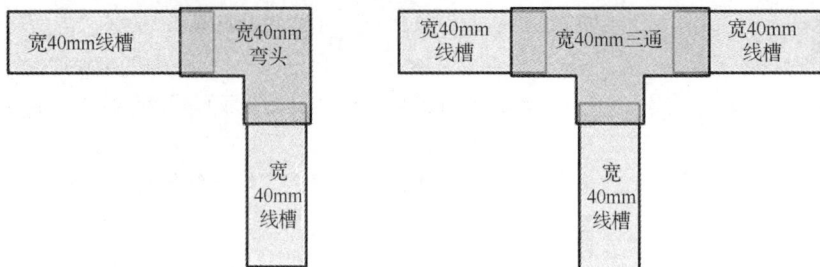

图 5.118 弯头和三通安装示意

在实际工程施工中，因为准确计算这些配件的数量非常困难，所以一般在现场自制弯头，这样不但能够降低材料费，而且方便。在现场自制弯头时，要求接缝间隙小于 1mm，这样比较美观。图 5.119 所示为水平弯头制作示意，图 5.120 所示为阴角弯头制作示意。

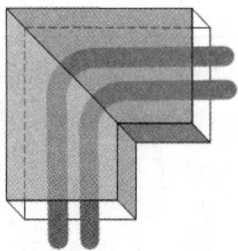

图 5.119 水平弯头制作示意

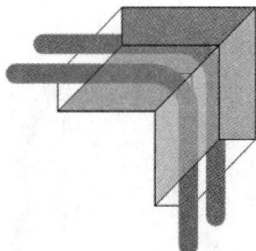

图 5.120 阴角弯头制作示意

（3）配线子系统桥架的安装

在建筑物综合布线施工过程中，配线子系统桥架的安装方式分为桥架吊装和桥架壁装两种。

① 桥架吊装。

使用桥架吊装方式时，吊顶上空架线槽布线，由楼层电信间引出来的线缆先走吊顶内的线槽到各房间后，经分支线槽从槽式电缆管道分叉后将电缆穿过一段支管引向墙壁，沿墙而下到房间内的信息插座，如图 5.121 所示。

在楼板吊装桥架时，首先确定桥架的安装高度和位置，并且安装膨胀螺栓和桥架吊杆，其次安装桥架挂板和钢桥架，同时将钢桥架固定在桥架挂板上，最后在桥架上开孔和布线，如图 5.122 所示。将线缆引入桥架时，必须穿保护管，并且保持比较大的弯曲半径。

微课

V5-9 配线子系统
桥架的安装

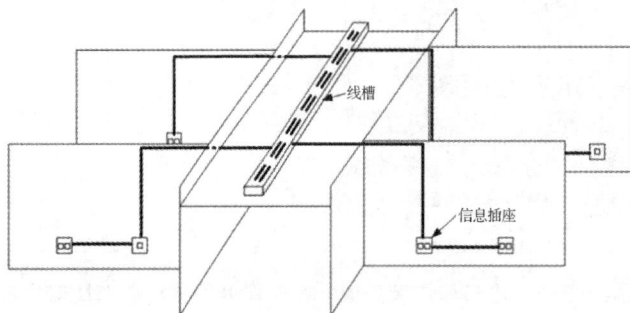

图 5.121 桥架吊顶线槽施工示意

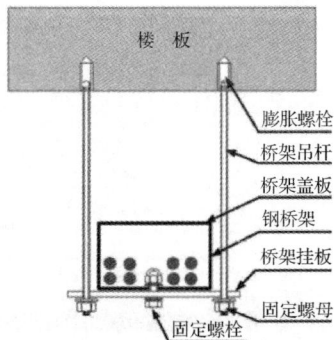

图 5.122 桥架吊装

② 桥架壁装。

桥架壁装施工示意如图 5.123 所示。对配线子系统明装线槽时要保持线槽水平，必须确定统一高度。

在楼道墙面上安装桥架时，安装方法也是首先根据各个房间信息点出线管口在楼道内的高度，确定楼道桥架安装高度并画线，其次按照每米 2 或 3 个安装 L 形支架或者三角形支架。桥架支架安装完毕后，用固定螺栓将桥架固定在每个桥架支架上，并在桥架对应的管出口处开孔，如图 5.124 所示。

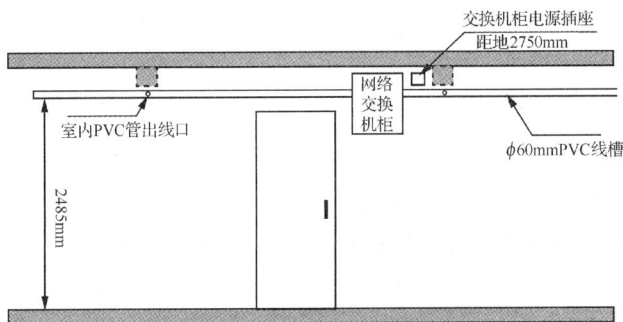

图 5.123　桥架壁装施工示意

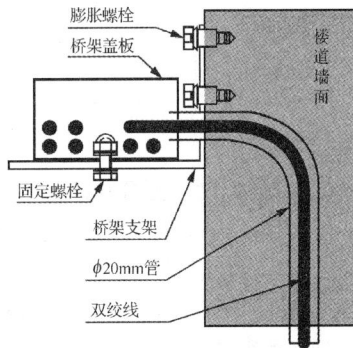

图 5.124　桥架壁装

如果各个信息点管出口在楼道内的高度偏差太大，则可以将桥架安装在管出口的下边，将双绞线通过弯头引入桥架，这样施工方便、外形美观。

5.2.4　干线子系统设计与实施

干线子系统的拓扑结构也是星形拓扑结构，从建筑物设备间向各个楼层的电信间布线，实现建筑物信息流的纵向连接，如图 5.125 所示。在实际工程中，大多数建筑物是垂直向上的，因此很多情况下会采用垂直型布线方式。但也有很多建筑物是横向发展的，如飞机场候机厅、工厂仓库等建筑，它们会采用水平型布线方式。因此主干线缆的布线路由既可能是垂直型的，又可能是水平型的，或是两者的综合。

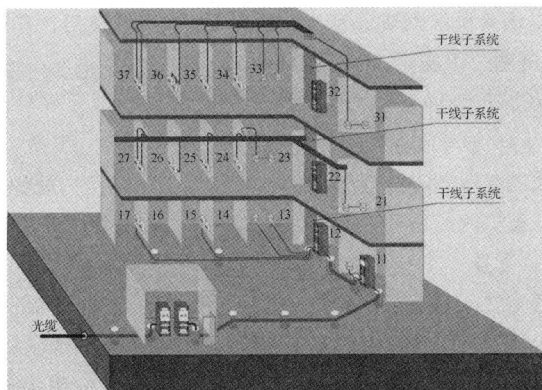

图 5.125　干线子系统示意

1. 干线子系统的设计范围

干线子系统用于连接各配线室，实现计算机网络设备、交换机、控制中心与各电信间之间的连接，主要包括主干传输介质和介质终端连接的硬件设备。

干线子系统的设计范围如下。

（1）干线子系统提供主干线缆、跳线、设备线缆，走线用的竖向或横向通道。

（2）主设备间与计算机中心间的电缆。

2. 干线子系统的信道连接方式

国家标准 GB 50311—2016 中明确规定了干线子系统的信道连接方式，如图 5.126 所示，干线子系统信道应包括主干线缆、跳线和设备线缆。

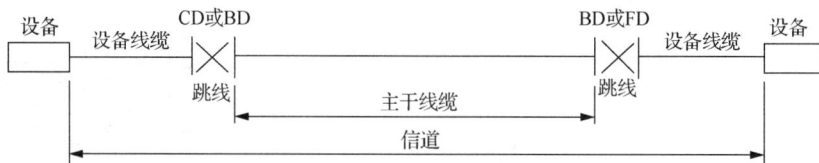

图 5.126　干线子系统的信道连接方式

3. 干线子系统的设计

干线子系统由建筑物设备间和楼层配线间之间的连接线缆组成。它是智能建筑综合布线系统的中枢部分，与建筑设计密切相关，主要用于确定垂直路由的数量和位置、垂直部分的建筑方式（包括占用房间的面积大小），以及干线系统的连接方式。

现代建筑物的通道有封闭型和开放型两大类。封闭型通道是指一连串上下对齐的交接间，每层楼都有一间，利用电缆竖井、电缆孔、管道电缆和电缆桥架等穿过这些空间的地板层，每个空间通常有一些便于固定电缆的设施和消防装置。开放型通道是指从建筑物的地下室到楼顶的一个开放空间，中间没有用任何楼板隔开，如通风通道或电梯通道，在其中不能敷设干线子系统的电缆。对于没有垂直通道的老式建筑物，一般采用敷设垂直线槽的方式敷设干线子系统的电缆。

在综合布线系统中，干线子系统的线缆并非一定是垂直布置的，从概念上讲它是建筑物内的干线通信线缆。在某些特定环境中，如在低矮而宽阔的单层平面大型厂房中，干线子系统的线缆就是平面布置的，同样起着连接各配线间的作用。对于 FD/BD 一级布线结构的布线来说，配线子系统和干线子系统是一体的。

（1）干线子系统的设计原则

近年来发达国家已经开始普遍使用 4 对双绞线电缆作为语音系统电缆，信息插座使用 RJ-45 模块，语音配线架或语音交换机使用 RJ-45 接口。在干线子系统的设计中，一般要遵循以下原则。

微课

V5-10　干线子系统的设计原则

① 干线子系统所需要的双绞线电缆根数、大对数电缆总对数及光纤总芯数，应满足工程的实际需求与线缆的规格要求，并应留有备份容量。

② 干线子系统主干线缆宜设置电缆或光缆备份及电缆与光缆互为备份的路由。

③ 当电话交换机和计算机网络设备设置在建筑物内不同的设备间时，宜采用不同的主干线缆来分别满足语音和数据传输的需要。

④ 在建筑物若干设备间之间、设备间与进线间及同一层或各层电信间之间宜设置干线路由。

⑤ 主干电缆和光缆所需的容量要求及配置应符合下列规定。

a. 对于语音业务，大对数主干电缆的对数应按每 1 个电话 8 位模块通用插座配置 1 对线，并应在总需求线对的基础上预留不少于 10%的备用线对。

b. 对于数据业务，应按每台以太网交换机 1 个主干端口和 1 个备份端口配置。当主干端口为电端口时，应按 4 对线对容量配置；当主干端口为光端口时，应按单芯或双芯光纤容量配置。

c. 当工作区至电信间的水平光缆需延伸至设备间的光配线设备（BD/CD）时，主干光缆的容量应包括所延伸的水平光纤的容量。

d. BD 处各类设备线缆和跳线的配置应符合规定。

⑥ 设备间配线设备（BD/CD）所需的容量要求及配置应符合下列规定。

a. 主干线缆侧的配线设备容量应与主干线缆的容量一致。

b. 设备侧配线设备容量应与设备应用的光、电主干端口容量一致或与干线侧配线设备容量相同。

c. 外线侧的配线设备容量应满足引入线缆的容量需求。

⑦ 无转接点。干线子系统中的光缆或电缆路由比较短且跨越楼层或区域，因此在布线路由中不允许有接头或 CP 等各种转接点。

⑧ 语音线缆和数据线缆分开。在干线子系统中，语音和数据往往用不同种类的线缆传输，语音一般使用大对数电缆传输、数据一般使用光缆传输，但是基本型综合布线系统中常常使用电缆传输数据。由于传输语音和数据时的工作电压及频率不相同，语音线缆的工作电压往往高于数据线缆的工作电压，为了防止语音传输干扰数据传输，必须遵循语音线缆和数据线缆分开的原则。

⑨ 大弧度拐弯。干线子系统主要使用光缆传输数据且对数据传输速率的要求高，涉及终端用户多，一般涉及楼层中的很多用户。因此，在设计时，干线子系统的线缆应该垂直安装，当在路由中间或出口处需要拐弯时，不能直角拐弯，必须设计大弧度拐弯，以保证线缆的弯曲半径符合要求和方便布线。

⑩ 满足整栋建筑物需求。由于干线子系统连接建筑物的全部楼层或区域，不仅要能满足信息点数量少、传输速率要求低的楼层用户需求，还要能满足信息点数量多、传输速率要求高的楼层用户需求，因此，在干线子系统的设计中一般选用光缆，并需预留备用线缆，同时在施工中要规范施工和保证工程质量，最终保证干线子系统能够满足整栋建筑物各个楼层用户的需求及扩展需要。

⑪ 布线系统安全的原则。干线子系统涉及每层楼，并且连接建筑物的设备间和楼层电信间交换机等重要设备，布线路由一般使用金属桥架。因此，在设计和施工中要加强接地措施，预防雷电击穿破坏，还要防止线缆遭破坏，并且注意与强电设备保持较远的距离，防止电磁干扰等。

⑫ 保证传输速率原则。干线子系统需要考虑传输速率，一般选用光缆，光纤可利用的带宽频率约为 5000GHz，可以轻松实现 1～10Gbit/s 的网络传输速率。在下列场合中，应优先考虑选择光缆。

a. 带宽需求量较大的场合，如银行等。

b. 传输距离较长的场合，如工业园区、校园等。

c. 保密性、安全性要求较高的场合，如保密部门、安全部门、国防部门等。

（2）干线子系统的设计步骤

干线子系统的设计步骤一般如下：首先，要进行需求分析，与用户进行充分的技术交流，了解建筑物的用途；其次，要认真阅读建筑物图纸，确定建筑物竖井、设备间和电信间的具体位置；再次，进行初步规划和设计，确定干线子系统布线路径；最后，确定布线材料规格和数量，制作材料规格和数量统计表。

其一般工作流程如下：需求分析→技术交流→阅读建筑物图纸→规划和设计→制作材料规格和数量统计表。

（3）干线子系统的规划和设计

干线子系统的线缆直接连接几层或几十层的用户，如果干线子系统的线缆发生故障，则影响巨大。为此，必须十分重视干线子系统的设计工作。

① 干线子系统线缆类型的选择。

干线子系统所需要的电缆总对数和光纤总芯数应满足工程的实际需求，并留有适当的备份容量。主干线缆宜设置电缆与光缆，并互相作为备份路由。可根据建筑物的楼层面积、建筑物的高度、建筑物的用途和信息点数量选择干线子系统的线缆。

在干线子系统中可采用以下 4 种线缆。

- 100Ω 双绞线电缆。
- 62.5/125μm 多模光缆。
- 50/125μm 多模光缆。
- 8.3/125μm 单模光缆。

无论采用电缆还是光缆，干线子系统都受到最大布线距离的限制，即建筑群配线架到楼层配线架的距离不应超过 2000m、建筑物配线架到楼层配线架的距离不应超过 500m。通常将设备间的主配线架放在建筑物的中部附近，使布线距离最短。当超出上述距离限制时，可以分成几个区域布线，使每个区域都满足规定的距离要求。配线子系统和干线子系统布线的距离与信息传输速率、信息编码技术和选用的相关连接器件有关。根据使用的介质和传输速率要求，布线距离还会发生变化。

a. 数据通信采用双绞线电缆时，布线距离不宜超过 90m，否则宜选用单模光缆或多模光缆。

b. 在建筑群配线架和建筑物配线架上，接插线和跳线的长度不宜超过 20m，超过 20m 的部分应从允许的干线线缆最大长度中扣除。

c. 电信设备（如程控用户交换机）直接连接到建筑群配线架或建筑物配线架的设备电缆、设备光缆的长度不宜超过 30m。如果使用的设备电缆、设备光缆的长度超过 30m，则干线电缆、干线光缆的长度宜相应缩短。

d. 延伸业务（如通过天线接收）可能从远离配线架的地方引入建筑群或建筑物，延伸业务引入点到连接这些业务的配线架间的距离，应包括在干线子系统布线的距离之内。如果有延伸业务接口，则与延伸业务接口位置有关的特殊要求会影响这个距离。应记录所用线缆的型号和长度，必要时应将其提交给延伸业务提供者。

e. 现在行业主流的主干线缆传输速率为 1Gbit/s 和 10 Gbit/s，要根据传输介质做出相应的选择。

② 干线子系统路径的选择。

干线子系统主干线缆应选择最短、最安全和最经济的路由，一端与建筑物设备间连接，另一端与楼层电信间连接。路由的选择要根据建筑物的结构，以及建筑物内预留的电缆孔、电缆井等通道位置来决定。建筑物内一般有封闭型通道和开放型通道两类，宜选带门的封闭型通道敷设垂直线缆。

③ 线缆容量的配置。

主干电缆和光缆所需的容量要求及配置应符合以下规定。

a. 对于语音业务，大对数主干电缆的对数应按每个电话 8 位模块通用插座配置 1 对线，并在总需求线对的基础上至少预留 10%的备用线对。

b. 对于数据业务，每台交换机至少应该配置 1 个主干端口。当主干端口为电端口时，应按 4 对线容量配置；为光端口时，应按双芯光纤容量配置。

c. 当工作区至电信间的水平光缆延伸至设备间的光配线设备（BD/CD）时，主干光缆的容量应包括所延伸的水平光缆的容量在内。

④ 干线子系统线缆敷设保护方式。

线缆不得布放在电梯或供水、供气、供暖管道竖井中，也不得布放在强电竖井中。电信间、设备间、进线间之间的干线通道应畅通。

⑤ 干线子系统干线线缆交接。

为了便于综合布线的路由管理，干线电缆、干线光缆布放的交接不应多于两次。从楼层配线架到建筑群配线架只应通过一个配线架，即建筑物配线架（在设备间内）。当综合布线中只用一级干线布线进行配线时，放置干线配线架的二级交接间可以并入楼层配线间。

⑥ 干线子系统干线线缆的端接。

干线线缆可采用点对点端接，也可采用分支递减端接及电缆直接连接方式。点对点端接方式是最简单、最直接的接合方式之一，如图 5.127 所示，干线子系统每根干线线缆直接延伸到指定的楼层配线电信间或二级交接间。分支递减端接方式是指用一根足以支持若干个楼层配线电信间或若干个二级交接间的通信容量的大容量干线线缆，经过线缆接头交接箱分出若干根小线缆，再分别延伸到每个二级交接间或每个楼层配线电信间，最后端接到目的地的连接硬件上，如图 5.128 所示。

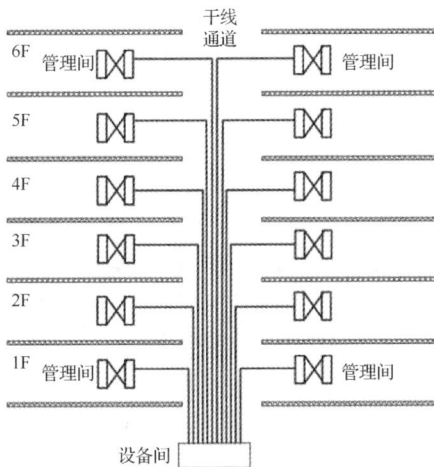

图 5.127　干线线缆的点对点端接方式

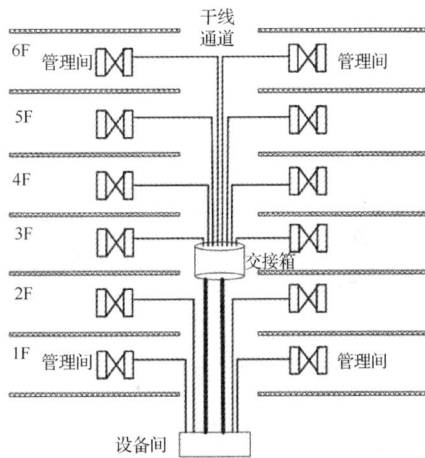

图 5.128　干线线缆的分支递减端接方式

⑦ 确定干线子系统通道规模。

干线子系统的电缆是建筑物内的主干线缆。在大型建筑物内，通常使用的干线子系统通道是由一连串穿过电信间地板且垂直对准的通道组成的，其穿过弱电间地板的线缆井和线缆孔，如图 5.129 所示。

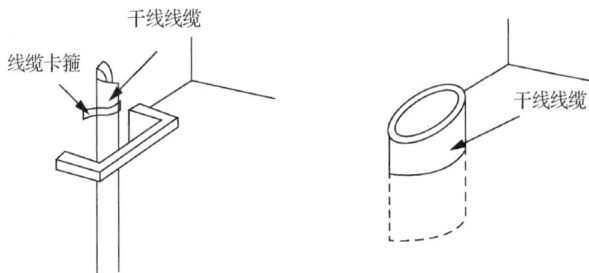

图 5.129　确定干线子系统通道

确定干线子系统通道规模，主要是确定干线通道和配线间的数量。确定的依据是综合布线系统所要覆盖的可用楼层面积。

如果给定楼层所有信息插座都在配线间 75m 范围之内，那么要采用单干线接线系统。单干线接线系统是指采用一条干线通道，每层楼只设置一个配线间。

如果有部分信息插座超出配线间 75m 的范围，则要采用双通道干线子系统，或者采用经分支电缆与设备间相连的二级交接间。如果同一栋建筑物的电信间上下不对齐，则可采用大小合适的线缆管道系统将其连通，如图 5.130 所示。

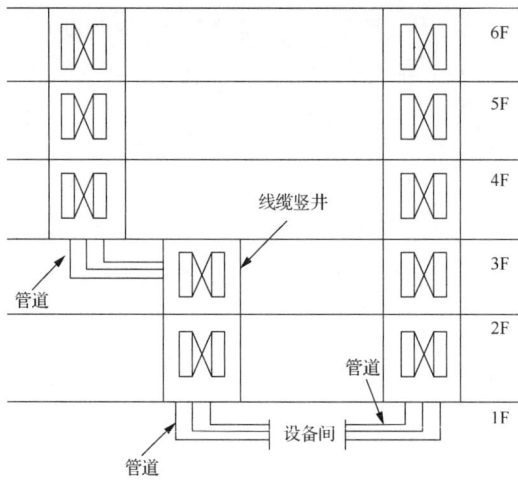

图 5.130 双通道干线子系统

⑧ 制作材料规格和数量统计表。

干线子系统材料的概算是指根据施工图纸核算材料使用数量，然后根据数量计算造价。对于材料使用数量的核算，首先确定施工使用的布线材料类型，然后列出一个简单的统计表。统计表主要针对数量进行统计，避免核算材料使用数量时漏项，从而方便材料使用数量的核算。

4．干线子系统的实施

干线子系统布线路由必须选择线缆最短、最安全和最经济的布线路由，同时考虑未来扩展需要。在干线子系统的设计和施工中，一般应该预留一定的线缆作为冗余信道，这一点对于综合布线系统的可扩展性和可靠性来说是十分重要的。

（1）标准规定

国家标准 GB 50311—2016 对干线子系统的安装工艺提出了具体要求。干线子系统垂直通道穿过楼板时宜采用电缆竖井（电缆竖井的位置应上下对齐）的方式，也可采用电缆孔、管槽的方式。

（2）干线子系统布线通道的选择

布线路由主要依据建筑的结构及建筑物内预埋的管道而定。目前垂直型干线布线路由主要采用电缆孔和电缆竖井两种形式。单层平面建筑物水平型干线布线路由主要采用金属管道或桥架两种形式。

干线子系统共有下列 3 种形式可供选择。

① 电缆孔形式。

通道中所用的电缆孔是很短的管道，通常用 1 根或数根外径为 63～102mm 的金属管预埋，金属管高出地面 25～50mm，也可直接在地板上预留一个大小适当的电缆孔洞安装桥架。电缆往往捆扎在钢绳上，而钢绳固定在金属条上。当楼层配线间上下都对齐时，一般可采用电缆孔形式，如图 5.131 所示。

② 金属管道或桥架形式。

金属管道或桥架形式包括明管或暗管敷设。

暗管敷设指的是将金属或 PVC 管预埋在墙体、地板或天花板内部，通常在建筑物施工阶段进行。这种形式能较好地保护线缆不受物理损伤和环境影响，并保持建筑物的整洁、美观。在暗管内可以敷设不同类型的线缆，如果同时敷设光缆与电缆，则需注意按照标准规范操作，如使用子管隔离等措施避免相互干扰。

明管敷设是指管道安装在可见位置，如墙壁表面、天花板下方或地面以上，不隐藏于建筑物结构之内。明管一般为金属材质，具备良好的机械强度和防火性能，同时方便后期维护和扩展。

③ 电缆竖井形式。

在新建工程中，推荐使用电缆竖井形式。电缆竖井是指在每层楼地板上开出一些方孔，一般宽度为 30cm，并有 2.5cm 高的井栏，具体大小要根据所布放干线线缆的数量而定，如图 5.132 所示。与电缆孔形式一样，电缆也是绑扎或箍在支撑用的钢绳上的，钢绳用墙上的金属条或地板三脚架固定。离电缆井很近的立式金属架可以支撑很多电缆。电缆井比电缆孔更为灵活，可以让各种粗细不一的电缆以任何方式布设通过，但在建筑物内开电缆井造价较高且不使用的电缆井应做好防火隔离。

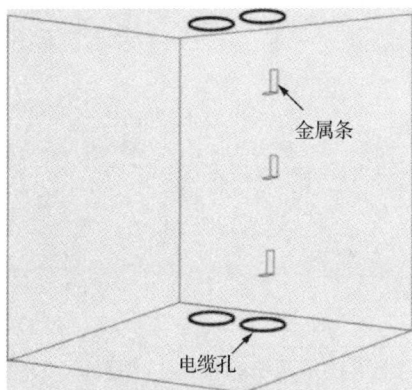

图 5.131　电缆孔形式　　　　　图 5.132　电缆竖井形式

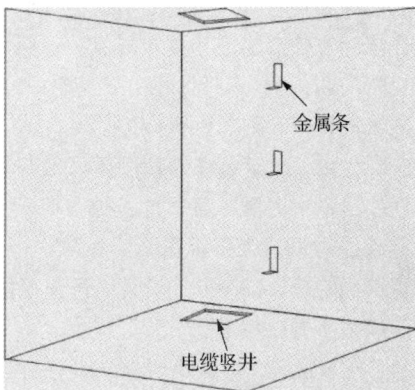

（3）干线子系统线缆容量的计算

在确定干线子系统线缆类型后，便可以进一步确定每层楼的干线子系统线缆容量。一般而言，在确定每层楼的干线子系统线缆的类型和数量时，要根据楼层配线子系统所有的语音、数据、图像等信息插座的数量进行计算。具体的计算原则如下。

① 语音干线可按一个电话信息插座至少配一个线对的原则进行计算。

② 计算机网络干线线对容量的计算原则如下：电缆干线 24 个信息插座配 2 根双绞线，每一个交换机或交换机群配 4 根双绞线；光缆干线每 48 个信息插座配双芯光纤。

③ 当信息插座较少时，可以多个楼层共用交换机，并合并计算光纤芯数。

④ 如有光纤到用户桌面的情况，则将光缆直接从设备间引至用户桌面，干线光缆芯数应不包含这种情况下的光缆芯数。

⑤ 主干子系统应留有足够的布线余量，以作为主干链路的备份，确保主干子系统的可靠性。

（4）干线子系统线缆的绑扎

为干线子系统敷设线缆时，应对线缆进行绑扎。双绞线电缆、光缆及其他信号电缆应根据线缆的类别、数量、缆径、芯数分束绑扎，绑扎间距不宜大于 1.5m，防止线缆因过重产生拉力而造成变形。绑扎线缆时需要特别注意的是，应该按照楼层进行分组绑扎。

线缆的绑扎应尽量满足以下基本要求。

① 线缆绑扎要求做到整齐、清晰及美观。一般按类分组，线缆较多时可再按列分类。

② 使用扎带绑扎线缆时，应视不同情况使用不同规格的扎带。

③ 尽量避免使用两根或两根以上的扎带连接后并扎，以免绑扎后拉力强度降低。

④ 扎好扎带后，应将多余部分齐根平滑剪齐，接头处不得留有尖刺。

⑤ 线缆绑成束时，扎带间距应为线缆束直径的 3～4 倍且间距均匀。

⑥ 绑扎成束的线缆转弯时，应尽量采用大弯曲半径，以免线缆在转弯处应力过大，影响数据传输。

（5）干线子系统线缆的敷设要求

在敷设线缆时，对不同的线缆要区别对待。

① 光缆敷设。光缆的敷设要求如下。

a. 光缆敷设时不应该绞结。

b. 光缆在室内敷设时要走线槽。

c. 光缆在地下管道中穿过时要用 PVC 管。

d. 光缆需要拐弯时，其弯曲半径不得小于 30cm。

e. 光缆的室外裸露部分要加以保护，保护管要固定牢固。

f. 光缆不要拉得太紧或太松，要留有一定的膨胀收缩余量。

g. 光缆埋地时，要加铁管保护。

② 双绞线敷设。双绞线的敷设要求如下。

a. 双绞线敷设时要平直、走线槽，不要扭曲。

b. 双绞线的两端点要标号。

c. 双绞线的室外部分要加套管，严禁搭接在树干上。

d. 双绞线不要硬拐弯。

③ 向下垂放线缆。智能建筑中一般有弱电竖井，用于干线子系统的布线。在竖井中敷设线缆一般有两种方式，即向下垂放线缆和向上牵引线缆。相较而言，向下垂放线缆比较容易。

a. 使用千斤顶把图 5.133 所示的线缆卷轴放到最顶层。

b. 在离房子的弱电竖井 3～4m 处安装线缆卷轴，并从卷轴顶部馈线。

c. 在线缆卷轴处安排布线人员，每层楼上要有一名布线人员。

d. 旋转线缆卷轴，将线缆从线缆卷轴上拉出。

e. 将拉出的线缆引导到竖井的孔洞中。

f. 慢慢地从卷轴上放线并进入孔洞向下垂放，注意速度不要过快。

g. 继续放线，直到下一层布线人员将线缆引到下一个孔洞。

h. 按前面的步骤继续慢慢地放线，直至线缆到达指定楼层并进入通道。

④ 向上牵引线缆。向上牵引线缆时需要使用电动牵引绞车，如图 5.134 所示，其主要使用步骤如下。

a. 按照线缆的质量，选定绞车型号，按说明书进行操作，并往绞车中穿一条绳子。

b. 启动绞车，并往下垂放一条拉绳，直到安放线缆的底层。

c. 如果线缆上有一个拉眼，则将绳子连接到此拉眼上。

d. 启动绞车，慢慢地将线缆通过各层的孔向上牵引。

e. 线缆的末端到达顶层时，使绞车停止。

f. 在地板孔边沿上用夹具将线缆固定。

g. 当所有连接完成之后，从绞车上释放线缆的末端。

⑤ 大对数线缆。在通信及电力等行业，各种光缆、电缆、钢丝、软管等线缆和器材都缠绕在圆形的线缆卷轴上，由于线缆卷轴体积庞大，在进行工程布线和布管等施工时，需要从线缆卷轴上抽线，把线缆卷轴放在专业的线缆放线器上，如图 5.135 所示。放线时线缆卷轴转动，将线缆平整、均匀地抽出，边抽线边施工，不会出现线缆缠绕和打结等情况，如图 5.136 所示。

微课

V5-11 干线子系统线缆的敷设要求

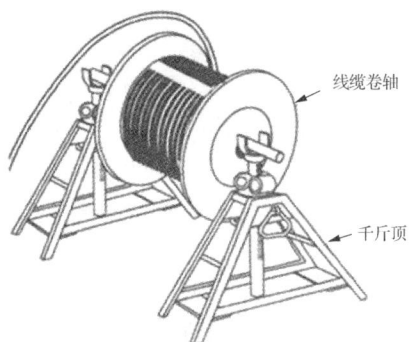

图 5.133　线缆卷轴

图 5.134　电动牵引绞车

图 5.135　线缆放线器

图 5.136　放线

5.2.5　电信间子系统设计与实施

　　电信间也称为管理间或者配线间，是专门用于安装楼层机柜、配线架、交换机和配线设备的房间，如图 5.137 所示。它一般设置在每层楼的中间位置。电信间子系统用于连接干线子系统和水平子系统。当楼层信息点很多时，可以设置多个电信间。在综合布线系统中，电信间子系统包括楼层配线间、二级交接间的线缆、配线架及相关接插跳线等。通过综合布线系统的电信间子系统，可以直接管理整个应用系统终端设备，从而实现综合布线系统的灵活性、开放性和可扩展性。

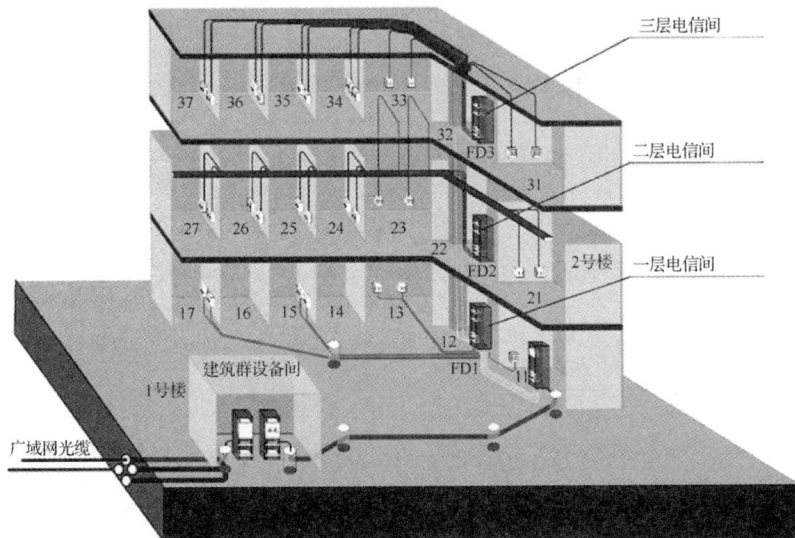

图 5.137　电信间

1. 电信间子系统的划分原则

电信间主要是为楼层安装配线设备和楼层计算机、网络交换机及路由器等设备的场地，必须考虑在该场地设置线缆竖井、等电位接地体、电源插座、UPS、配电箱等基础设施。配线设备主要包括网络配线架、通信配线架、理线器等，这些设备必须安装在机柜、机架或机箱中，通过桥架进线和出线。在场地面积足够的情况下，也可设置建筑物安防系统、消防系统、建筑设备监控系统、无线信号系统等系统的线槽和功能模块等。如果综合布线系统与弱电系统设备合并设置在同一场地，则从建筑的角度出发，一般称其为弱电间。

现在设计建筑的综合布线系统时，通常会在每一楼层都设置一个电信间，用来管理楼层的信息点，这改变了以往几层共享一个电信间的做法，这也是综合布线系统的发展趋势。电信间既是楼层专门配线的房间，又是配线子系统电缆端接的场所，还是干线子系统电缆端接的场所。它由大楼主配线架、楼层配线架、跳线等组成。用户可以在电信间中更改、增加、交接、扩展线缆，从而改变线缆的路由。电信间中以配线架为主要设备，配线设备可直接安装在 19 英寸机柜中。电信间面积的大小一般根据信息点数量安排和确定。如果信息点很多，则应该考虑用一个单独的房间来放置；如果信息点很少，则可采取在墙面上安装机柜的方式。如果局部区域的信息点比较密集，则可以设置多个分电信间。

2. 电信间子系统的设计要求

国家标准 GB 50311—2016 中规定了电信间子系统设计的具体要求。

（1）电信间 FD 处的通信线缆，以及计算机网络设备与配线设备之间的连接方式。如图 5.138 所示，在电信间 FD 处，电话交换系统配线设备模块之间宜采用跳线互连。

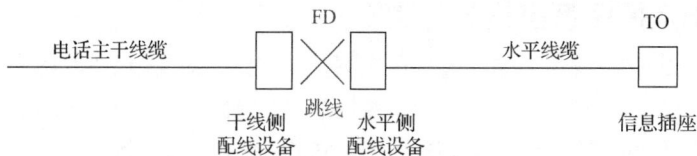

图 5.138 电话交换系统配线设备模块之间的连接方式

（2）计算机网络设备与配线设备模块之间的连接方式如图 5.139 所示，在电信间 FD 处，计算机网络设备与配线设备模块之间宜采用跳线交叉连接。

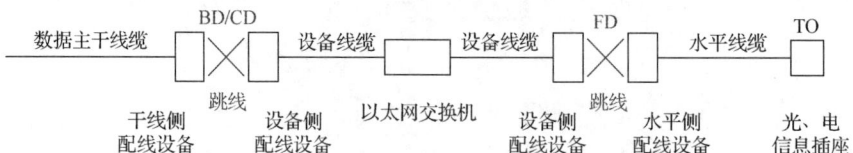

图 5.139 计算机网络设备与配线设备模块之间的连接方式

（3）如图 5.140 所示，在电信间 FD 处、BD 处、CD 处，计算机网络设备与配线设备模块之间可以采用设备线缆互连。

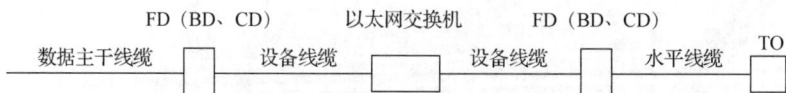

图 5.140 计算机网络设备与配线设备模块之间的连接方式

（4）从电信间至每一个工作区的水平光缆，宜按双芯光缆配置。至用户群或大客户使用的工作区域时，备份光纤芯数不应小于双芯，水平光缆宜按 4 芯或 2 根双芯光缆配置。

（5）连接至电信间的每一根水平线缆，均应端接于 FD 处相应的配线模块，配线模块与线缆容量相对应，如图 5.141 所示。

图 5.141 水平线缆与网络配线模块端接

（6）电信间 FD 主干侧各类配线模块，应根据主干线缆所需容量要求、管理方式及模块类型和规格进行配置。

（7）电信间 FD 采用的设备线缆和各类跳线宜符合要求。

3. 电信间子系统的设计

电信间子系统设计的主要依据为楼层信息点的总数量和密度情况。首先确定每层楼工作区信息点总数量，然后确定配线子系统线缆的平均长度，最后按平均路由最短的原则确定电信间的位置，完成电信间子系统设计。

（1）电信间子系统的设计原则

根据相关标准与安装工艺要求，在电信间子系统的设计中，一般要遵循以下原则。

① 电信间的设计应符合下列规定。

a. 电信间数量应按所服务楼层面积及工作区信息点的密度与数量确定。

b. 当同楼层信息点数量不多于 400 个时，宜设置 1 个电信间；当楼层信息点数量多于 400 个时，宜设置 2 个及以上电信间。

微课

V5-12 电信间
子系统的设计原则

c. 当楼层信息点数量较少且水平线缆长度在 90m 范围内时，可多个楼层合设一个电信间。

② 当有信息安全等特殊要求时，应对所有涉密的通信设备和布线设备等进行物理隔离或独立安放在专用的电信间内，并应设置独立的涉密机柜及布线管槽。

③ 电信间内，通信设备及布线设备宜与弱电系统布线设备分设在不同的机柜内。当各设备容量配置较小时，也可在同一机柜内进行物理隔离后安装。

④ 各楼层电信间、竖向线缆管槽及对应的竖井宜上下对齐。

⑤ 电信间内不应设置与安装的设备无关的水管、风管及低压配电线缆管槽与竖井。

⑥ 电信间应设置不少于 2 个单相交流 220V/10A 电源插座盒，每个电源插座的配电线路均应装设保护器。设备供电电源应另行设置。

⑦ 配线架数量确定原则。配线架端口数量应该大于信息点数量，以保证所有信息点过来的线缆全部端接在配线架中。在工程中，一般使用 24 口或者 48 口配线架。例如，某楼层共有 64 个信息点，至少应该选配 3 个 24 口配线架，配线架端口的总数量为 72 个，就能满足 64 个信息点线缆的端接需要，这样做比较经济。

⑧ 标识管理原则。由于电信间的线缆和跳线很多，必须对每根线缆进行编号和标识，在工程项目实施中需要按规定将编号和标识张贴在电信间内，以方便施工和维护。

⑨ 理线原则。电信间线缆必须全部端接在配线架中，完成永久链路安装。在端接前必须先整理全部线缆，预留合适长度，重新做好标识，剪掉多余的线缆，按照区域或者编号顺序绑扎和整理好，通过理线器端接到配线架。不允许出现大量多余线缆，不允许线缆缠绕和绞结在一起。

⑩ 配置 UPS 原则。由于电信间安装有交换机等有源设备，因此应该设计有 UPS 或者稳压电源。

⑪ 防雷电措施。电信间的机柜应该可靠、接地，防止雷电损坏。

（2）电信间的设计

电信间的设计如下。

① 电信间数量的确定。

电信间数量应按所服务楼层面积及工作区信息点的密度与数量来确定。每层楼一般宜至少设置 1 个电信间。在每层信息点数量较少且水平线缆长度不大于 90m 的情况下，也可以多个楼层合设一个电信间。在实际应用中，如学生公寓具有信息点密集、使用时间集中、楼道很长等特点，为了方便管理和保证网络传输速率或者节约布线成本，可以按照每 100～200 个信息点设置 1 个分电信间的方法，将分电信间机柜明装在楼道中。

② 电信间位置的确定。

各楼层电信间一般设置在建筑物的弱电竖井内，竖向线管、线槽或桥架一般设置在上下对齐的弱电竖井内。在实际工程设计中，建筑物的竖井由结构工程师设计。电信间内不应设置水管、风管、低压配电线缆等。

③ 电信间面积的确定。

电信间的面积不应小于 $5m^2$，可根据工程中配线管理和网络管理的容量进行调整。一般新建建筑物都有专门的垂直竖井，楼层的电信间一般设置在建筑物竖井内。在一般小型网络工程中，也可能只用一个网络机柜来代表电信间。

一般为旧楼增加网络综合布线系统时，可以将电信间设置在楼道中间位置的办公室中，也可以将壁挂式机柜明装在楼道内，作为楼层电信间。

电信间内一般安装落地式机柜，单排机柜前面的净空不应小于 $1000mm^2$，后面的净空不应小于 $800mm^2$，以方便安装和运维。安装壁挂式机柜时，一般在楼道中明装，安装高度不小于 1.8m。

④ 电信间高度的确定。

电信间的高度应满足建筑物梁下净高不应小于 2.5m 的要求。

⑤ 电信间门的要求。

通常电信间应采用外开防火门，门的防火等级应按建筑物类别设定，一般采用乙级及以上等级的防火门。门的高度不应小于 2m，净宽不应小于 0.9m，应满足净宽 600～800mm 的机柜搬运通过的要求。

⑥ 电信间地面的要求。

电信间水泥地面应高出本楼层地面且高度不小于 100mm，或设置防水门槛，防止楼道积水流入电信间。电信间室内地面应具有防潮、防尘、防静电等功能。

⑦ 电信间环境的设计要求。

电信间内工作温度应为 10～35℃，相对湿度宜为 20%～80%。一般应该考虑网络交换机等有源设备发热对电信间温度的影响，应采取安装排气扇、空调等措施，保持电信间夏季温度不超过 35℃，以保证设备安全、可靠运行。

⑧ 电源安装要求。

电信间的电源插座一般安装在网络机柜的旁边且应安装 220 V（三孔）电源插座。如果是新建建筑，则一般要求在土建施工过程中按照弱电施工图上标注的位置安装到位。

（3）电信间设备的设计

电信间设备的设计主要包括机柜、配线架、配线模块、跳线及管理等的设计。

微课

V5-13 电信间的设计

微课

V5-14 电信间设备的设计

① 机柜的设计。

一般情况下，对综合布线系统的配线设备和计算机网络设备采用 19 英寸机柜。机柜尺寸通常为 600mm（宽）×600mm（深）×2000mm（高），共有 42U 的安装空间。机柜内可安装光纤配线架、24 口网络配线架、光纤连接盘、RJ-45（24 口）配线模块、多线对卡接模块（100 对）、理线架、以太网交换机设备等。

如果按建筑物每层电话和数据信息点各为 200 个考虑配置上述设备，则大约需要有 2 个 19 英寸（42U）的机柜，以此测算电信间面积不应小于 5 m²（2.5m×2.0m）。为综合布线系统设置内部网络、外部网络或弱电专用网时，19 英寸机柜应分别设置，并在保持一定间距或空间分隔的情况下测算电信间的面积。目前，高密度配线架的推出对电信间的空间有了更高的要求，800mm（宽）的 19 英寸机柜已被广泛应用。

② 配线架的设计。

电信间的配线架包括光纤配线架、网络电缆配线架、语音电缆配线架、110 配线架等。按照设计原则，光纤配线架端口数量应大于光纤信息点数量的 2 倍，电缆配线架端口数量应大于电缆信息点数量。

③ 配线模块的设计。

配线模块的设计应遵循满足配线容量和类型的要求。电缆必须配置电缆模块，如超 5 类电缆配置超 5 类模块、6 类电缆配置 6 类模块、非屏蔽系统配置非屏蔽模块、屏蔽系统配置屏蔽模块、光缆配置光缆模块、SC 口配置 SC 连接器光缆跳线、ST 口配置 ST 连接器跳线等。

④ 跳线的设计。

在电信间的设计中，坚持设备跳线满足终端设备使用端口容量的原则，必须按照前端计算机、打印机等终端设备的数量配置设备跳线，保证每台终端设备都有跳线连接到交换机上。

信息点配置的跳线按照比例配置，宜为信息点总数的 25%～50%。这是因为综合布线系统工程竣工后，前期信息点的开通率比较低，不需要在每个信息点上都配置跳线。

⑤ 管理的设计。

对电信间的跳线和理线需要进行专门的设计。例如，设计线缆的编号和标识，设计电信间内和机柜内的布线路由，设计线缆的预留长度，设计线缆绑扎方法、设备的间距和材料的选择，设计各种配线架的安装位置，预留交换机等设备的位置，等等。

4．电信间子系统的实施

近年来，新建的建筑物中，每层都考虑到了电信间，并给网络等留有专门的弱电竖井，便于安装网络机柜等管理设备。

（1）机柜的安装

电信间的机柜、配线箱等设备的规格、容量、位置应符合设计要求，安装应符合下列要求。

① 机柜等设备的垂直度偏差不应大于 3mm。

② 机柜上的各种零件应安装牢固、横平竖直，以防脱落或碰坏。

③ 机柜、配线架等设备的漆面等外表面不应有脱落痕迹及划痕。

④ 机柜、配线架端口标记等设备的各种标志应完整、清晰。

⑤ 机柜门扇和门锁的启闭应灵活、可靠、美观。

⑥ 机柜、配线箱及桥架等设备的安装应牢固。有抗震要求时，应按抗震要求进行加固。

⑦ 在楼道、走廊等公共场所安装配线箱时，壁嵌式箱体底边距地高度不宜小于 1.5m，墙挂式箱体底面距地高度不宜小于 1.8m。

⑧ 安装空间要求。自行采购的机柜必须有足够的安装空间。

⑨ 接地要求。机柜上要求有可靠的接地点供交换机接地。

⑩ 机柜内前后方孔条间距要求。将交换机安装到机柜时需使用前挂耳和后挂耳，对机柜内前后方孔条的间距有要求，如图 5.142 所示，其中，机柜宽度为 a，机柜深度为 b，机柜内方孔条间距为 c。当机柜的方孔条间距不满足要求时，可使用滑道或托盘进行调整，滑道或托盘需用户自备。

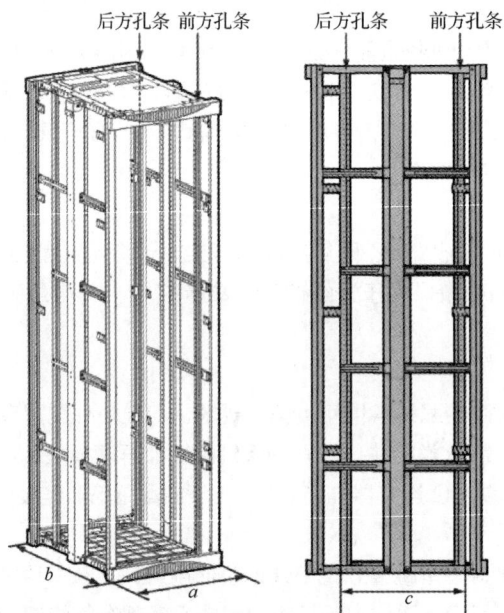

图 5.142　机柜中的尺寸

（2）交换机的安装

交换机根据外形尺寸的不同，支持的安装场景包括安装到机柜、安装到工作台、安装到墙面和安装到墙顶。安装人员可以查询手册，确定对应型号和尺寸的交换机所支持的安装场景。需要注意的是，某些款型设备工作时壳体表面温度较高，建议安装在受限制接触区域中，如安装在网络箱内、机柜中、机房工作台上等，不可让非熟练技术人员接触，以保证其安全性。

首先查看硬件手册，确认对应的交换机型号是否支持安装场景，安装前需要确认以下事项。

① 机柜已被固定好且满足机柜/机架的要求。

② 机柜内交换机的安装位置已经布置完毕。

③ 要安装的交换机已经准备好，并被放置在离机柜较近且便于搬运的位置。

④ 安装前需做好防静电保护措施，如佩戴防静电腕带或防静电手套。

⑤ 通常，交换机的散热类型分为风扇强制散热、准自然散热和自然散热 3 种，在 1 台机柜/机架中安装多台交换机时，自然散热交换机上下间隔必须大于等于 1U，风扇强制散热和准自然散热交换机上下间隔建议为 1U。

⑥ 安装时，保证交换机的挂耳在机柜/机架左右两端水平对齐，禁止强行安装，否则可能导致交换机弯曲变形。

需要准备的工具和附件包括浮动螺母（每台 4 个，需用户自备）、M4 螺钉、M6 螺钉（每台 4 个，需用户自备）、前挂耳（每台 2 个）、接地线缆、滑道（可选）。

操作步骤如下。

a. 佩戴防静电腕带或防静电手套。如果佩戴防静电腕带，则需确保防静电腕带一端已经接地，另一端与佩戴者的皮肤良好接触。

b. 使用 M4 螺钉安装前挂耳到交换机中。对于不同型号的交换机，标配的前挂耳型号及安装方式不同，如图 5.143 所示。安装前挂耳到交换机时应使用与设备配套的挂耳。图 5.143 所示为左耳的安装方法，右耳的安装方法与左耳的相同。安装图 5.143（f）、（g）、（h）中的前挂耳到交换机时，每侧只需要固定 2 个螺钉。

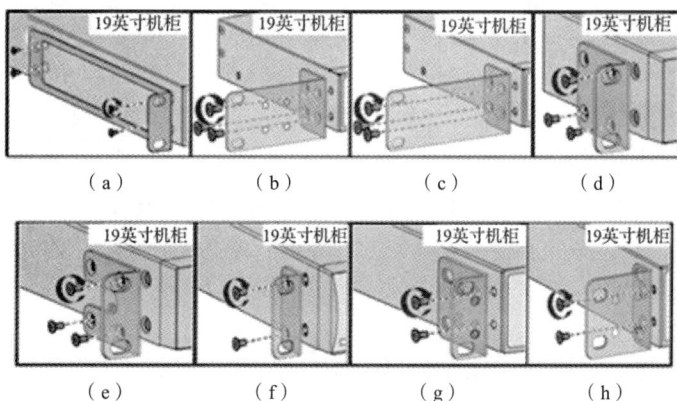

图 5.143　不同挂耳的安装方法

c. 连接接地线缆到交换机（可选）。交换机接地是交换机安装过程中的重要环节，交换机正确接地是交换机防雷电、防干扰、防静电损坏的重要保障，是确保 PoE 交换机给受电设备（Powered Device，PD）正常上电的重要前提。根据交换机的安装环境，可将交换机的接地线缆连接在机柜/机架的接地点或接地排上。下面以将交换机的接地线缆连接到机柜的接地点为例进行说明。

（a）拆下交换机接地点上的 M4 螺钉。使用十字螺钉旋具拆下螺钉，如图 5.144 所示，拆下的 M4 螺钉应妥善放置。

（b）连接接地线缆到交换机接地点。使用拆下的 M4 螺钉将接地线缆的 M4 端（接头孔径较小的一端）连接到交换机的接地点上，M4 螺钉的紧固力矩为 1.4N·m，如图 5.145 所示。

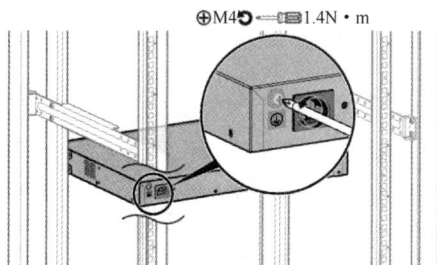

图 5.144　拆下交换机接地点上的 M4 螺钉

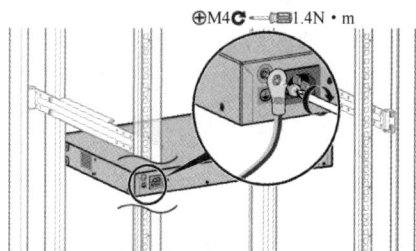

图 5.145　连接接地线缆到交换机接地点

（c）连接接地线缆到机柜接地点。使用 M6 螺钉将接地线缆的 M6 端（接头孔径较大的一端）连接到机柜的接地点上，M6 螺钉的紧固力矩为 4.8N·m，如图 5.146 所示。

接地线缆连接完成后，使用万用表的欧姆挡测量交换机接地点与接地端子之间的电阻，保证电阻不超过 0.1Ω。

（d）安装浮动螺母到机柜的方孔条。确定浮动螺母在方孔条上的安装位置，使用一字螺钉旋具在机柜前方孔条上安装 4 个浮动螺母，左右各 2 个，挂耳上的固定孔对应方孔条上间隔 1 个孔位的 2 个安装孔。保证左右对应的浮动螺母在同一水平面上。机柜方孔条上并不是所有的孔之间的距离都是 1U，要参照机柜上的刻度，需注意识别这一点。

（e）安装交换机到机柜中。将不同前挂耳的交换机安装到机柜中的方法相同，这里以某种前挂耳为例进行说明，如图 5.147 所示。

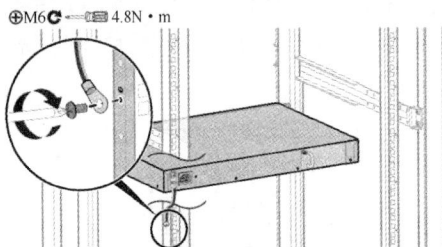

图 5.146　连接接地线缆到机柜接地点　　　　图 5.147　安装交换机到机柜中

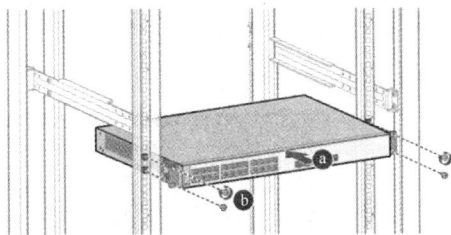

搬运交换机到机柜中，双手托住交换机，使两侧的挂耳安装孔与机柜方孔条上的浮动螺母对齐。

一只手托住交换机，另一只手使用十字螺钉旋具将挂耳通过 M6 螺钉（交换机两侧各安装 2 个）固定到机柜方孔条上。

（3）配线架的安装

按照图纸规定位置，安装全部配线架，要求保证安装位置正确、横平竖直、安装牢固、没有松动。采用地面出线方式时，一般线缆从机柜底部穿入机柜内部，配线架宜安装在机柜下部。采取桥架出线方式时，一般线缆从机柜顶部穿入机柜内部，配线架宜安装在机柜上部。线缆从机柜侧面穿入机柜内部时，配线架宜安装在机柜中部。配线架应该安装在左右对应的孔中，水平误差不应大于 2mm，不允许错位安装。

① 网络配线架用于电缆布线系统，配置有 6 口 RJ-45 模块，背面用于安装水平电缆，正面用于安装网络跳线，如图 5.148 所示。

图 5.148　6 口网络配线架

配线架的端接方法如下。

a. 剥开双绞线外绝缘护套，所剥长度不超过 5cm，如图 5.149 所示。

b. 拆开 4 对双绞线，如图 5.150 所示。

图 5.149　剥开双绞线外绝缘护套　　　　图 5.150　拆开 4 对双绞线

c. 按照配线架模块所标线序，将双绞线放入端接口，如图 5.151 所示。

d. 进行配线架端接，使用打线钳压接线芯，使其与模块刀片可靠连接，如图 5.152 所示。

图 5.151　将双绞线放入端接口　　　　图 5.152　进行配线架端接

配线架的安装步骤如下。

a. 检查配线架和配件是否完整。

b. 将配线架固定在机柜设计位置的立柱上，如图 5.153 所示。

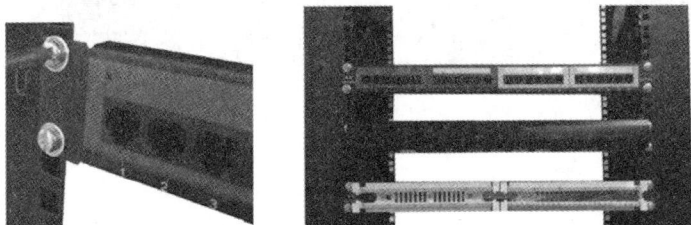

图 5.153　固定配线架

c. 盘线和理线。将进入机柜的线缆按照区域、线束进行整理和绑扎，将多余线缆整理成盘放置在机柜内，如图 5.154 所示。

d. 端接打线。注意每个配线架端接的线缆必须在配线架高度以内，不要高于或低于配线架，以免占用其他设备的位置。端接模块如图 5.155 所示。

e. 做好线缆标记、安装标签条等。

图 5.154　盘线和埋线

图 5.155　端接模块

② 光纤配线架用于光缆布线系统，配置有 4 个双口 SC 光纤耦合器，背面用于安装 SC 口光纤接头，正面用于安装 SC 口光纤跳线，如图 5.156 所示。

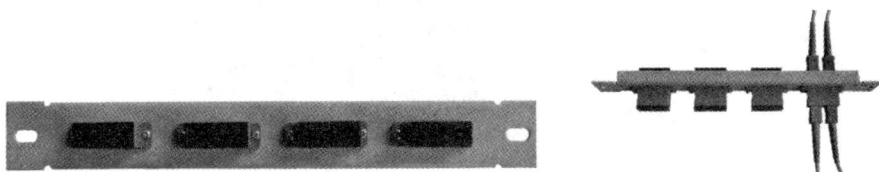

图 5.156　4 个双口 SC 光纤配线架

（4）配线架的安装

配线架的安装步骤如下。

① 取出 110 配线架和附带的螺钉。

② 使用十字螺钉旋具把 110 配线架用螺钉直接固定在网络机柜的立柱上，如图 5.157 所示。

③ 理线。

④ 按打线标准把每个线芯按顺序压接在跳线架下层模块端接口中。

⑤ 利用 5 对打线钳把 5 对连接模块用力垂直压接在 110 配线架上，完成模块端接操作，如图 5.158 所示。

图 5.157　固定 110 配线架

图 5.158　模块端接

（5）理线器的安装

理线器的安装步骤如下。

① 取出图 5.159 所示的理线器及其所带的配件和螺钉包。

② 安装理线器到网络机柜的立柱上，如图 5.160 所示。

图 5.159　理线器

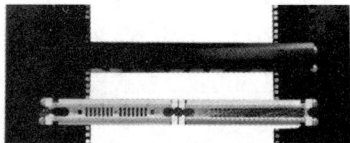

图 5.160　安装理线器

5.2.6　设备间子系统设计与实施

设备间是建筑物的电话交换机设备和计算机网络设备，以及建筑物配线设备的安装地点，也是进行网络管理的场所。对综合布线系统工程设计而言，设备间主要用于安装总配线设备。当为通信设备与配线设备分别设置设备间时，考虑到设备电缆有长度限制及各系统设备运行维护的要求，设备间之间的距离不宜相隔太远。

设备间一般设置在建筑物中部或建筑物的一、二层，应避免设置在顶层，而且要为以后的扩展留下余地，同时设备间对面积、门窗、天花板、电源、照明、散热、设备接地等有一定的要求。图 5.161 所示为建筑物设备间子系统示意。

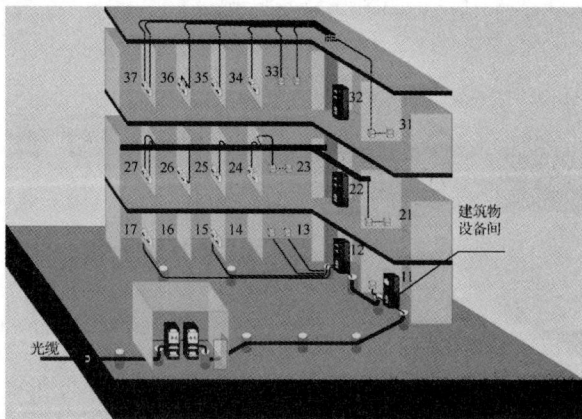

图 5.161　建筑物设备间子系统示意

1. 设备间子系统配线设备的选用规定

国家标准 GB 50311—2016 对设备间 BD 等配线设备做出了下列具体规定。

（1）应用于数据业务时，电缆配线模块应采用 8 位模块通用插座。

（2）应用于语音业务时，BD、CD处配线模块应选用卡接式配线模块，包括多对、25对卡接模块及回线型卡接模块。

（3）光纤配线模块应采用单工或双工的SC或LC光纤连接器件及适配器。

（4）主干光缆的光纤容量较大时，可采用预端接光纤连接器件互通。

（5）综合布线系统产品的选用应考虑线缆与器件的类型、规格、尺寸，以及对安装设计与施工造成的影响。

2．配线模块产品的选用规定

国家标准GB 50311—2016的条文说明中要求，设备间安装的配线设备选用应与所连接的线缆相适应，表5.14所示为配线模块产品的选用规定。

表5.14　配线模块产品的选用规定

类别	产品类型		配线模块安装场地和连接线缆类型		
	配线设备类型	容量与规格	FD（电信间）	BD（设备间）	CD（设备间）
电缆配线设备	大对数卡接模块	4对	4对水平电缆/ 4对主干电缆	4对主干电缆	4对主干电缆
		5对	大对数主干电缆	大对数主干电缆	大对数主干电缆
	25对卡接模块	25对	4对水平电缆/ 4对主干电缆/ 大对数主干电缆	4对主干电缆/ 大对数主干电缆	4对主干电缆/ 大对数主干电缆
	回线型卡接模块	8回线	4对水平电缆/ 4对主干电缆	大对数主干电缆	大对数主干电缆
		10回线	大对数主干电缆	大对数主干电缆	大对数主干电缆
	RJ-45配线模块	24口或48口	4对水平电缆/ 4对主干电缆	4对主干电缆	4对主干电缆
光纤配线设备	SC光纤连接器件、适配器	单工/双工，24口	水平光缆/ 主干光缆	主干光缆	主干光缆
	LC光纤连接器件、适配器	单工/双工，24口、48口	水平光缆/ 主干光缆	主干光缆	主干光缆

3．设备间子系统的设计

在设计设备间子系统时，设计人员应与用户一起商量，根据用户要求及现场情况具体确定设备间的最终位置。只有确定了设备间位置后，才可以设计综合布线系统的其他子系统。进行需求分析时，确定设备间的位置是一项重要的工作。此外，要与用户进行技术交流，最终确定设计要求。

（1）设备间子系统的设计原则

根据相关标准与安装工艺要求，在设备间子系统的设计中，一般要遵循以下原则。

① 设备间设置的位置应根据设备的数量、规模、网络构成等因素综合考虑。

② 每栋建筑物内应设置不少于1个设备间，并应符合下列规定。

a．当电话交换机与计算机网络设备分别安装在不同的场地、有安全要求或有不同业务应用需要时，可设置2个或2个以上配线专用的设备间。

b．当综合布线系统设备间与建筑内信息接入机房、信息网络机房、用户电话交换机房、智能化总控室等合设时，房屋使用空间应做分隔。

微课

V5-15　设备间子系统的设计原则

③ 设备间内的空间应满足综合布线系统配线设备的安装需要，其面积不应小于 10 m²，当设备间内需安装其他通信设备机柜或光纤到用户单元通信设备机柜时，应增加面积。

④ 设备间的设计应符合下列规定。

a. 设备间宜处于干线子系统的中间位置且应考虑主干线缆的传输距离、敷设路由与数量。

b. 设备间宜靠近建筑物布放主干线缆的竖井位置。

c. 设备间宜设置在建筑物的首层或楼上层，当地下室为多层时，也可设置在地下一层。

d. 设备间应远离供电变压器、发动机和发电机、X 射线设备、无线射频或雷达发射机等设备，以及有电磁干扰源存在的场所。

e. 设备间应远离有粉尘、油烟、有害气体，以及存有腐蚀性、易燃、易爆物品的场所。

f. 设备间不应设置在厕所、浴室或其他潮湿、易积水区域的正下方或毗邻场所。

g. 设备间的室内温度应保持为 10～35℃，相对湿度应保持为 20%～80%，并应有良好的通风，当室内安装有源的通信设备时，应采取满足设备可靠运行要求的对应措施。

h. 设备间内梁下净高不应小于 2.5m。

i. 设备间应采用外开双扇防火门，房门净高不应小于 2.0m、净宽不应小于 1.5m。

j. 设备间的水泥地面应高出本层地面不小于 100mm 或设置防水门槛。

k. 室内地面应具有防潮措施。

⑤ 设备间应防止有害气体侵入，并应有良好的防尘功能，灰尘含量限值应符合表 5.15 中的规定。

表 5.15 灰尘含量限值

灰尘颗粒的最大直径/μm	0.5	1	3	5
灰尘颗粒的最大浓度/粒子数·m⁻³	1.4×10^7	7×10^5	2.4×10^5	1.3×10^5

⑥ 设备间应设置不少于 2 个单相交流 220V/10A 电源插座盒，每个电源插座的配电线路均应装设保护器，设备供电电源应另行配置。

（2）设备间子系统的设计步骤与要求

设备间子系统的设计应首先遵守设备间子系统的设计原则，同时充分考虑设备间的位置及设备间的环境要求，具体设计要点如下。

① 设备间的位置。

设备间的位置应根据建筑物的结构、综合布线规模、管理方式，以及应用系统设备的数量等方面进行综合考虑，择优选取。

a. 应尽量设在综合布线干线子系统的中间位置，并尽可能靠近建筑物电缆引入区和网络接口，以方便干线线缆的进出。

b. 应尽量避免设置在建筑物的高层或地下室及用水设备的下层。

c. 应尽量远离强振动源和强噪声源。

d. 应尽量避免强电磁场的干扰。

e. 应尽量远离有害气体源，以及易腐蚀物、易燃物、易爆物。

f. 应便于接地装置的安装。

② 设备间的面积。

国家标准 GB 50311—2016 规定设备间应有足够的设备安装空间，其面积不应小于 10m²，该面积不包括程控用户交换机、计算机网络设备等设备所需的面积。

设备间的面积要考虑所有设备的安装面积，还要考虑预留工作人员管理操作设备区域的面积。

设备间的面积可按照下述两种方法确定。

方法一：已知 S_b 为与综合布线有关并安装在设备间内的设备所占面积，S 为设备间的总面积，那么 $S=(5\sim7)\sum S_b$。

方法二：当设备尚未选型时，设备间总面积 $S=KA$。其中，A 为设备间的所有设备台（架）的总数；K 为系数，取值为（$4.5\sim5.5$）m^2/台（架）。

③ 建筑结构。

设备间的建筑结构主要依据设备大小、设备搬运方式及设备重量等因素而设计。设备间的高度一般为 2.5～3.2m。设备间门至少高 2.1m、宽 1.5m。

④ 设备间的环境要求。

设备间内安装了计算机、计算机网络设备、程控电话交换机、建筑物自动化控制设备等硬件设备。这些设备的运行有相应的温度、湿度、供电、防尘等要求。

综合布线有关设备的温湿度要求可分为 A、B、C 这 3 个级别，设备间的温湿度也可参照这 3 个级别进行设计。设备间温湿度要求如表 5.16 所示。

表 5.16 设备间温湿度要求

项目	A 级	B 级	C 级
温度/℃	夏季为 22±4，冬季为 18±4	12～30	8～35
相对湿度/(%)	40～65	35～70	20～80

设备间的温湿度可以通过安装降温或加温、加湿或除湿功能的空调设备予以控制。选择空调设备时，南方地区主要考虑降温和除湿功能，北方地区要全面考虑降温、升温、除湿、加湿功能。空调的功率主要根据设备间的大小及设备数量而定。

⑤ 设备间的设备管理。

设备间的设备种类繁多且线缆布设复杂。为了管理好各种设备及线缆，应对设备间的设备分类、分区安装。设备间所有进出线装置或设备应采用不同色标，以区分各类用途的配线区，方便线路的维护和管理。

⑥ 安全分类。

设备间的安全要求分为 A、B、C 这 3 个类别，如表 5.17 所示。

表 5.17 设备间的安全要求

安全项目	A 类	B 类	C 类
场地选择	有要求或增加要求	有要求或增加要求	无要求
防火	有要求或增加要求	有要求或增加要求	有要求或增加要求
内部装修	要求	有要求或增加要求	无要求
供配电系统	要求	有要求或增加要求	有要求或增加要求
空调系统	要求	有要求或增加要求	有要求或增加要求
火灾报警及消防设施	要求	有要求或增加要求	有要求或增加要求
防水	要求	有要求或增加要求	无要求
防静电	要求	有要求或增加要求	无要求
防雷击	要求	有要求或增加要求	无要求
防鼠害	要求	有要求或增加要求	无要求
防护电磁干扰	有要求或增加要求	有要求或增加要求	无要求

A 类：对设备间的安全有严格的要求，设备间有完善的安全措施。

B 类：对设备间的安全有较严格的要求，设备间有较完善的安全措施。

C 类：对设备间的安全有基本的要求，设备间有基本的安全措施。

⑦ 防火结构。

根据安全要求，应为 A、B 类设备间设置火灾报警装置。在机房内、基本工作房间内、活动地板下、吊顶上方及易燃物附近，都应设置烟感探测器和温感探测器。

A 类设备间内应设置二氧化碳（CO_2）自动灭火系统，并配备手提式二氧化碳灭火器。

B 类设备间内在条件许可的情况下，应设置二氧化碳自动灭火系统，并配备手提式二氧化碳灭火器。

C 类设备间内应配备手提式二氧化碳灭火器。

A、B、C 类设备间除禁止使用纸介质等易燃物质外，禁止使用水基灭火器、干粉灭火器或泡沫灭火器等易产生二次破坏的灭火器。为了保证设备的使用安全，设备间应安装相应的消防系统，配备防火、防盗门。为了在发生火灾或意外事故时方便设备间工作人员迅速向外疏散，对于规模较大的建筑物，在设备间或机房应设置直通室外的安全出口。

⑧ 设备间的散热要求。

机柜/机架与走线通道的安装位置对设备间的气流组织设计至关重要，图 5.162 展示了各种设备建议的安装位置与气流组织。

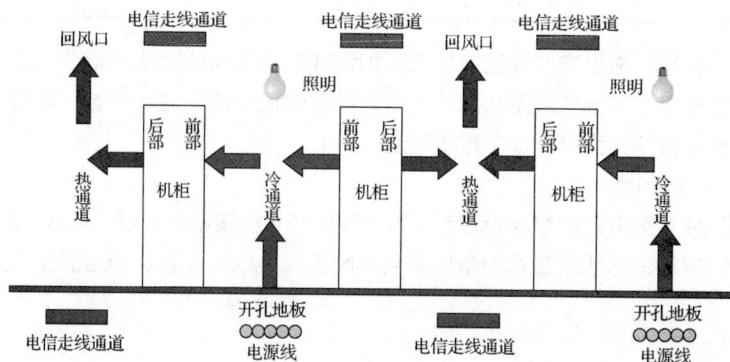

图 5.162　设备间设备建议的安装位置与气流组织

⑨ 接地要求。

在设备间设备安装过程中必须考虑设备的接地。根据综合布线相关规范，接地要求如下。

a. 直流工作接地电阻一般要求不应大于 4Ω，交流工作接地电阻也不应大于 4Ω，防雷保护接地电阻不应大于 10Ω。

b. 建筑物内部应设有一套网状接地网络。如果综合布线系统单独设置接地系统且能保证与其他接地系统之间有足够的距离，则接地电阻规定为小于等于 4Ω。

c. 为了良好地接地，推荐采用联合接地方式。所谓联合接地方式，就是指将防雷接地、交流工作接地、直流工作接地等统一接到共用的接地装置上。

d. 接地所使用的铜线电缆规格与接地的距离有直接关系，一般接地距离在 30m 以内，接地导线采用直径为 4mm 的带绝缘套的多股铜线缆。

⑩ 内部装饰。

设备间装修材料应使用符合最新国家标准 GB 50016—2014（《建筑设计防火规范（2018 年版）》）规定的难燃材料或阻燃材料，应能防潮、吸音、防尘、防静电等。

（3）设备间子系统的线缆敷设

设备间子系统的线缆敷设主要有以下几种方式。

① 活动地板方式。

这种方式是指线缆在活动地板下的空间敷设，地板下空间大，因此线缆容量大、条数多，路由自由、便捷，节省线缆费用，线缆敷设和拆除均简单、方便，能适应线路增减变化，有较高的灵活性，便于维护、管理。

② 地板或墙壁内沟槽方式。

这种方式是指线缆在建筑中预先建成的墙壁或地板内沟槽中敷设，沟槽的断面尺寸大小根据线缆终期容量来设计，上面设置盖板保护。这种方式的造价较活动地板方式低，既便于施工和维护，又有利于扩建，但沟槽设计和施工必须与建筑设计和施工同时进行，在配合、协调上较为复杂。

③ 预埋管路方式。

这种方式是指在建筑的墙壁或楼板内预埋管路，管径和根数根据线缆需要来设计。使用这种方式时，穿放线缆比较容易，对维护、检修和扩建均有利，造价低廉，技术要求不高，是一种常用的方式。

④ 机架走线架方式。

这种方式是一种在设备（机架）上沿墙安装走线架（或槽道），走线架（或槽道）的尺寸根据线缆设计，它不受建筑的设计和施工限制，可以在建成后使用，既便于施工和维护，又有利于扩建。

4. 设备间子系统的实施

在设计设备间布局时，一定要将安装设备区域和管理人员办公区域分开，这样不但便于管理人员办公，而且便于设备的维护。设备间布局平面图如图 5.163 所示（图 5.163 中未标注的单位为 mm）。

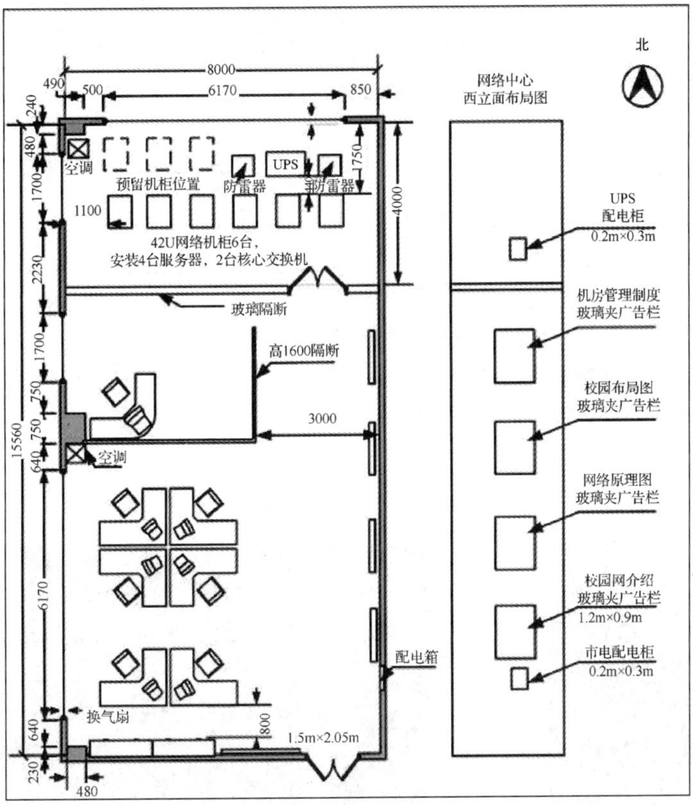

图 5.163　设备间布局平面图

V5-16　设备间子系统的线缆敷设

213

（1）走线通道敷设安装施工

图 5.164 所示为走线通道敷设安装施工示意，设备间内各种桥架、管道等走线通道敷设应符合以下要求。

① 横平竖直、水平走向支架或者吊架左右偏差应不大于 50mm，高低偏差应不大于 2mm。

② 走线通道与其他管道共架安装时，走线通道应布置在管道的一侧。

③ 在走线通道内垂直敷设线缆时，在线缆的上端和每间隔 1.5m 处于通道的支架上进行固定，水平敷设线缆时，在线缆的首、尾、转弯及每间隔 5～10m 处进行固定。

④ 布放在电缆桥架上的线缆必须绑扎。要求外表平直整齐、线扣间距均匀、松紧适度。

⑤ 要求将交流电源线、直流电源线和信号线分架布放，或采用金属板将金属线槽隔开，在保证线缆间距的情况下，可以同槽敷设。

⑥ 线缆应顺直，不宜交叉，特别是在线缆转弯处，应绑扎、固定。

⑦ 线缆在机柜内布放时不宜绷紧，应留有适当余量，绑扎线扣应间距均匀，松紧适宜，布放顺直、整齐，不应交叉缠绕。

⑧ 6A 类 UTP 网线敷设通道填充率不应超过 40%。

图 5.164　走线通道敷设安装施工示意

（2）线缆端接

设备间有大量的端接工作，在进行线缆与跳线的端接时应符合下列基本要求。

① 需要交叉连接时，尽量减少跳线的冗余，保持外表整齐和美观。

② 满足线缆的弯曲半径要求。

③ 线缆应端接到性能、级别一致的连接硬件上。

④ 主干线缆和水平线缆应被端接在不同的配线架上。

⑤ 尽量保障双绞线外护套剥除最短。

⑥ 线对开绞距离不能超过 13mm。

⑦ 6A 类双绞线绑扎不宜过紧。

图 5.165 所示为电缆端接与理线器典型应用案例，图 5.166 所示为光缆端接典型应用案例。

图 5.165　电缆端接与理线器典型应用案例

图 5.166　光缆端接典型应用案例

（3）开放式网格桥架的安装施工

① 地板下安装。设备间的桥架必须与建筑物干线子系统和电信间的主桥架连通，在设备间内部，每隔 1.5m 安装一个地面托架或者支架，用螺栓、螺母等固定，如图 5.167 所示。

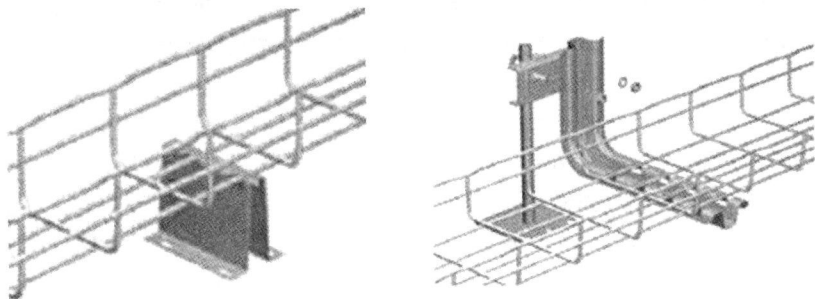

图 5.167　地板下安装

一般情况下可采用支架，支架与托架的离地高度可以根据用户现场的实际情况而定，不受限制，底部至少离地 50mm。

② 天花板安装。在天花板安装桥架时常采取吊装方式，通过槽钢支架或者钢筋吊杆，再结合水平托架和 M6 螺栓将桥架固定，吊装于机柜上方，将相应的线缆布放到机柜中，通过机柜中的理线器等对其进行绑扎、整理归位，如图 5.168 所示。

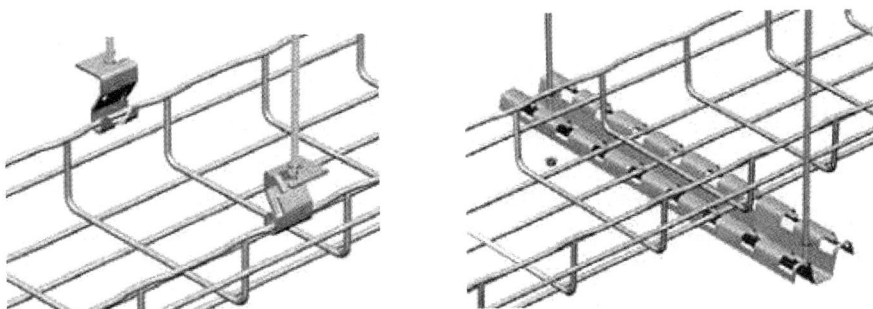

图 5.168　天花板安装

（4）设备间防静电措施

为了防止静电带来危害，更好地保护机房设备，更好地利用布线空间，应在中央机房等关键的房间内安装高架防静电地板。

设备间用的防静电地板有钢结构地板和木结构地板两大类，其要求是既具有防火、防水和防静电功能，又要轻、薄并具有较高的强度和较好的适应性且有微孔通风。防静电地板下面或防静电吊顶板上面的通风道应留有足够余地，以作为机房敷设线槽、线缆的空间，这样既能保证大量线槽、线缆便于施工，又能使机房整洁、美观。

在设备间安装防静电地板时，要同时安装静电泄漏地网。静电泄漏地网通过静电泄漏干线和机房安全保护地的接地端子封在一起，将静电泄漏掉。

中央机房、设备间的高架防静电地板的安装注意事项如下。

① 清洁地面。用水冲洗或拖湿地面后，必须等地面完全干了以后再进行施工。

② 画地板网格线和线缆管槽路径标识线，这是确保地板横平竖直的必要步骤。首先将每个支架的位置正确标注在地面上，其次将地板下大量线槽、线缆的出口、安放方向、距离等一同标注在地

微课

V5-18　设备间防静电措施

面上，再次准确地画出定位螺钉的孔位，最后按照标注安装线槽、支架、地板。

③ 敷设线槽、线缆。先敷设防静电地板下面的线槽，这些线槽都是金属可锁闭和开启的，因此这一步骤的作用是将线槽全面固定，并同时安装接地引线，然后布放线缆。

④ 支架及线槽系统的接地保护。这对于网络系统的安全至关重要。特别注意连接在地板支架上的接地铜线，其作为防静电地板的接地保护。注意，一定要等到所有支架安放完成后再统一校准支架高度。

（5）配电要求

设备间供电由建筑市电提供电源进入设备间专用的配电柜。设备间设置了设备专用的 UPS 地板下插座，为了便于维护，可在墙面上安装维修插座。其他房间可根据设备的数量安装相应的维修插座。配电柜除了应满足设备间设备的供电需求之外，还应留出一定的余量，以备以后的扩容。

（6）防火墙安装

华为 USG6300 系列防火墙采用了全新设计的万兆多核硬件平台，性能优异。该系列防火墙提供了多个高密度扩展接口卡槽位，支持丰富的接口卡类型，能够实现海量业务处理。其关键部件冗余配置，链路转换机制成熟，支持内置电 Bypass 插卡，可为用户提供超长时间无故障的硬件保障，帮助用户打造永久的办公环境。

① 安装前准备。

在安装防火墙前，应充分了解需要注意的事项和应遵循的要求，并准备好安装过程中所需要的工具。

a. 在安装防火墙时，不当的操作可能会引发人身伤害或导致设备损坏，为保障人身和设备安全，在安装、操作和维护设备时，应遵循设备上的标志及手册中说明的所有安全注意事项。手册中的"注意""小心""警告""危险"事项，并不代表所应遵守的所有安全事项，只作为所有安全注意事项的补充。

b. 安装防火墙前，请检查安装环境是否符合要求，以保证设备正常工作并延长设备使用寿命。

c. 安装防火墙过程需要使用到以下工具：十字螺钉旋具（M3～M6）、套筒扳手（M6、M8、M12、M14、M17、M19）、尖嘴钳、斜口钳等。

② 安装防火墙。

安装防火墙到 19 英寸机柜中的操作步骤如下。

a. 安装机箱挂耳。使用十字螺钉旋具，用 M4 螺钉将挂耳固定在机箱两侧，如图 5.169 所示。

b. 安装浮动螺母。浮动螺母的安装位置如图 5.170 所示。

图 5.169　安装机箱挂耳

图 5.170　浮动螺母的安装位置

c. 安装与 M6 螺钉配套的浮动螺母，如图 5.171 所示。

d. 安装 M6 螺钉到机柜中。使用十字螺钉旋具将 M6 螺钉固定在下排的两个浮动螺母上，先不拧紧，外露 2mm 左右，如图 5.172 所示。

图 5.171 安装与 M6 螺钉配套的浮动螺母

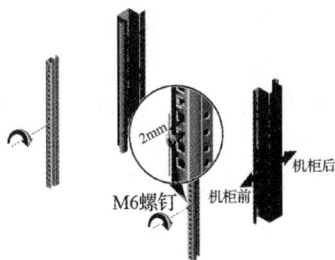

图 5.172 安装 M6 螺钉到机柜中

e. 安装设备到机柜中。抬起设备，慢慢将设备移到机柜中，使设备两侧的挂耳勾住外露的 M6 螺钉。使用十字螺钉旋具拧紧外露的 M6 螺钉后，再安装上排的 M6 螺钉，将设备通过挂耳固定到机柜中，如图 5.173 所示。

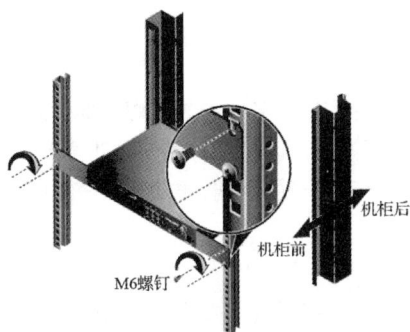

图 5.173 安装设备到机柜中

安装完成后，需检查防火墙是否已牢固地安装在机柜中，防火墙周围是否有妨碍散热的物品。

（7）服务器安装

下面以华为 RH2288H V3 服务器为例，说明服务器的安装步骤。

① 安装准备。

准备好工具和附件，包括十字螺钉旋具、一字螺钉旋具、浮动螺母安装条、剥线钳、斜口钳、网线钳、卷尺、万用表、网络测试仪、扎带、防静电手套或防静电手腕带等。

② 安装服务器。

a. 在可伸缩滑道上安装服务器（适用于所有厂商的机柜）。

直接堆叠服务器会造成服务器损坏，因此服务器必须安装在滑道上。可伸缩滑道分为左侧滑道和右侧滑道，标有"L"的滑道为左侧滑道，标有"R"的滑道为右侧滑道，安装时勿弄错方向。RH2288H V3 服务器的机柜前后方孔条的距离为 543.5～848.5mm。通过调整可伸缩滑道的长度，可以将服务器安装在不同深度的机柜中。

操作步骤如下。

（a）按照安装指导书安装可伸缩滑道。

（b）至少 2 个人水平抬起服务器，将服务器放置在滑道上，并将其推入机柜。如果搬运时拔出了磁盘，则应记录各磁盘插槽位置，上架后插入对应磁盘，以防预装的系统无法启动。将服务器推入机柜时，注意在机柜后面导向，以免服务器撞到机柜后的方孔条。

（c）服务器两端的挂耳紧贴机柜方孔条时，拧紧挂耳上的松不脱螺钉以固定服务器，如图 5.174 所示。

微课

V5-19 在可伸缩滑道上安装服务器

b. 在 L 形滑道上安装服务器（L 形滑道只适用于华为机柜）。

操作步骤如下。

（a）安装浮动螺母，如图 5.175 所示。

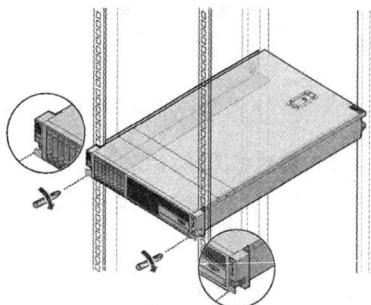

图 5.174 固定服务器

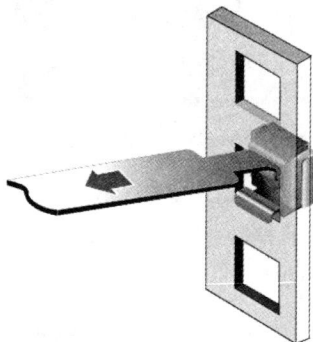

图 5.175 安装浮动螺母

将浮动螺母安装到机柜内侧，为固定服务器的 M6 螺钉提供螺钉孔。

ⓐ 把浮动螺母的下端扣在机柜前方，固定在导槽安装孔位上。

ⓑ 使用浮动螺母安装条牵引浮动螺母的上端，将浮动螺母安装到机柜前的方孔上。

（b）安装 L 形滑道，如图 5.176 所示。

ⓐ 按照规划好的位置，将滑道水平放置，贴近机柜方孔条。

ⓑ 按顺时针方向拧紧滑道的紧固螺钉。

ⓒ 使用同样方法安装另一个滑道。

（c）至少 2 个人水平抬起服务器，将服务器放置在滑道上，并将其推入机柜。如果搬运时拔出了磁盘，则应记录各磁盘插槽位置，上架后插入对应磁盘，以防预装的系统无法启动。将服务器推入机柜时，注意在机柜后面导向，以免服务器撞到机柜后的方孔条。

（d）服务器两端的挂耳紧贴机柜方孔条时，拧紧挂耳上的松不脱螺钉以固定服务器。

此外，还可以在抱轨上安装服务器，具体内容可扫描二维码进行观看。拆卸服务器的操作步骤可扫描二维码进行观看。

③ 安装电源线。

严禁带电安装电源线。安装电源线前，必须关闭电源开关，以免造成人身伤害。为了保障设备和人身安全，要使用配套的电源线。

操作步骤如下。

a. 将交流电源线的一端插入服务器后面板电源模块的线缆接口，如图 5.177 所示。

b. 将交流电源线的另一端插入机柜的交流插线排。交流插排线位于机柜后方，水平固定在机柜上。可以选择就近的交流插线排上的插孔插入电源线。

c. 使用扎带将电源线绑扎在机柜导线槽上。

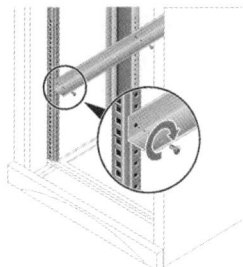

图 5.176 安装 L 形滑道

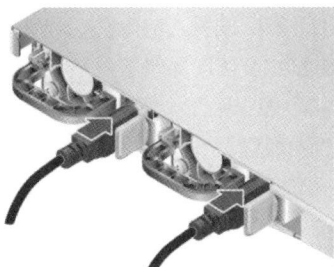

图 5.177 安装电源线

5.2.7 进线间子系统和建筑群子系统设计与实施

进线间一般提供给多家电信业务经营者使用，通常设于地下一层。进线间主要作为室外电缆和光缆引入楼内的终端与分支，以及光缆的盘长空间冗余位置。一般情况下，进线间宜单独设置，以便进行功能的区分，对于电信专用入口设备比较少的布线场合，可以将进线间与设备间合并。

进线间的线缆一般通过地埋管线进入建筑物内部，宜在土建阶段实施，如图 5.178 所示。

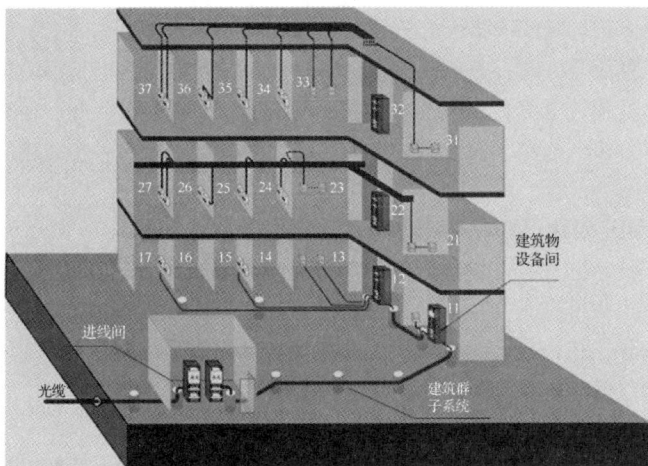

图 5.178 进线间和建筑群子系统示意

1．进线间子系统

进线间子系统主要作为室外电缆、光缆引入楼内的终端与分支空间位置。因为 FTTB、FTTH、FTTD 应用日益增多，进线间显得尤为重要。

（1）进线间的位置

一般一个建筑物宜设置 1 个进线间，提供给多家电信业务经营者使用，通常设于地下一层。外线宜从两个不同的路由引入进线间，以利于与外部管道连通。进线间与建筑物红外线范围内的入孔或手孔采用管道或通道的方式互连。

（2）进线间面积的确定

进线间因涉及因素较多，难以统一提出具体所需面积，可根据建筑物实际情况，并参照通信行业和国家的现行标准进行设计。进线间应满足线缆的敷设、终端位置及数量、光缆的盘长空间和线缆的弯曲半径、维护设备及配线设备安装所需要的场地空间和面积要求。

（3）线缆配置要求

建筑群主干电缆和光缆，以及公用网和专用网电缆、光缆与天线馈线等室外线缆进入建筑物时，应在进线间终端转换成室内电缆、光缆，并在线缆的终端由多家电信业务经营者设置入口设施，入口设施中的配线设备应按引入的电缆、光缆容量配置。电信业务经营者在进线间设置安装入口配线设备应与建筑物配线设备或建筑群配线设备之间敷设相应的连接电缆、光缆，实现路由互通。线缆类型与容量应与配线设备相一致。

（4）入口管孔数量

进线间应设置管道入口。进线间线缆入口处的管孔数量应留有充分的余量，以满足相邻建筑物、建筑物弱电系统、外部接入业务及多家电信业务经营者和其他业务服务商线缆接入的需求，并应留有不少于 4 孔的余量。

（5）进线间管道入口处理

进线间管道入口所有布放线缆和空闲的管孔应采用防火材料封堵且应做好防水处理。

2．建筑群子系统

建筑群子系统主要应用于多栋建筑物组成的建筑群综合布线场合，单栋建筑物的综合布线系统可以不考虑建筑群子系统。建筑群子系统主要实现的是建筑物与建筑物之间的通信，一般采用光缆并配置光纤配线架等相应设备，它支持建筑物之间通信所需的硬件，包括线缆、端接设备和电气保护装置。设计建筑群子系统时应考虑综合布线系统周围的环境，主要涉及布线路由选择、线缆选择、线缆布放方式选择等内容，并使线路长度符合相关标准。

在进行建筑群子系统设计时，首先要进行需求分析，具体内容包括工程的总体概况、工程各类信息点的统计数据、各建筑物信息点的分布情况、各建筑物的平面设计图、现有系统的状况、设备间位置等；然后具体分析一栋建筑物到另一栋建筑物之间的布线距离、布线路径，逐步明确布线方式和布线材料。

3．进线间子系统和建筑群子系统的设计

随着信息与通信技术的发展，进线间的作用越来越重要。原来从电信线缆的引入角度考虑，将进线间称为交接间，但其已不仅仅用于实现配线方面的功能了。同时，它不同于电信枢纽楼对进线间的使用要求，在管道容量上，电信间应预留足够的空间以适应未来可能增加的线路和设备的需求。

V5-24 进线间子系统的设计原则

（1）进线间子系统的设计原则

根据国家标准 GB 50311—2016，结合实际工程设计与施工经验，建议在设计进线间子系统时遵循以下原则。

① 地下设置的原则。进线间一般应该设置在地下室或靠近外墙的位置，以方便建筑群及室外线缆的引入且与布线垂直竖井连通。

② 空间合理的原则。进线间应满足线缆的敷设、端接位置及数量、光缆的盘长空间和线缆的弯曲半径、维护设备及配线设备安装所需要的场地空间和面积要求，大小应按进线间的进出管道容量及入口设施的最终容量设计。

③ 满足多家电信业务经营者需求的原则。进线间应考虑满足不少于 3 家电信业务经营者安装入口设施等设备的面积，进线间的面积不宜小于 10 m^2。

④ 空间共用的原则。在设计和实现进线间时，应该考虑通信设备、消防设备、安防设备、楼控设备等其他设备，以及设备安装空间。当安装配线设备和通信设备时，应符合设备安装设计的要求。

⑤ 环境安全的原则。进线间应采取预防有害气体的措施和设置通风装置，排风量按每小时不少于 5 次换气次数计算，并应采取防渗水措施和排水措施。入口门应采用相应防火级别的防火门，门向外开，净高不小于 2m，净宽不小于 0.9m，同时与进线间无关的水暖管道不宜通过。

（2）进线间子系统的系统配置设计要求

国家标准 GB 50311—2016 对入口设施的具体要求如下。

① 室外光缆应转换成室内光缆。建筑群主干电缆和光缆、公用网和专用网电缆及光缆等室外线缆进入建筑物时，应在进线间由器件终端转换成室内电缆、光缆。

② 入口配线模块应与线缆数量相匹配。线缆的终接处设置的入口设施外线侧配线模块，应按出入的电缆、光缆数量配置。

③ 入口配线模块应与线缆类型相匹配。综合布线系统和电信业务经营者设置的入口设施内线侧配线模块，应与建筑物配线设备或建筑群配线设备之间敷设的线缆类型相匹配。

④ 管道入口的管孔数量应留有余量。进线间的线缆引入管道管孔的数量应满足相邻建筑物、外部接入各类通信业务、建筑智能化业务及多家电信业务经营者线缆接入的需求，并应留有不少于 4 孔的余量。

（3）建筑群子系统的设计原则

在建筑群子系统的设计中，一般要遵循以下原则。

① 地下埋管的原则。建筑群子系统的室外线缆，一般通过建筑物进线间进入内部的设备间，室外距离比较长，设计时一般选用地下管道穿线或者电缆沟敷设方式，也可在特殊场合使用直埋方式或架空方式。

V5-25　建筑群子系统的设计原则

② 远离高温管道的原则。建筑群的线缆，经常在室外部分或进线间需要与热力管道交叉或并行，遇到这种情况时，必须使线缆与热力管道保持较远的距离，避免高温损坏线缆或缩短线缆的使用寿命。

③ 远离强电电缆的原则。园区室外地下埋设有许多 380V 或者 10000V 的交流强电电缆，这些强电电缆的电磁干扰非常强，建筑群子系统的线缆必须远离这些强电电缆，避免对建筑群子系统造成影响。

④ 预留备份的原则。建筑群子系统的室外管道和线缆必须预留备份，以方便未来升级和维护。

V5-26　建筑群子系统的规划和设计

⑤ 选用抗压管道的原则。建筑群子系统的地埋管道穿越园区道路时，必须使用钢管或抗压 PVC 管。

⑥ 大弧度拐弯原则。建筑群子系统一般使用光缆，要求弯曲半径大，实际施工时，一般在拐弯处设立接线井，以方便拉线和后期维护。如果不设立接线井，则必须保证光缆有较大的弯曲半径。

（4）建筑群子系统的规划和设计

建筑群子系统主要应用于多栋建筑物组成的建筑群综合布线场合，单栋建筑物的综合布线系统可以不考虑建筑群子系统。建筑群子系统的设计主要考虑布线路由选择、线缆选择、线缆布设方式选择等内容。建筑群子系统应按下列要求进行设计。

① 考虑环境美化要求。设计建筑群子系统时应充分考虑建筑群覆盖区域的整体环境美化要求，建筑群子系统电缆尽量采用地下管道或电缆沟敷设方式。

② 考虑建筑群未来发展需要的要求。在设计线缆布放时，要充分考虑各建筑需要安装的信息点种类、信息点数量，选择相对应的干线电缆的类型及电缆布放方式，使综合布线系统建成后保持相对稳定，能满足今后一定时期内各种新的信息业务发展需要。

③ 线缆路由选择要求。考虑到节省投资，线缆路由应尽量选择距离短、线路平直的路由。但具体的路由要根据建筑物之间的地形或敷设条件而定。

④ 电缆引入要求。建筑群干线电缆、光缆进入建筑物时，都要设置引入设备，并在适当位置终端转换为室内电缆、光缆。

⑤ 干线电缆、主干光缆交接要求。建筑群的干线电缆、主干光缆的交接不应多于两次。从每栋

建筑物的楼层配线架到建筑群设备间的配线架，只应通过一个建筑物配线架。

⑥ 建筑群子系统布线线缆的选择。建筑群子系统敷设的线缆类型及数量由综合布线连接应用系统的种类和规模来决定。

⑦ 线缆保护要求。当线缆从一栋建筑物到另一栋建筑物时，易受到雷电、强电感应电压等的影响，必须进行保护。当电缆进入建筑物时，按照国家标准 GB 50311—2016 的强制性规定，必须增设浪涌保护器。

4．进线间子系统和建筑群子系统的实施

国家标准 GB 50311—2016 对进线间子系统的安装工艺提出了具体要求。

（1）进线间子系统的安装工艺要求

进线间子系统的安装工艺要求如下。

V5-27　进线间子系统的安装工艺要求

① 进线间内应设置管道入口，入口的尺寸应满足不少于 3 家电信业务经营者通信业务接入及建筑群布线系统和其他弱电子系统的引入管道管孔容量的需求。

② 在单栋建筑物或由连体的多栋建筑物构成的建筑群体内应设置不少于 1 个进线间。

③ 进线间应满足室外引入线缆的敷设与终端位置及数量、线缆的盘长空间和线缆的弯曲半径等相关要求，并应提供安装综合布线系统及不少于 3 家电信业务经营者入口设施的使用空间和面积。进线间面积不宜小于 10 m²。

④ 进线间宜设置在建筑物地下一层临近外墙、便于管线引入的位置，其设计应符合下列规定。

a．管道入口位置应与引入管道高度相对应。

b．进线间应防止渗水，宜在室内设置排水地沟并与附近设有抽排水装置的集水坑相连。

c．进线间应与电信业务经营者的通信机房和建筑物内配线设备间、信息接入机房、信息网络机房、用户电话交换机房、智能化总控室等及垂直弱电竖井之间设置互通的管槽。

d．进线间应采用相应防火级别的外开防火门，门净高不应小于 2m、净宽不应小于 0.9m。

e．进线间宜采用轴流式通风机通风，排风量应按每小时不少于 5 次换气次数计算。

⑤ 与进线间安装的设备无关的管道不应在室内通过。

⑥ 进线间安装的通信设备应符合设备安装的要求。

⑦ 综合布线系统进线间不应与数据中心的进线间合并，建筑物内各进线间之间应设置互通的管槽。

⑧ 进线间应设置不少于 2 个单相交流 220V/10A 电源插座盒，每个电源插座的配电线路均应装设保护器。设备供电电源应另行配置。

（2）设备的安装工艺要求

设备的安装工艺要求如下。

① 综合布线系统宜采用标准 19 英寸机柜，安装应符合下列规定。

a．规划机柜数量时应计算配线设备、网络设备、电源设备及理线器等的占用空间，并考虑设备安装空间冗余和散热需要。

b．机柜单排安装时，前面净空不应小于 1000mm²，后面及机柜侧面净空不应小于 800mm²；多排安装时，列间距不应小于 1200mm。

② 在公共场所安装配线箱时，暗装箱体底面距地面不宜小于 1.5m，明装箱体底面距地面不宜小于 1.8m。

③ 机柜、机架、配线箱等设备的安装宜采用螺栓固定。在抗震设防地区，设备安装应采取减震

措施，并应进行基础抗震加固。

（3）建筑群子系统的线缆布设方法

建筑群子系统的线缆布设方法有 4 种：架空布线法、直埋布线法、地下管道布线法和隧道布线法。

① 架空布线法。

架空布线法通常应用于有现成电杆、对走线方式无特殊要求的场合。这种布线方式成本较低，但影响环境美观且安全性和灵活性不足。架空布线法要求用电杆将线缆在建筑物之间悬空架设，一般先架设钢缆，再在钢缆上挂放线缆。架空布线时使用的主要材料和配件有线缆、钢缆、固定螺栓、固定拉攀、预留架、U 形卡、挂钩、标志管等，如图 5.179 所示，需要使用滑车、安全带等辅助工具。

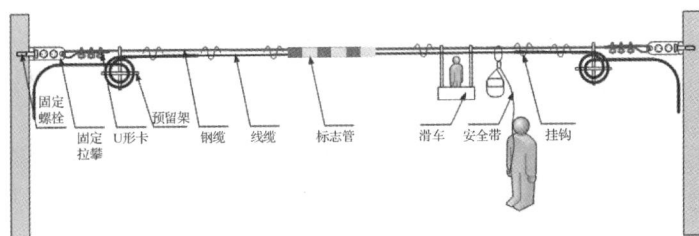

图 5.179　架空布线示意

② 直埋布线法。

直埋布线法是指根据选定的布线路由在地面上挖沟，再将线缆直接埋在沟内。使用直埋布线法布设的电缆除了穿过基础墙的那部分电缆有管保护之外，电缆的其余部分直埋于地下，没有保护。直埋布线法具有较好的经济性，总体优于架空布线法，但更换和维护不方便且成本较高。

③ 地下管道布线法。

地下管道布线法是一种由管道和入孔构成的地下布线系统，用于连接建筑群的各个建筑物，1 根或多根管道通过基础墙进入建筑物内部的结构。地下管道能够保护线缆，不会影响建筑物的外观及内部结构。管道埋设的深度一般为 0.8～1.2m 或符合当地有关部门有关法规的规定。为了方便以后的布线，安装管道时应预埋 1 根拉线。为了方便管理，地下管道应每隔 50～180m 设立一个接合井，安装时应预留 1 或 2 个备用管孔，以供扩充之用。

④ 隧道布线法。

建筑物之间通常有地下通道，大多是供暖、供水的通道，利用这些通道来敷设电缆不仅可以降低成本，还可以利用原有的安全设施。考虑到暖气泄漏等情况，安装电缆时应与供气、供水、供电的管道保持一定的距离，安装在尽可能高的地方，可根据民用建筑设施的有关条件进行施工。

前面介绍了架空布线法、直埋布线法、地下管道布线法、隧道布线法这 4 种建筑群子系统线缆的布设方法，其对比如表 5.18 所示。

表 5.18　建筑群子系统线缆布设方法的对比

线缆布设方法	优点	缺点
架空布线法	如果有现成电杆，则成本最低	没有提供任何机械保护，灵活性差，安全性差，影响建筑物美观
直埋布线法	能提供某种程度的机械保护，能保持建筑物的外观	挖沟成本高，难以安排线缆的敷设位置，难以更换和加固

续表

线缆布设方法	优点	缺点
地下管道布线法	能提供最佳机械保护，任何时候都可以敷设，扩充和加固都很容易，能保持建筑物的外观	挖沟、埋设管道和入孔的成本高
隧道布线法	能保持建筑物的外观，如果有现成隧道，则成本低、安全性好	高温或泄漏的热气等可能损坏线缆，可能会被水淹

（4）光纤熔接

建筑群子系统主要采用光缆进行敷设，因此，建筑群子系统的实现技术主要指光缆的安装技术。安装光缆时必须格外谨慎，连接每条光缆时都要熔接。光纤不能拉得太紧，也不能形成直角。对于较长距离的光缆敷设，最重要的是选择一条合适的路径。必须要有十分完备的设计和施工图纸，以便施工和今后检查。施工中要时刻注意不要使光缆受到重压或被坚硬的物体扎伤。光缆转弯时，其弯曲半径要大于光缆自身直径的 20 倍。

① 熔接前的准备工作。

a．准备相关工具、材料。在进行光纤熔接之前，需要准备光纤熔接机 KYRJ-369、工具箱 KYGJX-31、光缆、光纤跳线、光纤熔接保护套、光纤切割刀、无水酒精等工具和材料，如图 5.180 所示。

微课

V5-29　光纤熔接

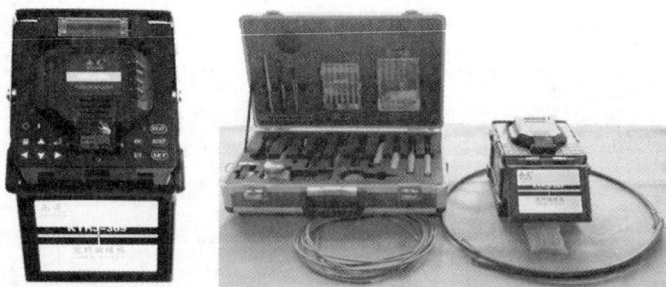

图 5.180　光纤熔接工具和材料

b．检查光纤熔接机。其主要工作包括光纤熔接机的开启与关停、电极的检查。

② 开缆。

光缆有室内光缆和室外光缆之分，室内光缆借助工具很容易开缆。而室外光缆内部有钢丝拉线，故对开缆增加了一定的难度。下面介绍室外光缆开缆的一般方法和步骤。

a．在光缆开口处找到光缆内部的两根钢丝，用斜口钳剥开光缆护套，用力向侧面拉出一小截钢丝，如图 5.181 所示。

b．一只手握紧光缆，另一只手用钢丝钳夹紧钢丝，向身体内侧旋转拉出钢丝，如图 5.182 所示。使用同样的方法拉出另外一根钢丝，两根钢丝都被旋转拉出，如图 5.183 所示。

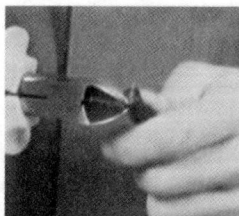

图 5.181　剥开护套　　　图 5.182　拉出钢丝　　　图 5.183　拉出两根钢丝

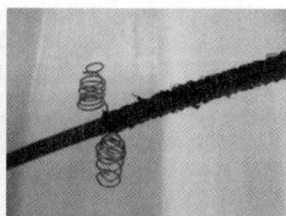

c. 用斜口钳将任意一根旋转钢丝剪断，保留一根以备在光纤配线盒内固定。当两根钢丝被拉出后，外部的黑皮护套就被拉开了，用手剥开护套，用斜口钳剪掉拉开的黑皮护套，并使用剥皮钳将其剪开后抽出，如图 5.184 和图 5.185 所示。

d. 完成开缆，如图 5.186 所示。

图 5.184　剥开护套　　　　图 5.185　抽出护套　　　　图 5.186　完成开缆

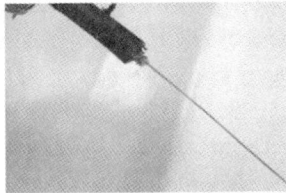

③ 室内光缆的熔接。

下面介绍室内光缆熔接的一般方法和步骤。

a. 剥开光纤与清洁裸纤。

（a）剥开尾纤。可以使用光纤跳线，从中间将其剪断后，使其成为尾纤进行操作。一手拿好尾纤一端，另一只手拿好光纤剥线钳，用剥线钳剥开尾纤护套（见图 5.187），并抽出护套（见图 5.188），可以看到光纤的白色护套（注意，剥出的白色护套长度大概为 150mm）。

（b）将光纤在食指上轻轻环绕一周，用拇指按住，留出的光纤应长为 4cm，并使用光纤剥线钳剥开光纤护套，如图 5.189 所示，在切断白色护套后，缓缓将护套抽出，此时可以看到透明状的光纤。

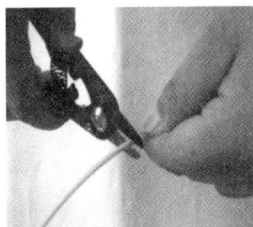

图 5.187　剥开尾纤护套　　　　图 5.188　抽出护套　　　　图 5.189　剥开光纤护套

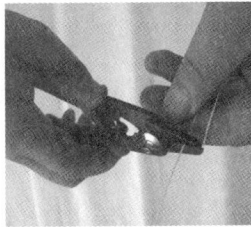

（c）使用光纤剥线钳最细小的口轻轻地夹住光纤，缓缓地把剥线钳抽出，将光纤上的树脂保护膜刮去，如图 5.190 所示。

（d）使用无尘纸（见图 5.191）蘸酒精或使用干净酒精棉球对裸纤进行清洁（见图 5.192），连续清洁 3 次以上。

图 5.190　将光纤上的树脂保护膜刮去　　　　图 5.191　无尘纸　　　　图 5.192　清洁裸纤

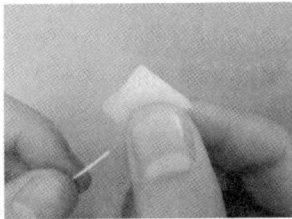

b. 切割光纤。

（a）安装热缩套管。将热缩套管套在一根待熔接光纤上，用于熔接后保护接点，如图 5.193

所示。

（b）制作光纤端面。

ⓐ 使用剥皮钳剥去光纤护套，所剥长度为 30～40mm，使用无尘纸蘸酒精或干净酒精棉球擦去裸纤上的污物。

ⓑ 使用高精度光纤切割刀将裸纤切去一段，保留 16mm。

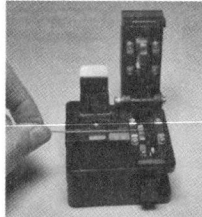

ⓒ 将安装好热缩管的光纤放入光纤切割刀中较细的导线槽内，如图 5.194 所示。

ⓓ 依次放下大、小压板，如图 5.195 所示。

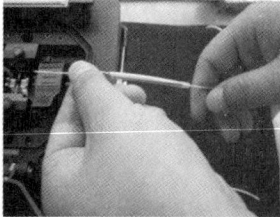

图 5.193　安装热缩套管　　　图 5.194　将光纤放入光纤切割刀中较细的导线槽内　　　图 5.195　依次放下大、小压板

ⓔ 左手固定切割刀，右手扶着刀片盖板，并用右手拇指迅速向远离身体的方向推动切割刀刀架，如图 5.196 所示，完成光纤切割。

用拇指推动
切割刀刀架

图 5.196　光纤切割

c. 安放光纤。

（a）打开光纤熔接机防风罩，使大压板复位，显示器显示"请安放光纤"。

（b）分别打开大压板将切好端面的光纤放入∨形载纤槽，光纤端面不能触到∨形载纤槽底部，如图 5.197 所示。

（c）盖上光纤熔接机的防尘盖，如图 5.198 所示。检查光纤的安放位置是否合适，屏幕上显示两边光纤居中为宜，如图 5.199 所示。

图 5.197　将光纤放入∨形载纤槽　　　图 5.198　盖上光纤熔接机的防尘盖　　　图 5.199　检查光纤的安放位置

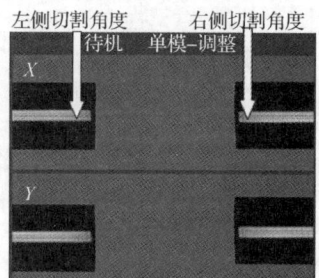

d. 熔接。光纤熔接机自动熔接光纤的具体步骤如下。

（a）检查"熔接模式"选项，并选择"自动"模式。

（b）制作光纤端面。

（c）打开防风罩及大压板，安装光纤。

（d）盖下防风罩，光纤熔接机进入全自动工作状态：自动清洁光纤、检查端面、设定间隙、按照"芯对芯"或者"包层对包层"的方式对准；执行放电操作、完成光纤熔接。

（e）将接点损耗估算值显示在光纤熔接机显示屏幕上，正常熔接时，接点损耗数值应该小于0.01dB。

e. 加热热缩管。

（a）取出熔接好的光纤。依次打开防风罩和左、右光纤压板，小心地取出熔接好的光纤，避免碰到电极。

（b）移放热缩管。将事先装套在光纤上的热缩管小心地移到光纤接点处，使两个光纤被覆层留在热缩管中的长度基本相等。

（c）加热热缩管。

f. 盘纤固定。将接续好的光纤固定到光纤收容盘内，如图 5.200 所示，在盘纤时，盘圈的半径越大，弧度越大，整个线路的损耗就越小，所以一定要保持较大的盘圈半径，避免光信号在光纤中传输时产生一些不必要的损耗。

g. 盖上盘纤盒盖板，如图 5.201 所示。

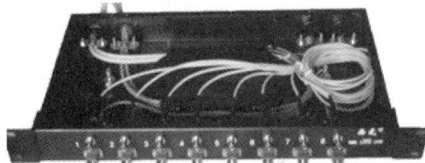

图 5.200　盘纤固定　　　　　图 5.201　盖上盘纤盒盖板

h. 密封和挂起。如果在野外熔接，则光纤熔接盒一定要密封好，防止进水。光纤熔接盒进水后，光纤及光纤熔接点由于长期浸泡在水中，可能会先出现部分光纤衰减增加的情况。最好对光纤熔接盒做好防水措施并用挂钩挂在吊线上。至此，光纤熔接完成。

（5）光纤冷接

光纤冷接也称机械接续，是指把两根处理好端面的光纤固定在高精度 V 形槽中，通过外径对准的方式实现光纤纤芯的对接，同时利用 V 形槽内的光纤匹配液填充光纤切割不平整所形成的端面间隙。这一过程完全无源，因此被称为冷接。作为一种低成本的接续技术，光纤冷接技术在光纤接入的户线光纤（即皮线光缆）维护工作中有一定的适用性。

微课

V5-30　光纤冷接

下面以皮线光缆为例介绍光纤快速连接器的制作。

① 制作工具。

a. 冷接工具箱，如图 5.202（a）所示。

b. 皮线剥皮钳，用于剥除皮线光缆外护套，如图 5.202（b）所示。

c. 光纤剥皮钳，用于去除光纤涂覆层，如图 5.202（c）所示。

d. 光纤切割刀，用于切割光纤纤芯端面，切割后光纤端面应为平面，如图 5.202（d）所示。

e. 无尘纸，用于蘸酒精清洁裸纤（3 次以上），如图 5.202（e）所示。

f. 光功率计和红光笔，用于测试光纤损耗。

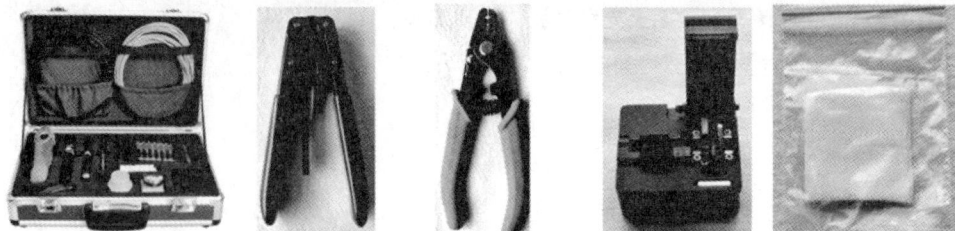

（a）冷接工具箱　　（b）皮线剥皮钳　（c）光纤剥皮钳　（d）光纤切割刀　　（e）无尘纸

图 5.202　光纤快速连接器制作工具

② 制作方法。

下面以直通型光纤快速连接器为例介绍其制作方法。

a. 准备材料和工具。端接前，应准备好材料和工具，并检查所用的光纤和连接器是否有损坏。

b. 打开光纤快速连接器。将光纤快速连接器的螺帽和外壳取下，将锁紧套松开，将压盖打开，并将螺帽套在光缆上，如图 5.203 和图 5.204 所示。

图 5.203　松开锁紧套并打开压盖

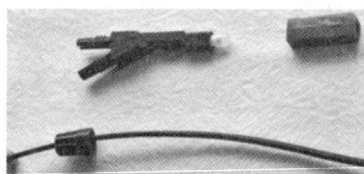

图 5.204　将螺帽套在光缆上

c. 切割光纤。

（a）使用皮线剥皮钳剥去 50mm 的光缆外护套，如图 5.205 所示。

（b）使用光纤剥皮钳剥去光纤涂覆层，用无尘纸蘸酒精清洁裸纤 3 次以上，将光纤放入导轨定长，如图 5.206 所示。

图 5.205　剥去光缆外护套

图 5.206　将光纤放入导轨定长

（c）将光纤和导轨条放置在切割刀的导线槽中，如图 5.207 所示，依次放下大、小压板。左手固定切割刀，右手扶着刀片盖板，并用拇指迅速向远离身体的方向推动切割刀刀架（使用前应回刀），完成切割。

d. 固定光纤。将光纤穿入连接器，如图 5.208 所示。外露部分略弯曲，这说明光纤接触良好。

图 5.207　将光纤和导轨条放置在切割刀的导线槽中

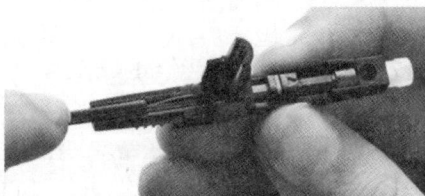

图 5.208　将光纤穿入连接器

e. 闭合光纤快速连接器。将锁紧套推至顶端夹紧光纤，闭合压盖，拧紧螺帽，套上外壳，制作好的光纤快速连接器如图 5.209 所示。

图 5.209　制作好的光纤快速连接器

③ 冷接子的原理。

使用冷接子可实现光纤与光纤之间的固定连接。皮线光缆冷接子适用于 2 mm×3 mm 皮线光缆、f 2.0mm/f 3.0mm 单模光缆/多模光缆，如图 5.210 所示。光纤冷接子适用于 250μm/900μm 单模光缆/多模光缆，如图 5.211 所示。

图 5.210　皮线光缆冷接子

图 5.211　光纤冷接子

这两种冷接子的原理一样，图 5.212 和图 5.213 所示分别为皮线光缆冷接子的拆分结构和内腔结构。由这两张图可以看出，两段处理好的光纤纤芯从两端的锥形孔进入，内腔逐渐收拢的结构可以很容易地进入中间的 V 形槽部分，从 V 形槽间隙推入光纤到位后，将两个锁紧套向中间移动并压住盖板，使光纤固定，这样就完成了光纤的连接。

图 5.212　皮线光缆冷接子的拆分结构

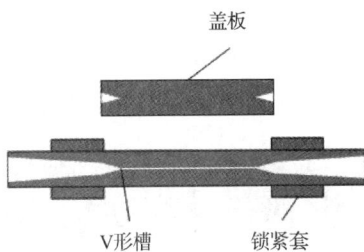

图 5.213　皮线光缆冷接子的内腔结构

④ 皮线光缆冷接子的制作。

接续光缆有皮线光缆和室内光缆，下面以皮线光缆为例介绍冷接子的制作。

a. 准备材料和工具。端接前，应准备好材料和工具，并检查所用的光缆和冷接子是否有损坏。

b. 打开冷接子以备使用，如图 5.214 所示。

c. 切割光纤。

（a）使用皮线剥皮钳剥去 50mm 的光缆外护套，如图 5.215 所示。

（b）使用光纤剥皮钳剥去光纤涂覆层，用无尘纸蘸酒精清洁裸纤 3 次以上，将光纤放入导轨定长，如图 5.216 所示。

（c）将光纤和导轨条放置在切割刀的导线槽中，如图 5.217 所示，依次放下大、小压板，左手固定切割刀，右手扶着刀片盖板，并用拇指迅速向远离身体的方向推动切割刀刀架（使用前应回刀），完成切割。

图 5.214　打开冷接子

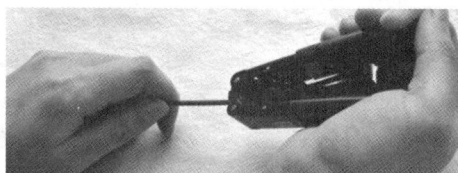

图 5.215　剥去光缆外护套

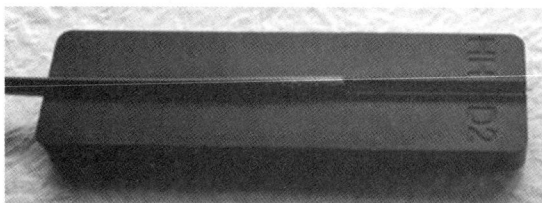

图 5.216　将光纤放入导轨定长

图 5.217　将光纤和导轨条放置在切割刀的导线槽中

（d）将光纤穿入皮线光缆冷接子。把制备好的光纤穿入皮线光缆冷接子，直到光缆外皮切口紧贴在皮线座阻挡位，如图 5.218 所示。光纤对顶产生弯曲，此时说明光缆接续正常。

（e）锁紧光缆。弯曲尾缆，防止光缆滑出；同时取出卡扣，压下卡扣锁紧光缆，如图 5.219 所示。

图 5.218　将光纤穿入皮线光缆冷接子

图 5.219　锁紧光缆

（f）固定两段接续光纤。按照上述方法对另一侧光纤进行相同处理，并将冷接子两端锁紧块先后推至冷接子最中间的限位处，固定两段接续光纤，如图 5.220 所示。

（g）压下皮线盖。压下皮线盖，完成皮线接续，如图 5.221 所示。

图 5.220　固定两段接续光纤

图 5.221　完成皮线接续

5.3　项目实训

实训 15　安装配线子系统 PVC 管

1. 实训目的

（1）通过配线子系统布线路径和距离的设计，熟练掌握配线子系统的设计方法。

（2）通过线管的安装和穿线等，熟练掌握配线子系统的施工方法。

（3）通过使用弯管器制作弯头，熟练掌握弯管器的使用方法和对布线弯曲半径的要求。

（4）通过核算，领取实训材料和工具，训练规范施工的能力。

2. 实训内容

（1）设计一种配线子系统的布线路径，并绘制施工图。

（2）按照施工图，核算实训材料规格和数量，列出实训材料清单。

（3）按照施工图，准备实训工具，列出实训工具清单，独立领取实训材料和工具。

（4）独立完成配线子系统线管的安装和布线，掌握 PVC 管卡和 PVC 管的安装方法及技巧，掌握 PVC 管弯头的制作方法。

3. 实训过程

（1）使用 PVC 管设计从信息点到楼层机柜的配线子系统，并绘制施工图，如图 5.222 所示。

（2）按照施工图，核算实训材料规格和数量，列出实训材料清单。

（3）按照施工图，列出实训工具清单，领取实训材料和工具。

（4）在需要的位置安装管卡，并安装 PVC 管。两根 PVC 管连接处使用成品管接头，拐弯处必须使用弯管器制作大弧度拐弯弯头，如图 5.223 所示。

（5）明装布线时，边布管边穿线。暗装布线时，先把全部管和接头安装到位，并固定好，再从一端向另外一端穿线。

（6）布管和穿线后，必须做好线标。

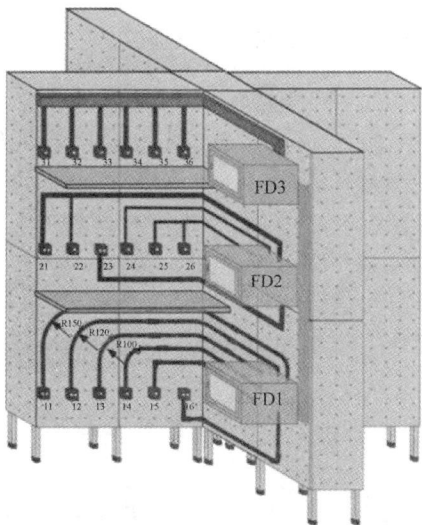

图 5.222　绘制施工图

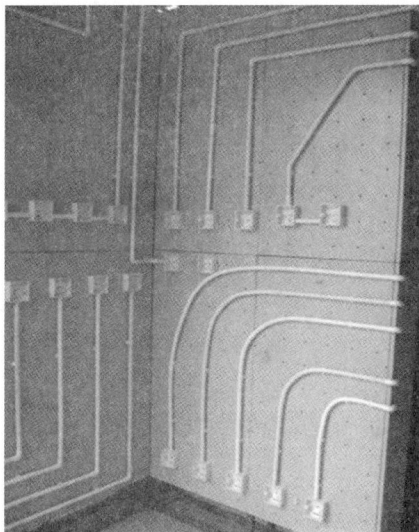

图 5.223　大弧度拐弯弯头

4. 实训总结

（1）设计配线子系统施工图。

（2）列出实训材料和工具的规格、型号、数量。

（3）了解配线子系统布线施工程序和要求。

（4）总结使用弯管器制作大弧度拐弯弯头的方法和经验。

实训 16　安装配线子系统 PVC 线槽

1. 实训目的

（1）通过配线子系统布线路径和距离的设计，熟练掌握配线子系统的设计方法。

（2）通过线槽的安装和穿线等，熟练掌握配线子系统的施工方法。

（3）通过核算，领取实训材料和工具，训练规范施工的能力。

2. 实训内容

（1）设计配线子系统的布线路径，并绘制施工图。

（2）按照施工图，核算实训材料规格和数量，列出实训材料清单。

（3）按照施工图，准备实训工具，列出实训工具清单，独立领取实训材料和工具。

（4）独立完成配线子系统线槽的安装和布线，掌握 PVC 线槽、盖板、阴角、阳角、三通的安装方法和技巧。

3. 实训过程

（1）使用 PVC 线槽设计从信息点到楼层机柜的配线子系统，并绘制施工图，如图 5.224 所示。由 3 或 4 个人成立一个项目组，选出项目负责人，每组设计一种配线子系统布线方案，并绘制施工图。项目负责人指定 1 种设计方案进行实训。

（2）按照施工图，核算实训材料规格和数量，列出实训材料清单。

（3）按照施工图，列出实训工具清单，领取实训材料和工具。

（4）量好线槽的长度，再使用电动起子在线槽上开一个直径为 8mm 的孔，孔的位置必须与实训装置安装孔对应，每段线槽至少开两个安装孔。

（5）用 M6×16 螺钉把线槽固定在实训装置上。拐弯处必须使用专用接头，如阴角、阳角、弯头、三通等。

（6）在线槽上布线，边布线边装盖板，如图 5.225 所示。完成布线和盖板后，必须做好线标。

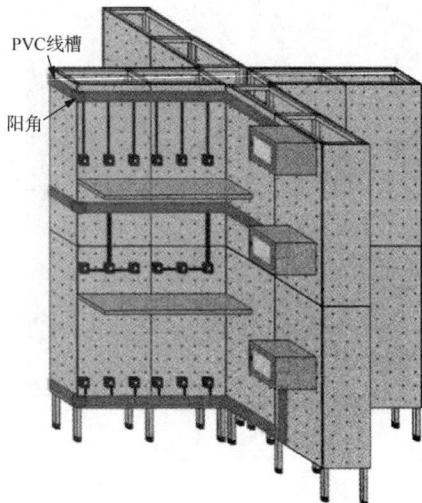

图 5.224　绘制施工图

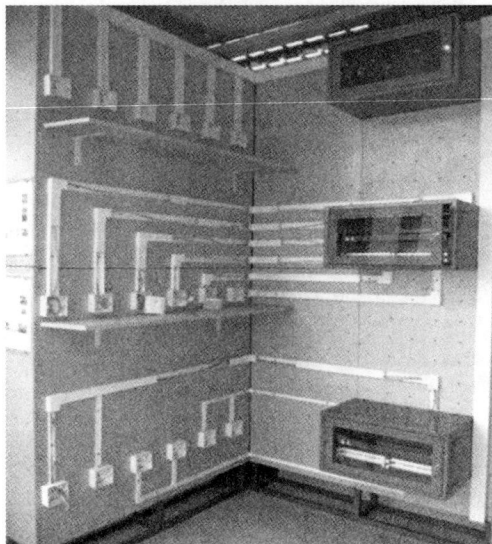

图 5.225　线槽安装盖板

4. 实训总结

（1）设计一种全部使用线槽布线的配线子系统施工图。

（2）列出实训材料的规格、型号、数量。

（3）总结安装弯头、阴角、阳角、三通等线槽配件的方法和经验，以及使用工具的体会和技巧。

（4）了解配线子系统布线施工程序和要求。

实训 17　安装设备间机柜中设备

设备间非常重要的是机柜中的设备，本节主要是 42U 机柜中的设备（如防火墙、服务器、交换机、路由器、存储器等）安装实训，如图 5.226 所示。

图 5.226　设备安装示意

1．实训目的

（1）通过防火墙、服务器、交换机、路由器、存储器等设备的安装，了解设备的布置原则、安装方法及其使用要求。

（2）通过防火墙、服务器、交换机、路由器、存储器等设备的安装，掌握设备的拆卸和重新安装方法。

2．实训内容

（1）准备实训材料和工具，列出实训材料和工具清单。

（2）独立领取实训材料和工具。

（3）完成防火墙、服务器、交换机、路由器、存储器等设备的拆卸和重新安装。

3．实训过程

（1）准备实训材料和工具，列出实训材料和工具清单。

（2）领取实训材料和工具。立式机柜 1 个；十字螺钉旋具，长度为 150mm，用于固定螺钉，一般每人 1 把。

（3）确定设备的安装位置。由 4 或 5 个人组成一个项目组，选出项目负责人，每组设计一种设备安装方案，并绘制施工图。项目负责人指定 1 种设计方案进行实训。

（4）准备好需要安装的设备，将机柜就位，将机柜底部的定位螺栓向下旋转，将 4 个轮子悬空，保证机柜不能转动，进行设备的安装。

（5）安装完毕后，进行设备的拆卸和重新安装。

4．实训总结

（1）画出设备的布局示意图。

（2）分步陈述实训程序或步骤及安装注意事项。

（3）写出实训体会和操作技巧。

实训 18　建筑群子系统光缆敷设

建筑群子系统主要是用来连接两栋建筑物网络中心中的网络设备的，如图 5.227 所示。建筑群子系统的布线方法有架空布线法、直埋布线法、地下管道布线法和隧道布线法，本节主要介绍架空布线法的实现。

1．实训目的

（1）通过设计布线施工图，掌握进线间接入的操作方法。

（2）通过架空光缆的安装，掌握在建筑物之间架空光缆的操作方法。

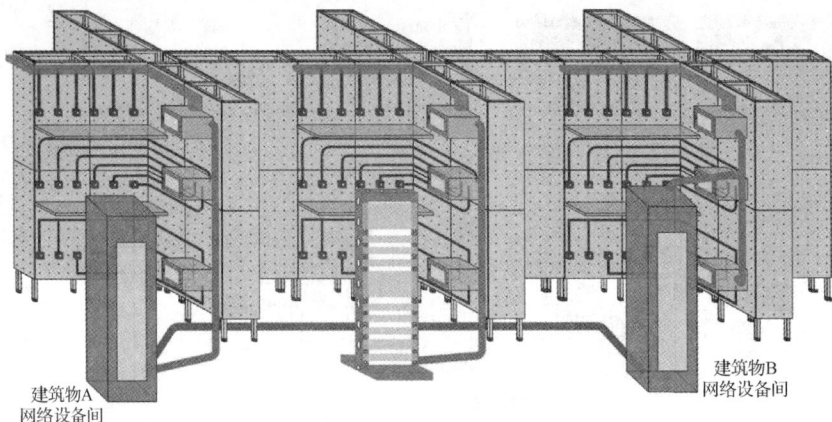

图 5.227　建筑群子系统布线

2．实训内容

（1）准备实训材料和工具，列出实训材料和工具清单。

（2）领取实训材料和工具。

（3）完成光缆的架空安装。

3．实训过程

（1）准备实训材料和工具，列出实训材料和工具清单。

（2）领取实训材料和工具。直径为 5mm 的钢缆、光缆、U 形卡、支架、挂钩若干，锯弓、锯条、钢卷尺、十字螺钉旋具、活动扳手、人字梯等。

（3）实际测量尺寸，完成钢缆的裁剪。

（4）固定支架。根据设计布线路径，在网络综合布线实训装置上安装固定支架。

（5）连接钢缆。安装好支架以后，开始敷设钢缆，在支架上使用 U 形卡来进行固定。

（6）敷设光缆。固定好钢缆之后开始敷设光缆，使用挂钩，每隔 0.5m 架设一个。

（7）安装完毕。

4．实训总结

（1）设计布线施工图。

（2）分步陈述实训程序或步骤及安装注意事项。

（3）写出实训体会和操作技巧。

课后习题

1．选择题

（1）综合布线系统中用于连接楼层配线设备和建筑物配线设备的子系统是（　　　）。

  A．工作区　　　　B．配线子系统　　　　C．干线子系统　　　　D．建筑群子系统

（2）双绞线 T568B 的线序依次为（　　　）。

  A．白橙、橙、白绿、蓝、白蓝、绿、白棕、棕

  B．白橙、橙、白绿、绿、白蓝、蓝、白棕、棕

  C．白绿、绿、白橙、蓝、白蓝、橙、白棕、棕

  D．白绿、绿、蓝、白蓝、白橙、橙、白棕、棕

（3）传输速率能达到 10Gbit/s 最低类别的双绞线电缆产品是（　　）线。

    A. 5e 类　　　　　　B. 6 类　　　　　　C. 6A 类　　　　　　D. 7 类

（4）工作区安装在墙面上的信息插座，一般要求距离地面（　　）cm 以上。

    A. 20　　　　　　　B. 30　　　　　　　C. 40　　　　　　　D. 50

（5）综合布线系统的工作区时，如果使用 4 对 UTP 线缆作为传输介质，则信息插座与计算机终端设备的距离保持在（　　）以内。

    A. 2m　　　　　　　B. 5m　　　　　　　C. 90m　　　　　　D. 100m

（6）水平子系统一般在同一个楼层上，由（　　）、（　　）、配线设备等组成。

    A. 用户信息插座　B. 工作区　　　　　C. 水平电缆　　　　D. 网络模块

（7）一般尽量避免水平线缆与（　　）以上强电供电线路平行走线。

    A. 12V　　　　　　B. 24V　　　　　　C. 36V　　　　　　D. 48V

（8）【多选】水平线缆包括（　　）。

    A. 非屏蔽或屏蔽 4 对双绞线电缆　　　　　B. 非屏蔽或屏蔽 2 对双绞线电缆

    C. 室内光缆　　　　　　　　　　　　　　D. 室外光缆

（9）每个工作区水平线缆的数量不宜少于（　　）根。

    A. 1　　　　　　　　B. 2　　　　　　　　C. 4　　　　　　　　D. 8

（10）非屏蔽 4 对对绞电缆的弯曲半径不应小于电缆外径的（　　）。

    A. 2 倍　　　　　　B. 4 倍　　　　　　C. 8 倍　　　　　　D. 10 倍

（11）干线子系统为提高传输速率，一般选用（　　）作为传输介质。

    A. 同轴细电缆　　　B. 同轴粗电缆　　　C. 双绞线　　　　　D. 光缆

（12）设计干线子系统时要考虑到（　　）。

    A. 整座楼的配线干线要求　　　　　　　　B. 从楼层到设备间的垂直干线电线路由

    C. 工作区位置　　　　　　　　　　　　　D. 建筑群子系统的介质

（13）电信间子系统用于连接（　　）子系统和配线子系统。

    A. 建筑群　　　　　B. 干线　　　　　　C. 设备间　　　　　D. 进线间

（14）电信间的使用面积不应小于（　　），也可根据工程中配线管理和网络管理的容量进行调整。

    A. 2m²　　　　　　B. 3m²　　　　　　C. 5m²　　　　　　D. 10m²

（15）设备间室内温度应保持在（　　），相对湿度应保持在（　　），并应有良好的通风。

    A. 10～35℃　　　　B. 5～25℃　　　　C. 20%～80%　　　D. 10%～60%

（16）设备间内梁下净高不应小于（　　）m。

    A. 2　　　　　　　　B. 2.5　　　　　　C. 2.8　　　　　　D. 3

（17）进线间的线缆引入管道管孔的数量，应满足建筑物之间、外部接入各类信息通信业务、建筑智能化业务及多家电信业务经营者线缆接入的需求，并应留有不少于（　　）孔的余量。

    A. 1　　　　　　　　B. 2　　　　　　　　C. 4　　　　　　　　D. 8

（18）光缆转弯时，其弯曲半径要大于光缆自身直径的（　　）倍。

    A. 5　　　　　　　　B. 10　　　　　　　C. 20　　　　　　　D. 30

（19）进线间应采取预防有害气体的措施和设置通风装置，排风量按每小时不少于（　　）次换气次数计算，并有防渗水措施和排水措施。

    A. 1　　　　　　　　B. 3　　　　　　　　C. 5　　　　　　　　D. 10

（20）进线间应设置不少于（　　　　）个单相交流 220V/10A 电源插座盒，每个电源插座的配电线路均应装设保护器。

  A．1   B．2   C．3   D．4

2．简答题

（1）简述综合布线系统的特点。

（2）简述常见的网络传输介质。

（3）简述工作区子系统的设计原则。

（4）简述配线子系统的设计原则。

（5）简述干线子系统的设计原则。

（6）简述电信间子系统的设计原则。

（7）简述设备间子系统的设计原则。

（8）简述建筑群子系统的设计原则。

项目 **6**

网络系统集成工程测试与验收

知识目标

- 掌握网络系统集成工程测试与验收的标准与规范。
- 掌握网络系统功能测试、性能测试。
- 掌握综合布线系统工程测试与验收的规范。

技能目标

- 能够认识综合布线系统工程。
- 能够进行链路故障测试与分析。

素养目标

- 养成良好的职业习惯，尊重知识产权，保护用户隐私，防范网络安全风险，做到合法合规操作。
- 提高全面把握网络系统集成工程各个环节的能力，包括需求分析、规划设计、设备选型安装、系统集成、功能与性能测试、项目验收等。

6.1 项目陈述

网络系统集成工程测试与验收是整个工程项目生命周期中的重要环节，主要包含系统集成测试、安全性测试、兼容性及稳定性测试、用户验收测试、文档验收、正式验收等阶段。在整个测试与验收过程中，既要注重技术层面的问题排查与优化，又要关注客户需求的满足程度，确保网络系统集成工程能够顺利投入运营，并在后续运行中保持高效、稳定。

6.2 必备知识

6.2.1 网络系统集成工程测试与验收的标准和规范

网络系统集成工程的测试与验收是一个严谨的过程，涉及多方面的技术和管理规范，旨在确保工程项目从设计到实施的全过程都达到高质量标准，以保证网络系统在投入使用后保持稳定运行和高服务质量。网络系统集成工程测试与验收的标准和规范通常涵盖以下几个核心方面。

（1）符合需求

系统必须严格按照前期制定的需求规格说明书进行设计、实施和测试，确保所有功能、性能指标及安全要求得到满足。

（2）遵循技术规范

验收过程需要参照相关的国家标准、行业标准和技术规范，如《智能建筑工程质量验收规范》（GB 50339—2013）、《计算机信息系统集成资质管理办法》及特定的网络设备安装调试规范等。

（3）硬件设备验收

对于网络设备，如交换机、路由器、服务器、存储设备、安全设备等，应检查设备型号、配置参数是否符合设计要求，同时设备安装、布线应符合综合布线标准。

（4）软件系统验收

检查操作系统、应用软件、数据库系统的安装、配置、升级和备份恢复机制是否正确无误，同时验证软件功能、性能和兼容性。

（5）系统集成测试

进行连通性测试、路由协议测试、负载均衡测试、容错与冗余能力测试、数据传输速率与丢包率测试、安全性测试等。

（6）性能测试

根据项目需求设定合理的性能指标，通过压力测试、容量测试、稳定性测试等手段评估系统在正常工作负荷和峰值负荷下的表现。

（7）文档完整性验收

交付的技术文档包括但不限于设计图纸、实施方案、设备清单、测试报告、用户手册、维护手册等，应确保完整、准确并符合相关标准要求。

（8）用户验收测试

用户根据实际业务流程对系统进行操作验证，确认其能够满足用户的使用需求，并达到预期效果。

（9）安全性和合规性审核

确保系统遵循信息安全法规和标准，完成必要的安全防护措施部署，并通过安全漏洞扫描、渗透测试等方法验证安全控制的有效性。

（10）培训和支持服务

验证供应商或实施方是否按照合同约定提供了足够的用户培训和技术支持服务。

6.2.2 网络系统功能测试

网络系统功能测试是一个全面而细致的过程，旨在确保网络系统在实际运营中能够稳定、高效地提供服务。网络系统功能测试是评估网络系统是否满足设计要求和用户需求的重要环节，主要包括以下几个方面。

（1）连通性测试

验证各网络设备之间、不同子网之间的通信是否正常，如主机与主机之间、主机与服务器之间、不同路由器或交换机之间的链路连接是否畅通无阻。

（2）路由协议测试

检查网络中的动态路由协议（如 RIP、OSPF、BGP 等）是否正确配置并能有效传递路由信息，静态路由配置是否符合预期规划。

（3）服务功能测试

对 DNS 解析、DHCP 分配、FTP、HTTP、SMTP、IMAP、Telnet、SSH 等各类网络服务进行功能验证，确保其能够提供稳定、准确的服务。

（4）安全功能测试

具体包括防火墙策略有效性验证、访问控制列表测试、入侵检测与防御系统功能测试、认证授权机制（如 AAA）的验证等，确保网络安全防护措施有效执行。

（5）服务质量测试

评估在网络拥堵的情况下，关键业务流量能否得到优先保障，如语音、视频流媒体等实时应用的数据传输质量应优先保障。

（6）备份恢复及容灾测试

验证数据备份策略是否合理，以及在故障发生时能否快速有效地恢复服务，同时检验冗余系统的切换和负载均衡功能。

（7）兼容性测试

针对不同的操作系统、浏览器、移动设备等进行跨平台兼容性测试，确保网络系统在各种环境下都能正常运行。

6.2.3 网络系统性能测试

网络系统性能测试有助于发现潜在瓶颈，为网络架构优化、设备配置调整提供依据，并确保网络系统在预期的运营环境中能够达到预期的服务质量和用户体验。网络系统性能测试是评估和验证网络系统在各种工作负载下的运行效率、响应速度、稳定性及可扩展性的重要手段。它通常涵盖以下几个关键方面。

（1）吞吐量测试

通过模拟不同数量的并发用户或数据流，测量网络系统在单位时间内成功处理并传输数据的能力。

（2）响应时间测试

测试从客户端发出请求到服务器响应完成所需的时间，包括应用层响应时间及网络延迟等各部分时间。

（3）并发能力测试

模拟大量用户同时访问网络系统，以检查系统的并发处理能力和资源利用率，确保系统在高并发环境下仍能保持稳定运行。

（4）带宽与网络容量测试

测试网络连接在满负荷状态下的最大数据传输速率，以及在特定条件下能否满足业务需求的带宽要求。

（5）网络延迟与抖动测试

测量数据包在网络中传输的延迟时间和不稳定性，这对于实时通信、视频会议等对时延敏感的应用至关重要。

（6）丢包率测试

评估在网络传输过程中丢失数据包的比例，以确保网络质量符合服务水平协议（Service Level Agreement，SLA）标准。

（7）压力测试

将系统"推"向极限，观察其在超过正常负载条件下的表现，检验系统是否具备良好的抗压性和恢复能力。

（8）耐久性与稳定性测试

对系统进行长时间连续负载测试，检查系统在持续高压下是否存在性能衰减、内存泄漏或其他可能导致故障的问题。

（9）可扩展性测试

随着用户数量、数据流量的增长，评估系统增加硬件资源后性能提升的效果，验证系统设计的可扩展性。

（10）资源利用率分析

监测中央处理器（Central Processing Unit，CPU）、内存、磁盘 I/O 等系统资源在各种负载情况下的使用状况，以优化资源配置和提高系统性能。

6.2.4　综合布线系统工程测试与验收

利用综合布线系统工程测试与验收可以保证综合布线工程质量达标，有效支撑未来网络系统高效、稳定运行。

1. 综合布线系统工程测试与验收的主要内容

综合布线系统工程测试与验收是确保整个网络系统稳定运行和高质量通信的关键步骤。以下为综合布线系统工程测试与验收的主要内容。

（1）链路认证测试

对于铜缆布线，需按照国际标准（如 TIA/EIA 568）进行电缆认证测试，包括长度测量、接线图验证、近端串扰、远端串扰、衰减等参数的检测。

对于光纤布线，需要进行光功率损耗、插入损耗、回波损耗等指标的检查。

（2）传输性能测试

确保数据信号在布线系统中能够满足特定的传输速率要求，如 Cat 6A 布线应能支持千兆甚至万兆以太网。

（3）通道测试

检测从工作区信息插座到楼层配线间跳线架之间的整个通道的性能，确认其符合设计规范，满足用户需求。

（4）永久链路测试

测试从信息插座至最近的配线架或主干线交接点之间布线的质量，包括物理连接的正确性及电气性能。

（5）接地电阻测试

检查设备接地系统的安全性，测量并确保接地电阻值在规定范围内。

（6）文档审查与标签检查

审核竣工图纸是否准确反映了实际布线情况，所有线缆和接口是否都有清晰且正确的标签标志。

（7）现场目视检查

检查线缆安装是否整洁有序，线槽、桥架敷设是否符合安全及美观要求，施工工艺是否达到行业标准。

（8）系统功能测试

连接终端设备进行实际网络通信测试，验证网络系统的连通性、速度和稳定性。

（9）项目文档验收

收集并审核各类施工记录、测试报告、竣工图纸等相关文件，确保资料完整。

（10）用户验收

邀请用户参与最终的试运行，对网络环境的实际使用情况进行反馈，并在满足用户需求后签署验收报告。

2. 综合布线系统工程的链路测试

综合布线系统工程的链路测试是一项系统性工作，它包含链路连通性、电气和物理特性测试。由于篇幅所限，不能一一介绍，本节主要介绍双绞线链路的测试。

测试模型包括基本链路连接模型、信道连接模型和永久链路连接模型。

（1）基本链路连接模型

基本链路主要包括 3 部分：最长为 90m 的水平线缆、两端接插件和两条 2m 的测试线缆。基本链路连接模型如图 6.1 所示。

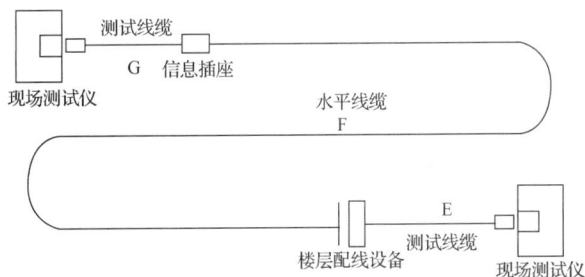

图 6.1　基本链路连接模型

（2）信道连接模型

信道是指从网络设备跳线到工作区跳线间端到端的连接，它主要包括最长为 90m 的水平线缆、两端接插件、一个工作区转接连接器件、两端连接跳线和用户终端连接线，信道最长为 100m。信道连接模型如图 6.2 所示。

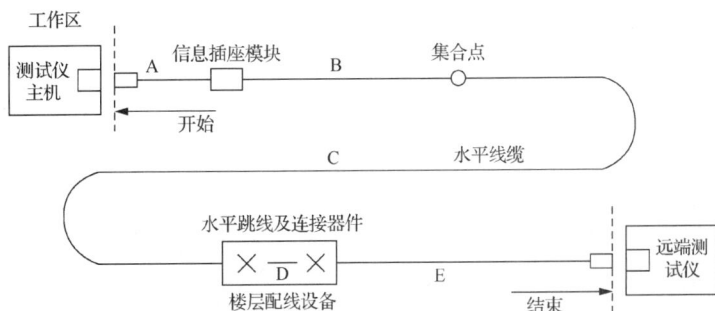

图 6.2　信道连接模型

（3）永久链路连接模型

永久链路又称固定链路，它主要由最长为 90m 的水平线缆、两端接插件和转接连接器件组成。永久链路连接模型如图 6.3 所示。H 为从信息插座至楼层配线设备（包括集合点）的水平线缆，H 的长度小于等于 90m。其与基本链路的区别在于基本链路包括两端 2m 的测试线缆。在使用永久链路连接模型测试时，可排除测试线缆在测试过程中本身带来的误差，从技术上消除测试线缆对整个链路测试结果的影响，使测试结果更准确、合理。

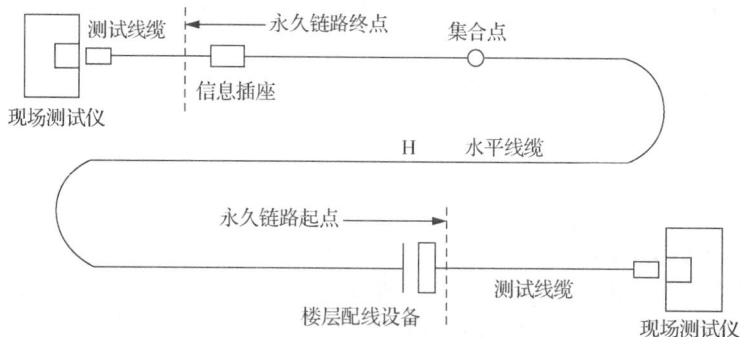

图 6.3　永久链路连接模型

（4）3 种测试模型的差别

如图 6.4 所示，3 种测试模型的差别主要体现在测试起点和终点不同、包含的固定连接点不同和是否可用终端跳线等。

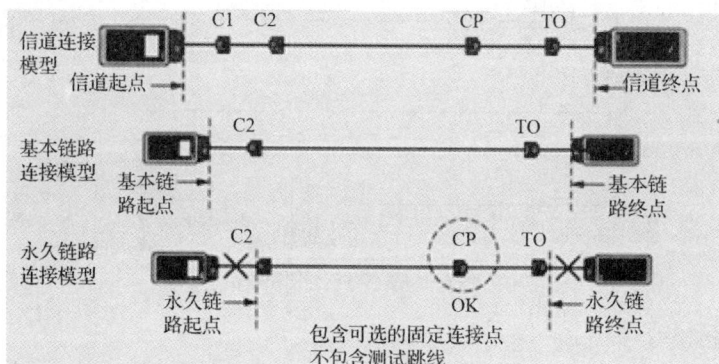

图 6.4　3 种测试模型的差别

3. 综合布线系统工程的管理系统验收

综合布线系统工程的管理系统验收规范如下。

（1）管理系统宜按下列规定进行分级。

① 一级管理应针对单一电信间或设备间的系统。

② 二级管理应针对同一建筑物内多个电信间或设备间的系统。

③ 三级管理应针对同一建筑群内多栋建筑物的系统，并应包括建筑物内部及外部系统。

④ 四级管理应针对多个建筑群的系统。

（2）管理系统宜符合下列规定。

① 管理系统级别的选择应符合设计要求。

② 对需要管理的每个组成部分应设置标签，并由唯一的标识符进行表示，标识符与标签的设置

应符合设计要求。

③ 管理系统的记录文档应详细、完整，应包括每个标识符相关信息、记录、报告、图纸等内容。

④ 不同级别的管理系统可采用通用电子表格、专用管理软件或智能配线系统等进行维护、管理。

（3）综合布线管理系统的标识符与标签的设置应符合下列规定。

① 标识符应包括安装场地、线缆终端位置、线缆管道、水平线缆、主干线缆、连接器件、接地等类型的专用标志，系统中每一组件应指定一个唯一标识符。

② 电信间、设备间、进线间所设置配线设备及信息点处均应设置标签。

③ 每根线缆应指定专用标识符，标在线缆的护套上或在距每一端护套 300mm 内设置标签，线缆的端点应设置标签标记指定的专用标识符。

④ 接地体和接地导线应指定专用标识符，标签应设置在靠近导线和接地体的连接处的明显部位。

⑤ 根据设置的部位不同，可使用粘贴型、插入型或其他类型的标签。标签标志内容应清晰，材质应符合工程应用环境要求，具有耐磨、抗恶劣环境、附着力强等性能。

⑥ 成端色标应符合线缆的布放要求，线缆两端成端点的色标颜色应一致。

（4）综合布线系统各个组成部分的管理信息记录和报告应符合下列规定。

① 记录应包括管道、线缆、连接器件及连接位置、接地等内容，各部分记录中应包括相应的标识符、类型、状态、位置等信息。

② 报告应包括管道、安装场地、线缆、接地系统等内容，各部分报告应包括相应的记录。

（5）当对综合布线系统工程采用布线工程管理软件和电子配线设备组成的智能配线系统进行管理和维护工作时，应按专项系统工程进行验收。

4．综合布线系统工程的设备安装验收

综合布线系统工程的设备安装验收规范如下。

（1）机柜、配线箱等设备的规格、容量、位置应符合设计文件要求，安装应符合下列规定。

① 垂直度偏差不应大于 3mm。

② 机柜上的各种零件不得脱落或碰坏，漆面不应有脱落及划痕，各种标志应完整、清晰。

③ 在公共场所安装配线箱时，壁嵌式箱体底面距地面不宜小于 1.5m，墙挂式箱体底面距地面不宜小于 1.8m。

④ 门锁的启闭应灵活、可靠。

⑤ 机柜、配线箱及桥架等设备的安装应牢固，当有抗震要求时，应按抗震设计进行加固。

（2）各类配线部件的安装应符合下列规定。

① 各部件应完整，安装就位，标志齐全、清晰。

② 安装螺钉应拧紧，面板应保持在一个平面上。

（3）信息插座模块安装应符合下列规定。

① 信息插座底盒、多用户信息插座及集合点配线箱、用户单元信息配线箱的安装位置和高度应符合设计文件要求。

② 信息插座模块安装在活动地板内或地面上时，应固定在接线盒内，插座面板采用垂直或水平等形式；接线盒盖可开启，并应具有防水、防尘、抗压功能。接线盒盖面应与地面齐平。

③ 信息插座底盒同时安装信息插座模块和电源插座时，间距及采取的防护措施应符合设计文件要求。

④ 信息插座底盒明装时的固定方法应根据施工现场条件而定。

⑤ 固定螺钉应拧紧，不应产生松动现象。

⑥ 各种插座面板应有标志，以颜色、图形、文字表示所接终端设备业务类型。

⑦ 工作区内终接光缆的光纤连接器件及适配器安装底盒应具有空间，并应符合设计文件要求。

（4）线缆桥架的安装应符合下列规定。

① 安装位置应符合施工图要求，左右偏差不应超过 50 mm。

② 安装时，水平度每米偏差不应超过 2 mm。

③ 垂直安装时设备应与地面保持垂直，垂直度偏差不应超过 3 mm。

④ 桥架截断处及拼接处应平滑、无毛刺。

⑤ 吊架和支架安装应保持垂直、整齐牢固，无歪斜现象。

⑥ 金属桥架及金属导管各段之间应保持良好连接、安装牢固。

⑦ 采用垂直槽盒布放线缆时，支撑点宜避开地面沟槽和槽盒位置，支撑应牢固。

（5）安装机柜、配线箱、配线设备屏蔽层及金属导管、桥架时使用的接地体应符合设计文件要求，就近接地，并保持良好的电气连接。

6.3 项目实训

实训 19 认识综合布线系统工程

1. 实训目的

通过参观施工现场等，区分系统中的不同部分，了解综合布线系统所用的设备及其为用户提供的服务业务。如有条件可参观当地的智能化建筑，理解综合布线系统的作用，掌握综合布线系统的基本组成及每一部分的覆盖范围、结构和所采用的设备。

2. 实训内容

（1）查询最新的综合布线系统标准。网络技术日新月异，布线标准推陈出新，通过 Internet 或其他途径查询我国相关部门是否推出了比本书中介绍的标准更新的内容，如增编内容、标准草案、新增附件或更新的标准等。

（2）参观访问一个采用综合布线系统构建的校园网或企业网。

（3）根据参观情况，画出网络系统的布线结构简图。

3. 实训过程

（1）参观访问一个采用综合布线系统构建的校园网或企业网。

在老师或技术人员的带领下，先了解网络系统的基本情况，包括建筑物的面积、层数、功能、用途和建筑物的结构，以及信息点的布置、数量等。参观建筑物的设备间，并记录设备间所用设备的名称和规格，注意各设备之间的连接情况，观察各设备和连接线上是否有相应的标志；了解设备间的环境状况。参观电信间，了解并记录电信间的环境、面积和设备配置。查看是否设置有配线架，如果有，则注意配线架的规格和标志；分析该布线系统中，设备间和电信间是分开设置的还是二者合一的。观察干线子系统线缆是采用何种方式进行敷设的；了解线缆的类型、规格和数量。观察配线子系统的走线路由；了解配线子系统所选用的介质类型、规格和数量，并观察其布线方式；观察工作区的面积；了解信息插座的配置数量、类型、高度和线缆的布线方式。

（2）画出网络系统的布线结构简图。

在参观、做记录的基础上，画出网络系统的布线结构简图。在图中标明所用设备的型号、名称、数量，各布线子系统选用介质的类型及数量。画出网络系统与公共网络的连接情况。

4．实训总结

（1）根据查询的最新的综合布线系统标准，讨论综合布线系统的类别、功能、发展前景等。

（2）根据分析观察结果，判断校园网或企业网布线系统的组成部分。

实训 20　链路故障测试与分析

1．实训目的

（1）了解并掌握各种网络链路故障的形成原因和预防办法。

（2）掌握使用 6 类、7 类线测试仪表测试网络链路故障的方法。

（3）掌握常见链路故障的处理方法。

2．实训内容

（1）准备实训材料和工具，列出实训材料和工具清单。

（2）领取实训材料和工具。

（3）完成永久链路的测试，准确找出故障点，并判定故障类型。

3．实训过程

（1）准备实训材料和工具，列出实训材料和工具清单。

（2）领取实训材料和工具。立式机柜 1 个；十字螺钉旋具，长度为 150mm，用于固定螺钉，一般每人 1 把；6 类、7 类网络线缆若干；信息模块、面板若干。

（3）制作信息模块、网络跳线。

（4）由 4 或 5 个人组成一个项目组，选出项目负责人；使用线缆测试仪表对 6 类、7 类线进行测试，根据测试仪表显示数据，判定各条链路的故障位置和故障类型，并处理网络链路故障。

（5）填写综合布线系统常见故障测试分析表，如表 6.1 所示，完成故障测试分析。

表 6.1　综合布线系统常见故障测试分析表

序号	链路名称	测试结果	主要故障类型	主要故障的主要原因分析
1	A1 链路			
2	A2 链路			
3	A3 链路			
4	A4 链路			
5	A5 链路			
6	B1 链路			
7	B2 链路			
8	B3 链路			
9	B4 链路			
10	B5 链路			

4．实训总结

（1）陈述实训步骤及实训过程中的注意事项。

（2）根据故障测试结果，总结不同故障的处理方法。

（3）写出实训体会和操作技巧。

课后习题

1．选择题

（1）【多选】网络系统功能测试主要包括（　　　）。

    A．连通性测试　　　B．路由协议测试　　　C．服务功能测试　　　D．安全功能测试

（2）【多选】网络系统性能测试主要包括（　　　）。

    A．吞吐量测试　　　B．响应时间测试　　　C．并发能力测试　　　D．丢包率测试

2．简答题

（1）简述网络系统集成工程测试与验收的标准及规范。

（2）简述综合布线系统工程测试与验收的规范。